uni—texte

Lehrbücher

J. Barner, Der Wald Begründung, Aufbau und Erhaltung

H. Dallmann/K.-H. Elster, Einführung in die höhere Mathematik

D. Geist, Physik der Halbleiter I

S. G. Krein/V. N. Uschakowa, Vorstufe zur höheren Mathematik

H. Lau/W. Hardt, Energieverteilung

R. Ludwig, Methoden der Fehler- und Ausgleichsrechnung

E. Meyer/E.-G. Neumann, Physikalische und technische Akustik

E. Meyer/R. Pottel, Physikalische Grundlagen der Hochfrequenztechnik

L. Prandtl, Führer durch die Strömungslehre

J. Rieck, Lichttechnik

W. Rieder, Plasma und Lichtbogen

W. Tutschke, Grundlagen der Funktionentheorie

H.-G. Unger, Elektromagnetische Wellen I

H.-G. Unger, Elektromagnetische Wellen II

H.-G. Unger, Quantenelektronik

H.-G. Unger, Theorie der Leitungen

H.-G. Unger/W. Schultz, Elektronische Bauelemente und Netzwerke I

In Vorbereitung:

Dewar, Einführung in die moderne Chemie

Geist, Physik der Halbleiter II

Hàla/Boublik, Einführung in die statistische Thermodynamik

Meyer/Guiking, Schwingungslehre

Meyer/Zimmermann, Elektronische Meßtechnik

Taegen, Elektrische Maschinen I, II

uni-text

W. Wuest

Strömungsmeßtechnik

Lehrbuch
für Aerodynamiker, Strömungsmaschinenbauer,
Lüftungs- und Verfahrenstechniker
ab 5. Semester

Mit 221 Bildern

Friedr. Vieweg & Sohn · Braunschweig

Walter Wuest

1916	geb. in Colmar
1935 - 40	Studium der Mathematik und Physik an der TH München und den Universitäten Freiburg i.Br. und Göttingen
1941	Promotion zum Dr.rer.nat. an der Universität Göttingen
1940 - 45	Industrietätigkeit
1945	Mitarbeiter des Max-Planck-Instituts für Strömungsforschung und der Aerodynamischen Versuchsanstalt Göttingen
1961	Privatdozent an der TH Hannover
1965	Leiter der Abt. Raumfahrt-Aerodynamik an der AVA Göttingen
1968	apl. Professor an der TU Hannover

ISBN 978-3-663-03343-1 ISBN 978-3-663-04532-8 (eBook)
DOI 10.1007/978-3-663-04532-8

Verlagsredaktion: *Helmut Schieck*

1969

Library of Congress Catalog Card No. 70–80656
Satz: Friedr. Vieweg & Sohn, Braunschweig

Umschlaggestaltung: Peter Kohlhase, Lübeck

Best.-Nr.
gebunden 3510
Paperback 3520

Vorwort

Die experimentelle Strömungsversuchstechnik hat im letzten Jahrzehnt eine wesentliche Ausweitung erfahren, vor allem als Folge der Steigerung von Fluggeschwindigkeit und Stautemperatur. Eine Reihe neuer Meßverfahren haben sich durchgesetzt und elektronische Bauelemente verbreitet Eingang gefunden. Das Auswerten der Messungen wurde durch digitale Datenverarbeitung und Prozeßrechner vereinfacht. Daneben aber sind die „klassischen" Meßverfahren nach wie vor in Gebrauch. Das vorliegende Buch, hervorgegangen aus Vorlesungen an der Technischen Universität Hannover und der langjährigen Praxis des Verfassers an der Aerodynamischen Versuchsanstalt Göttingen, will eine Einführung in die wesentlichen Meßverfahren der Strömungstechnik geben. Dabei wird bei häufig benutzten Meßverfahren eine gewisse Vollständigkeit angestrebt, während für weniger gebräuchliche Verfahren wenigstens der Zugang zur Originalliteratur vermittelt wird. Obwohl die „grauen Kästen" der Elektroniker heute an den Versuchsständen eine wesentliche Rolle spielen, sind hier nur die in Betracht kommenden Meßfühler berücksichtigt. Nicht aufgenommen wurden ferner Meßverfahren der Aeroelastizität und Magnetohydrodynamik; Durchflußmessungen werden nur gestreift. Das Schwergewicht liegt also auf aerodynamischen Messungen, besonders im Unterschallbereich. Deshalb werden auch die verschiedenen Arten und Eigenschaften von Windkanälen zur Erzeugung künstlicher Luftströme eingehend erörtert. Soweit möglich, wurden als Beispiele deutsche Versuchsanlagen herangezogen, da ausländische Anlagen bereits in anderen Büchern beschrieben sind. Außer der Durchführung von Windkanalversuchen ist die Entwicklung von Strömungsmeßgeräten von jeher ein besonderes Anliegen der Aerodynamischen Versuchsanstalt Göttingen und ihres langjährigen Direktors, des verstorbenen Professors *Albert Betz,* gewesen. Eine Anzahl der erläuterten Meßgeräte ist aus dieser Aktivität entstanden. Daneben sind auch zahlreiche Geräte behandelt, die andere Forschungsanstalten für Strömungsmeßzwecke entwickelten. Industrielle Geräte wurden nur dann aufgenommen, wenn sie speziellen strömungstechnischen Meßaufgaben dienen. Neben den Verfahren der quantitativen Messung kommen auch die mehr qualitativen Verfahren der Strömungssichtbarmachung unter Einschluß der optischen und Elektronenstrahlverfahren eingehend zur Sprache.

Göttingen, Februar 1969 *Walter Wuest*

Inhaltsverzeichnis

Verzeichnis der Symbole

a	Schallgeschwindigkeit
c_p	spezifische Wärme bei konstantem Druck
c_w	Widerstandskoeffizient
d	Durchmesser
e	innere Energie
f	Zahl der Molekülfreiheitsgrade, Anteil der diffus reflektierten Moleküle
g	Erdbeschleunigung
h	Enthalpie, Abstand, Höhe
k	Einflußfaktor des Leitungsvolumens (Gl. (7.5) u. (7.6))
l	Länge, Flügeltiefe
$\bar{l}$	mittlere freie Weglänge
n	Kontraktionsverhältnis einer Windkanaldüse Brechungsindex
p	Druck
p_g	Gesamtdruck
p_p	Pitotdruck
p_s	statischer Druck
q	dynamischer Druck
q_a	angezeigter dynamischer Druck
q_k	kinetischer Druck (Staudruck)
q	Wärmestrom
r	Halbmesser, Recoveryfaktor
t	Zeit
v	(örtlich veränderliche) Geschwindigkeit
u,v,w	Geschwindigkeitskomponenten in dreidimensionaler Strömung
v_0^*	Schubspannungsgeschwindigkeit
$\bar{v}$	Volumen (Leitungsvolumen in Gl. (7.5) u. (7.6))
A	Auftriebskraft
C	Sutherlandsche Temperaturkonstante
D	Durchmesser, Diffusionskonstante
F	Fläche
F*	engster Querschnitt einer Überschalldüse
Fr	Froudesche Zahl
Gr	Grashofsche Zahl
K	Konstante
Kn	Knudsenzahl
L	Länge, Korrelationslänge
Le	Lewissche Zahl
M	Moment
Ma	Machsche Zahl
N	Leistung
Nu	Nusseltsche Zahl
Pe	Péclétsche Zahl
Pr	Prandtlsche Zahl
Q	Spaltstrommenge, Kühlwassermenge
R	Gaskonstante
Re	Reynoldssche Zahl
Re_{kr}	kritische Reynoldssche Zahl
R_H	elektrischer Widerstand eines Hitzdrahts
T	Temperatur
T_r	Recoverytemperatur
V	Anströmgeschwindigkeit
$\bar{V}$	Volumen, spezifisches Volumen
W	Widerstand
α	Anstellwinkel, Wärmeübergangskoeffizient (Gl. (8.10)) Verhältnis von Höhe zu Breite
β	Wärmeausdehnungskoeffizient von Gasen
δ	Grenzschichtdicke, Interferenzstreifenverschiebung
δ_1	Verdrängungsdicke
δ_2	Impulsverlustdicke
κ	Verhältnis der spezifischen Wärmen
κ_1	Korrekturfaktor (Abschn. 4.83)
λ	Lichtwellenlänge, Turbulenzballendurchmesser körperformabhängiger Faktor (Gl. (4.13))
μ	dynamische Zähigkeit
ν	kinematische Zähigkeit
ν_κ	Eigenschwingzahl
ρ	Dichte
σ	Oberflächenspannung, Wirbelkernfläche
τ	Windkanalkorrekturfaktor
τ_0	Wandschubspannung
Θ	charakteristische Temperatur der Molekülschwingung

1. Einführung

Strömungen in Flüssigkeiten und Gasen treten in weiten Bereichen der Technik auf. Dabei unterscheidet man Umströmungsprobleme („äußere Aerodynamik") und Durchströmungsprobleme („innere Aerodynamik"). Zur ersten Gruppe zählen vor allem die Umströmung von Flugzeugen, Flugkörpern, Land- und Wasserfahrzeugen sowie die Windwirkung auf natürliche Geländeformen, Gebäude, Brücken und sonstiges. Zur zweiten Gruppe rechnet man die Durchströmung von Leitungen und Strömungsmaschinen.

Eine rechnerische Erfassung von Strömungsvorgängen ist meist nur in beschränktem Maße möglich. Man ist daher in vielen Fällen auf Versuche angewiesen. Um den Versuchsaufwand niedrig zu halten, werden diese Messungen in der Regel nicht an der Originalausführung, sondern an verkleinerten Modellen vorgenommen. Dabei ist natürlich die Frage der Übertragbarkeit der Modellmessungen auf die Großausführung von wesentlicher Bedeutung. Bei Umströmungsproblemen benutzt man vorzugsweise ein modellfestes Koordinatensystem, d.h. das ruhende Modell wird von einem künstlichen Luftstrom angeblasen. Eine Einführung in die Strömungsmeßtechnik kann sich daher nicht auf die reinen Meßverfahren beschränken, sondern sollte die Verfahren zur Herstellung einwandfreier Luftströme sowie die Fehlereinflüsse infolge endlicher Ausdehnung der künstlichen Luftströme einschließen.

Wenn sich auch heute das Hauptinteresse von Forschung und Entwicklung im Bereich der Luft- und Raumfahrttechnik auf die sehr hohen Geschwindigkeiten konzentriert, so zählen doch die meisten sonstigen Anwendungen der Strömungslehre zum Unterschallbereich, so daß die „klassischen" Methoden der Strömungsmeßtechnik nach wie vor große Aufmerksamkeit beanspruchen dürfen. Das Schwergewicht dieses Buches liegt daher bei der Unterschall-Meßtechnik, doch wird auch ein Einblick in die wesentlichsten Meßverfahren bei hohen Strömungsgeschwindigkeiten gegeben.

An dieser Stelle soll auch auf einige Veröffentlichungen eingegangen werden, die das Gesamtgebiet der Strömungsmeßtechnik behandeln. Einen umfassenden Überblick über die Windkanal-Meßtechnik bieten *Pankhurst* und *Holder* [1] und *P. Rebuffet* [2] sowie für die Meßtechnik an Unterschall- bzw. Überschall-Windkanälen *A. Pope* und *J. J. Haper* [3] bzw. *A. Pope* und *K. L. Goin* [4]. Eine begrenzte Auswahl findet man in dem aus dem Russischen übersetzten Werk von *S. G. Popow* [5].

Das vorliegende Buch ist aus einer Vorlesung an der Technischen Universität Hannover entstanden. Ein Teil wurde bereits in einer Reihe von aufeinanderfolgenden Aufsätzen im Archiv für Technisches Messen [6] veröffentlicht.

2. Modellgesetze bei Strömungsversuchen

Wenn Versuche an verkleinerten Modellen oder mit anderen Medien durchgeführt werden, ist eine Ähnlichkeit der Stromlinien nur dann zu erwarten, wenn die wirkenden Kräfte im gleichen Verhältnis wie bei der Originalausführung stehen [7].

Folgende Kräfte je Flächeneinheit können bei Strömungsvorgängen wirksam sein:

Trägheitskräfte:	$\sim \rho V^2$
Zähigkeitskräfte:	$\sim \mu V/L$
Schwerekräfte:	$\sim \rho g L$
Kompressionskräfte:	$p \sim \rho RT \sim \rho a^2$
Kapillarkräfte:	$\sim \sigma/L$.

Den Verhältniswerten dieser Kräfte hat man bestimmte Kennzahlen zugeordnet:

Reynoldszahl $$Re = \frac{\rho V^2}{\mu V/L} = \frac{\rho VL}{\mu}$$

Machzahl $$Ma = \sqrt{\frac{\rho V^2}{\rho a^2}} = \frac{V}{a}$$

Froudesche Zahl $$Fr = \sqrt{\frac{\rho V^2}{\rho g L}} = \sqrt{\frac{V^2}{gL}}$$

Webersche Zahl $$We = \frac{\rho V^2}{\sigma/L} = \frac{\rho V^2 L}{\sigma} \quad .$$

Wenn man berücksichtigt, daß zwischen Zähigkeit μ, Schallgeschwindigkeit a und mittlerer freier Weglänge $\bar{l}$ eines Gases der Zusammenhang

$$\mu = \sqrt{\frac{2}{\pi\kappa}} \cdot \rho a \bar{l}$$

besteht, gilt ferner

$$\frac{Ma}{Re} = \frac{V\mu}{aVL\rho} = \sqrt{\frac{2}{\pi\kappa}} \cdot \frac{\bar{l}}{L} = \sqrt{\frac{2}{\pi\kappa}} \cdot Kn \ ,$$

wobei Kn als Knudsenzahl bezeichnet wird. Weitere Kennzahlen, wie z.B. Prandtlzahl und Schmidtzahl, ergeben sich bei Wärmeleitungs- und Diffusionsproblemen.

Es ist dabei:

Prandtlzahl $\mathrm{Pr} = \frac{\mu c_p \cdot g}{\lambda}$

Pécletsche Zahl $\mathrm{Pe} = \mathrm{Pr} \cdot \mathrm{Re}$

Grashofsche Zahl $\mathrm{Gr} = \frac{L^3 \rho^2 g (T_w - T_f) \beta}{\mu^2}$

Schmidtsche Zahl $\mathrm{Sc} = \nu / D$

Lewissche Zahl $\mathrm{Le} = \mathrm{Sc}/\mathrm{Pr} = \frac{\lambda}{\rho D c_p g}$.

Bei Strömungen mit extrem hoher Geschwindigkeit (Hyperschallströmungen) muß auch die Ruheenthalpie simuliert werden, da bei bestimmten Temperaturschwellen Dissoziation bzw. Ionisation der Gasmoleküle eintritt.

In vielen Fällen gelingt es nur, eine der genannten Kennzahlen zu befriedigen, wobei man die für das betreffende Strömungsproblem wesentliche Kennzahl heraussuchen muß. Bei Unterschallströmungen ist dies meist die Reynoldszahl, während bei kompressiblen Strömungen die Machzahl von vorherrschendem Einfluß wird. Oft gestatten es die Abmessungen der Versuchseinrichtung nicht, auch nur die Reynoldszahl einzuhalten. Es entsteht dann die Frage, wie weit dabei die Modellmessungen auf die Großausführung übertragen werden können. Im allgemeinen gilt hier die Erfahrung, daß die Strömungsvorgänge nur wenig von der Reynoldszahl beeinflußt werden, wenn keine ausgeprägten Ablösezonen existieren und die Grenzschichten

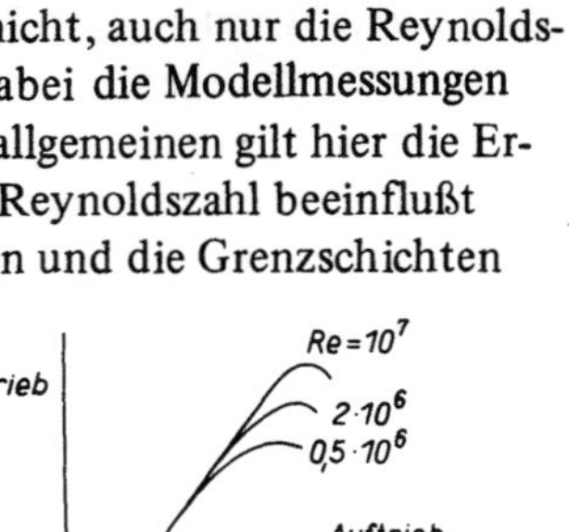

Bild 1
Abhängigkeit des Auftriebs eines Tragflügels vom Anstellwinkel bei verschiedenen Reynoldszahlen.

überwiegend turbulent sind. Bild 1 zeigt beispielsweise die Abhängigkeit des Auftriebs eines Tragflügels vom Anstellwinkel bei verschiedenen Reynoldszahlen. Solange keine ausgeprägten Ablösebereiche vorhanden sind, besteht keine Abhängigkeit von der Reynoldszahl. Bei großen Anstellwinkeln reißt die Strömung ab, und zwar um so später, je höher die Reynoldszahl ist. Modellversuche an Tragflügeln bei zu kleinen Reynoldszahlen liefern also einen zu niedrigen Maximalauftrieb.

Ein erheblicher Reynoldszahleneinfluß besteht, wenn im Modellversuch laminare, in der Großausführung aber turbulente Ablösung eintritt, wenn also der Modellversuch „unterkritisch", die Großausführung „überkritisch" ist. Die „kritische Reynoldszahl" ordnet man dem Strömungszustand zu, bei dem die Ablösestelle gerade mit dem Umschlagpunkt von laminarer zu turbulenter Grenzschicht zusammenfällt. Wie Bild 2 am Beispiel der Kugel erkennen läßt, ist das Totwasser im unterkritischen Fall viel größer als im überkritischen und damit auch der Widerstand.

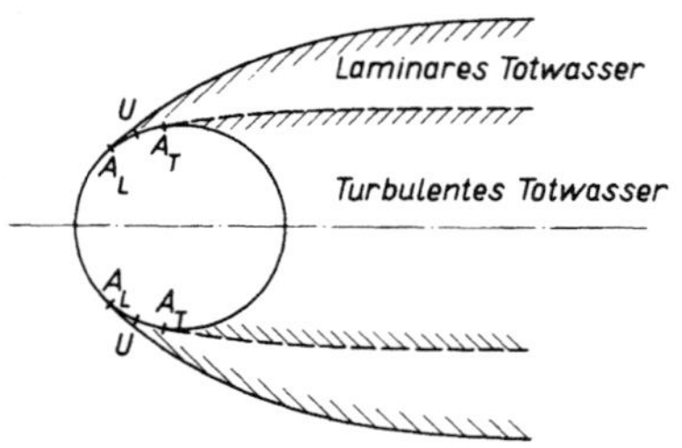

Bild 2
Unterkritische und überkritische Strömung an der Kugel mit laminarem bzw. turbulentem Totwasser.

Der plötzliche Widerstandsabfall einer Kugel mit anwachsender Geschwindigkeit kann zur Festlegung der kritischen Kugelkennzahl dienen. Es erweist sich, daß die kritische Kugelkennzahl mit zunehmender Turbulenz des Luftstroms absinkt. Versuchstechnisch wird dies häufig so ausgenutzt, daß man den Luftstrom durch Siebe oder Gitter künstlich turbulent macht, um bei kleinen Modellabmessungen noch überkritisch zu liegen.

3. Eigenschaften verschiedener Strömungsmedien

Die am meisten benutzten Strömungsmedien sind Luft und Wasser. Die Kenndaten von Luft, wie z.B. Dichte und Zähigkeit, sind wesentlich vom Druck und von der Temperatur abhängig. Bild 3 und 4 zeigen die Abhängigkeit der Dichte und der kinematischen Zähigkeit mittelfeuchter Luft von Druck und Temperatur. Für flugtechnische Anwendungen ist auch der Verlauf von Dichte, Temperatur und Druck mit der Höhe über dem Erdboden wichtig. Als Mittelwert ist die ICAO-Atmosphäre [8], [9] eingeführt, die definiert ist als eine Atmosphäre mit einem Bodendruck im Meeresniveau von 1 013,25 mbar, einer Bodentemperatur von + 15,0 °C und einer vertikalen Temperaturabnahme von 6,5 °C/gp km[1]) bis zum Niveau von

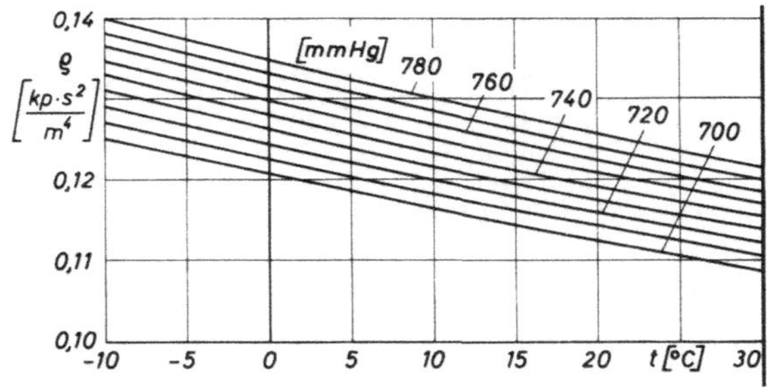

Bild 3
Dichte von mittelfeuchter Luft in Abhängigkeit von Temperatur und Luftdruck.

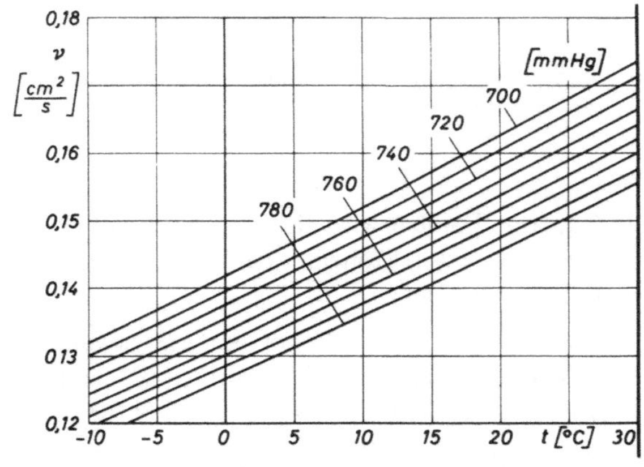

Bild 4
Kinematische Zähigkeit von mittelfeuchter Luft in Abhängigkeit von Temperatur und Luftdruck.

---

1) Die geopotentielle Höhe h ist eine mit der Erdbeschleunigung $g_n = 9{,}80665\ m/s^2$ normalisierte Höhe. Bei veränderlicher Erdbeschleunigung g ist die tatsächliche Höhe

$$z = \int_0^h \frac{g_n}{g}\, dh \quad .$$

Tabelle I. Temperatur T, Mitteltemperatur T_a, Druck p und Dichte ρ als Funktion der geopotentiellen Höhe in der ICAO-Atmosphäre (T_a ist die Mitteltemperatur der Luftschicht zwischen dem Erdboden und der Höhe h)

h gp km	T °C	T_a °K	p mbar	ρ g cm^{-3}
20	−56,5	243,15	54,7	$0{,}088 \cdot 10^{-3}$
18	−56,5	236,27	75,0	0,121
16	−56,5	238,98	102,9	0,165
14	−56,5	242,54	141,0	0,227
12	−56,5	247,47	193,3	0,311
11	−56,5	250,71	226,3	0,364
10	−50,0	254,28	264,4	0,413
9	−43,5	257,80	307,4	0,466
8	−37,0	261,30	356,0	0,525
7	−30,5	264,76	410,6	0,590
6	−24,0	268,19	471,8	0,660
5	−17,5	271,59	540,2	0,736
4	−11,0	274,96	616,4	0,819
3	− 4,50	278,30	701,1	0,909
2,0	2,00	281,61	795,0	1,006
1,5	5,25	283,26	845,6	1,058
1,0	8,50	284,90	898,7	1,112
0,5	11,75	286,53	954,6	1,167
0,2	13,70	287,51	989,4	1,202
0,1	14,35	287,84	1001,3	1,213
0	15,00	288,16	1013,25	1,225
−0,1	15,65	288,48	1025,3	1,237
−0,2	16,30	288,81	1037,5	1,249
−0,3	16,95	289,13	1049,8	1,261

11,0 gp km. Darüber wird die Atmosphäre als isotherm bei −56,5 °C angenommen (vgl. Tabelle I). Alle Höhenmesser in Flugzeugen werden einheitlich nach der ICAO-Atmosphäre geeicht.

Auch für Höhen über 30 km sind die verwendbaren Beobachtungen in Normal-Atmosphären zusammengefaßt worden, z.B. in der ARDC-Modellatmosphäre 1959 [10], die in Tabelle II für Höhen zwischen 20 und 500 km angegeben ist.

Diese Daten gelten für ruhende Luft und sind auch noch für mäßige Geschwindigkeiten anwendbar. Bei hohen Geschwindigkeiten, insbesondere bei Hyperschallgeschwindigkeiten, treten hohe Staudrücke und Stautemperaturen auf. Luft verhält sich dann nicht mehr wie ein ideales Gas, sondern muß als reales Gas betrachtet werden [11], [12], [13].

Tabelle II. Temperatur T, Druck p, Molekulargewicht M und Dichte ρ als Funktion der Höhe in der ARDC-Atmosphäre

km	T °K	p mbar	M g/Mol	ρ g cm^{-3}
500	1576	$1{,}59 \cdot 10^{-8}$	19,28	$2{,}12 \cdot 10^{-15}$
400	1480	$5{,}66 \cdot 10^{-8}$	19,56	$8{,}99 \cdot 10^{-15}$
300	1423	$2{,}56 \cdot 10^{-7}$	21,95	$4{,}76 \cdot 10^{-14}$
250	1415	$6{,}14 \cdot 10^{-7}$	23,87	$1{,}25 \cdot 10^{-13}$
200	1404	$1{,}63 \cdot 10^{-6}$	26,32	$3{,}67 \cdot 10^{-13}$
150	1031	$5{,}33 \cdot 10^{-6}$	28,27	$1{,}76 \cdot 10^{-12}$
120	477	$2{,}04 \cdot 10^{-5}$	28,71	$1{,}48 \cdot 10^{-11}$
100	199	$2{,}14 \cdot 10^{-4}$	28,90	$3{,}73 \cdot 10^{-10}$
90	165,7	$1{,}35 \cdot 10^{-3}$	28,97	$2{,}85 \cdot 10^{-9}$
80	165,7	$1{,}01 \cdot 10^{-2}$	28,97	$2{,}12 \cdot 10^{-8}$
70	209,6	$6{,}02 \cdot 10^{-2}$	28,97	$1{,}00 \cdot 10^{-7}$
60	253,7	$2{,}57 \cdot 10^{-1}$	28,97	$3{,}52 \cdot 10^{-7}$
50	282,7	$8{,}79 \cdot 10^{-1}$	28,97	$1{,}08 \cdot 10^{-6}$
40	260,9	3,00	28,97	$4{,}00 \cdot 10^{-6}$
30	231,2	11,9	28,97	$1{,}79 \cdot 10^{-5}$
20	216,7	55,3	28,97	$8{,}89 \cdot 10^{-5}$

Tabelle III. Eigenschaften von Wasser bei verschiedenen Temperaturen

T [°C]	ρ [g cm^{-3}]	μ [g cm^{-1} s^{-1}]
0	0,999 868	0,017 75
2	0,999 968	0,016 65
4	0,999 000	0,015 62
6	0,999 992	0,014 67
8	0,999 876	0,013 79
10	0,999 727	0,013 09
12	0,999 525	0,012 88
16	0,998 970	0,011 20
20	0,998 230	0,010 12
24	0,997 323	0,009 13
28	0,996 259	0,008 31
32	0,995 052	0,007 69

Wasser wird als Versuchsmedium zunächst in allen Fällen benutzt, wo die freie Oberfläche wesentlich ist, also bei der Untersuchung von Wasserfahrzeugen. Es wird aber auch anstelle von Luft zur Sichtbarmachung von Strömungen genommen, die in Wasser leichter durchzuführen ist, sowie gelegentlich auch bei Versuchen an schwingenden Modellen, da die Druckfortpflanzung in den Leitungen bei Wasser schneller ist. Wasser wird ferner zur Nachbildung von kompressiblen Strömungen benutzt, wobei die Oberflächenwellen-Geschwindigkeit der Schallgeschwindigkeit zugeordnet werden kann (siehe Abschnitt 13.2). Die Dichte und kinematische Zähigkeit von Wasser ist in Tabelle III in Abhängigkeit von der Temperatur zusammengestellt.

Zur Verringerung des Leistungsaufwandes bei hohen Geschwindigkeiten wählt man gelegentlich auch Gase mit niedriger Schallgeschwindigkeit als Versuchsmedium (siehe Abschnitt 4.2).

4. Versuchsanlagen

Bei den Versuchsanlagen unterscheidet man Einrichtungen für Umströmungs- und Durchströmungsaufgaben. Zur ersten Gruppe zählen Wind- und Wasserkanäle sowie Schießkanäle, zur zweiten Gruppe Anlagen für Gitteruntersuchungen, Strömungsmaschinen-Prüfstände und Einrichtungen für Untersuchung von Lüftung oder Förderung in Leitungen. Im folgenden soll im wesentlichen nur auf Wind- und Wasserkanäle sowie auf Schießkanäle näher eingegangen werden.

4.1. Einteilung der Windkanäle

Bei vielen technischen Problemen, insbesondere der Luftfahrt, interessiert man sich für die Kräfte und Drücke, die auf einen mit gleichmäßiger Geschwindigkeit sich durch die ruhende Luft bewegenden Körper ausgeübt werden. Versuchstechnisch ist es aber meist einfacher, den ruhenden Körper in einem sich bewegenden Luftstrom so zu befestigen, daß Kraft- und Druckmessungen ausgeführt werden können. Künstliche Luftströme erzeugt man in sogenannten Windkanälen. Die Windkanäle unterscheiden sich außer durch ihre Abmessungen hauptsächlich durch die größte Windgeschwindigkeit. Daneben kann auch der Ruhedruck oder die Ruheenthalpie verschieden sein. Es empfiehlt sich, die Haupteinteilung nach dem Machzahlbereich vorzunehmen:

Niedergeschwindigkeits-Windkanal (Normalkanal)	$0 < Ma < 0,2$
Unterschallkanal	$0,2 < Ma < 0,9$
Transsonischer Kanal	$0,5 < Ma < 1,5$
Überschallkanal	$1,2 < Ma < 5$
Hyperschallkanal	$5 < Ma$.

Bei den Hyperschallkanälen unterscheidet man „kalte" und „heiße", je nachdem, ob nur die Machzahl simuliert wird oder auch die Ruhetemperatur. Bei „Plasmakanälen" ist die Ruheenthalpie so hoch, daß ein erheblicher Teil des Gasstroms ionisiert und damit elektrisch leitend ist. Die Stoßwellenrohre und Schießkanäle mit Leichtgaskanonen bilden eine besondere Klasse von Versuchseinrichtungen.

Bezüglich des Antriebs gliedert man in kontinuierlich durch ein Gebläse angetriebene Kanäle und in intermittierend arbeitende Speicherkanäle. Bei den Kanälen mit Eigenspeicher wird entweder das Arbeitsmedium in einem Überdruckspeicher komprimiert und plötzlich entlastet oder die Außenluft strömt plötzlich in einen vorher evakuierten Kessel. Bei den Injektorkanälen wird ein Fremdmedium gespeichert, das lediglich die Antriebsleistung für das Arbeitsmedium liefert.

Ein Überblick über die verschiedenen Betriebsweisen gibt Tabelle IV.

Tabelle IV. Betriebsweisen von Windkanälen

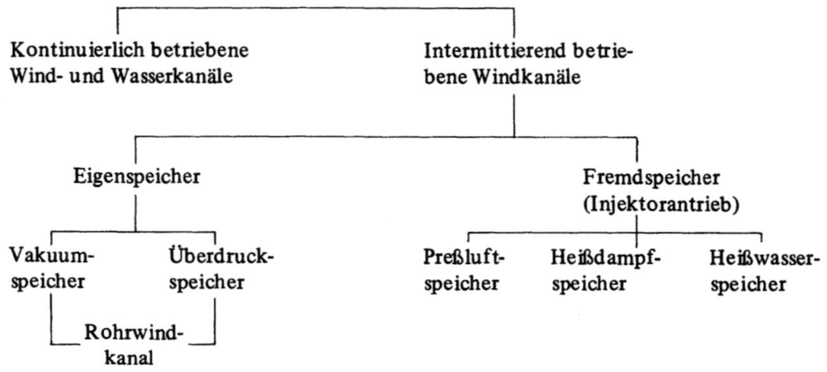

4.2. Leistungsbedarf von Windkanälen

Zum Betrieb eines kontinuierlich arbeitenden Windkanals muß ständig eine gewisse Leistung, meist in Form elektrischer Leistung, aufgewandt werden. Es ist üblich, sie mit der Strahlleistung in Beziehung zu setzen und einen Leistungsfaktor ζ einzuführen durch:

$$N = \zeta \cdot \frac{\rho}{2} V^3 F \quad . \tag{4.1}$$

Hierbei ist F der Strahlquerschnitt der Meßstrecke, V die Strahlgeschwindigkeit. ζ ist kein Wirkungsgrad, sondern die Kennzahl einer Verlustleistung. Wir wollen hierbei von den elektrischen Verlusten und den Gebläseverlusten absehen und betrachten die reinen Windkanalverluste. Dann ist

$$N_K = \zeta_K \cdot \frac{\rho}{2} V^3 F \tag{4.2}$$

die vom Gebläse abgegebene Leistung. Wir setzen ferner

$$Re = \frac{VL}{\mu} \rho \ ,$$

wobei L eine charakteristische Länge, z.B. der Meßstreckendurchmesser ist und führen weiterhin ein:

$$Ma = \frac{V}{a} , \qquad \rho = p \frac{\kappa}{a^2} , \quad \text{so daß dann}$$

$$N_K = \zeta_K \frac{F}{L^2} Re^2 Ma \frac{a^3 \mu^2}{p\kappa} \quad . \tag{4.3}$$

Da Reynoldszahl Re und Machzahl Ma Auslegedaten eines Windkanals sind und F/L^2 von der Größenordnung 1 ist, kann die erforderliche Leistung durch günstige Wahl von ζ_K oder des Produktes $a^3\mu^2/p\kappa$ klein gehalten werden. Die Kennziffer ζ_K ist sowohl von der Bauart als auch von der Reynoldszahl abhängig. Bei Windkanälen mit offenem Strahl (Göttinger Bauart) ist $\zeta_K = 0{,}5 - 0{,}6$, bei kleinen Abmessungen und ungünstiger Gestaltung werden auch wesentlich höhere Werte von ζ_K angetroffen. Auf der anderen Seite findet man bei großen Windkanälen mit geschlossener und strömungsgünstiger Luftführung ζ_K-Werte bis herab zu 0,1.

Der Faktor $a^3\mu^2/p\kappa$ läßt sich durch folgende Maßnahmen verringern:

a) durch großes p, d.h. durch Wahl eines Überdruckkanals.
Nachteile: Hohe Baukosten aufgrund überdrucksicherer Bauart, schlechte Zugänglichkeit der Meßstrecke,

b) durch niedere Temperatur. Da $a \sim T^{1/2}$ und $\mu \sim \frac{T^{3/4}}{T+C}$ ist, wird $a^3\mu^2 \sim \frac{T^{9/2}}{T+C}$.
Diese Beziehung ist in Bild 5 aufgetragen. Man erkennt, wie groß die Leistungsersparnis bei Verwendung niederer Temperaturen ist. Extreme Bedingungen erhält man, wenn man ein Gas mit niedriger Solidusgrenze verwendet. Das hat zum Bau von Heliumwindkanälen zum Erreichen hoher Machzahlen geführt.
Nachteil: Die besonders interessierenden „realen Gaseffekte" können mit dem einatomigen Helium nicht nachgebildet werden.

c) durch Wahl eines Arbeitsmittels mit niedriger Schallgeschwindigkeit. Praktische Verwendung haben bisher Schwefelhexafluorid (SF_6) und für Versuche an Strömungsmaschinen Freon 12 (Dichlordifluormethan $C\,Cl_2F_2$) gefunden. Die Schallgeschwindigkeit beträgt in SF_6 132 m/s und das Leistungsverhältnis zu Luft etwa 1/50. Es sind auch weitere Freone in Betracht gezogen worden, darunter [14]:

$C\,Cl\,F_3$	Freon 13	Chlorotrifluoromethan
$C\,F_4$	Freon 14	Kohlenstofftetrafluorid
$C\,H\,Cl\,F_2$	Freon 22	Chlorodifluoromethan
$CH\,F_3$	Freon 23	Fluoroform
CH_2F_2	Freon 32	Difluormethan .

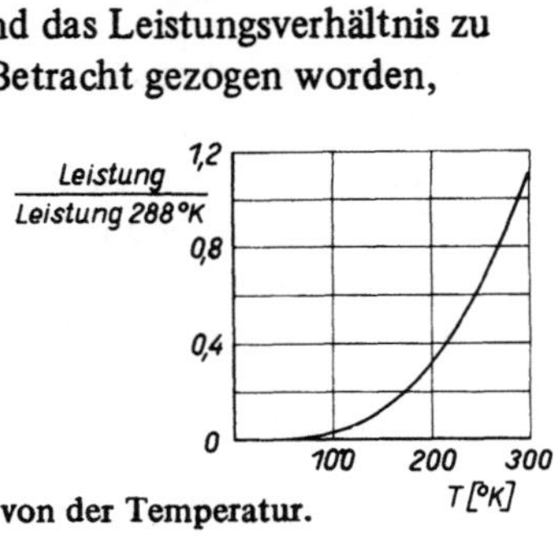

Bild 5. Leistungsaufwand eines Windkanals in Abhängigkeit von der Temperatur.

4.3. Aufbau kontinuierlich arbeitender Kanäle

4.3.1. Niedergeschwindigkeits-Windkanäle

Windkanäle mit verhältnismäßig niedrigen Geschwindigkeiten [15] werden durchweg kontinuierlich betrieben. Sie bestehen im wesentlichen aus folgenden Teilen: Vorkammer, Düse (Effusor), Meßstrecke, Diffusor und Gebläse.

Beim „Eiffelkanal" (Bild 6) wird die Luft aus dem Freien angesaugt und wieder ins Freie ausgeblasen, hat also einen „offenen Kreislauf". Vielfach sind Windkanäle dieser Bauart in Hallen aufgestellt, so daß der Hallenraum die Rückführung der Luft zum Einlauftrichter übernimmt. Der Eiffelkanal ist im Aufbau verhältnismäßig einfach, erlaubt ohne hohe Kosten ein großes Kontraktionsverhältnis in der Düse und bei zweckmäßiger Auslegung des Diffusors ist auch der Leistungsbedarf nicht höher als bei Kanälen mit geschlossenem Kreislauf. Freistehende Eiffelkanäle sind verschiedentlich gebaut worden, haben sich aber nur in klimatisch begünstigten Ländern bewährt. Die größte Anlage dieser Art ist der Windkanal von Bangalore (Indien) [16]. Der Eiffelkanal verlangt eine geschlossene Meßstrecke, da dort Unterdruck herrscht.

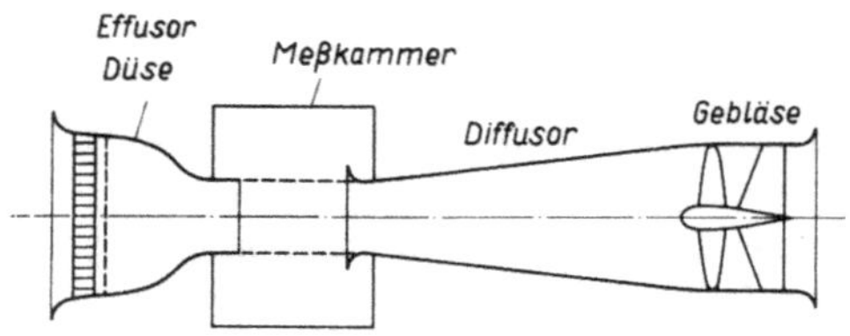

Bild 6
Schema eines Eiffelkanals für niedrige Windgeschwindigkeiten.

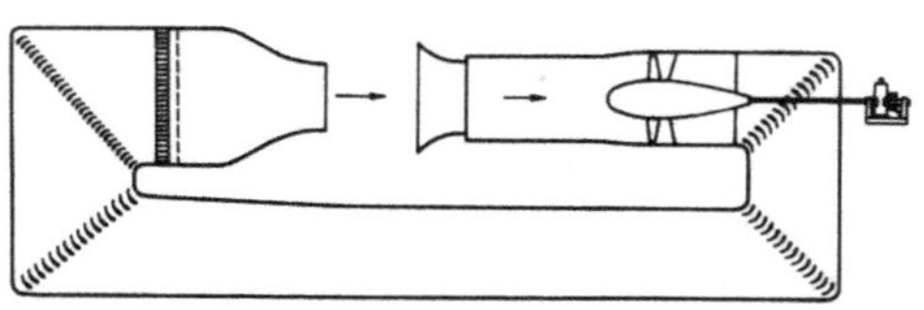

Bild 7
Niedergeschwindigkeitswindkanal „Göttinger Bauart".

Die Bauweise mit geschlossener Rückführung, jedoch mit offener Meßstrecke, ist erstmalig in Göttingen gewählt worden und wird daher als „Göttinger Bauart" bezeichnet (Bild 7). Die in Deutschland betriebenen Niedergeschwindigkeits-Windkanäle (siehe Tabelle V [1])) gehören vorwiegend zu dieser Bauart, während im Ausland, vor allem in England, Kanäle mit geschlossener Rückführung und geschlossener Meßstrecke wegen des geringeren Leistungsbedarfs bevorzugt werden.

---

1) Eine umfassende Liste von Niedergeschwindigkeitskanälen unter Ausschluß deutscher Anlagen ist von *Pope* und *Harper* [3], S. 26, gegeben worden. Tabelle V soll diese Angaben hinsichtlich der in Deutschland betriebenen Niedergeschwindigkeitskanäle ergänzen.

Tabelle V. Niedergeschwindigkeits-Windkanäle in Deutschland

Institut	Ort	Bauart	Meßquerschnitt	Max. Geschw. m/s	Antriebsleistung kW
AVA	Göttingen	Gö. B	3 x 3 m	60	750
		Gö. B.	1 x 0,7 m ellipt.	60	80
DFL	Braunschweig	Gö. B. oder geschl.	2,8 x 3,6 m	65	800
DVL	Porz-Wahn	Gö. B.	3,3 x 2,3 m	80	1 000
TH	Aachen (im Bau)		1,5 m ϕ	70	500
TU	Berlin	Freistrahl	1 m ϕ	40	100
		Freistrahl	1,2 m ϕ	35	80
TU	Braunschweig		1,3 m ϕ	65	110
TH	Hannover		1,5 m ϕ	45	70
TH	Karlsruhe	-	1,8 m ϕ	70	240
TH	München	Gö. B.	1,5 m ϕ	60	85
		Gö. B.	0,9 m ϕ	70	95
TH	Stuttgart (Daimler-Benz)	Gö. B.	7,83 x 4,87 m^2	70	3 850
	Laminarwindk.	Gö. B.	1,5 x 1 m^2	55	135
		Eiffel	2,7 x 0,75 m^2	90	180
UN	Hamburg	Umlaufkanal	1,2 m ϕ	50	60

Gelegentlich sind auch Windkanäle mit symmetrisch angeordneter doppelter oder mit ringförmig angeordneter Rückführung gebaut worden, was sich aber nicht bewährt hat, da eine Unsymmetrie in der Geschwindigkeitsverteilung eher verstärkt als abgeschwächt wird.

Düse

Die Düse hat die Aufgabe, die Ungleichförmigkeit des Geschwindigkeitsfeldes zu verringern. Angenommen, vor der Düse ist eine Ungleichförmigkeit vorhanden, dann gilt (Bild 8)

$$p_1 + \frac{1}{2}\rho v_1^2 = p_2 + \frac{1}{2}\rho v_2^2$$

bzw.

$$p_1 + \frac{1}{2}\rho v_1'^2 = p_2 + \frac{1}{2}\rho v_2'^2 \quad .$$

Durch Differenzbildung erhält man

$$v_1^2 - v_1'^2 = v_2^2 - v_2'^2$$

und für die relativen Schwankungen:

$$\frac{v_2^2 - v_2'^2}{v_2^2} = \frac{v_1^2}{v_2^2}\,\frac{v_1^2 - v_1'^2}{v_1^2} \quad .$$

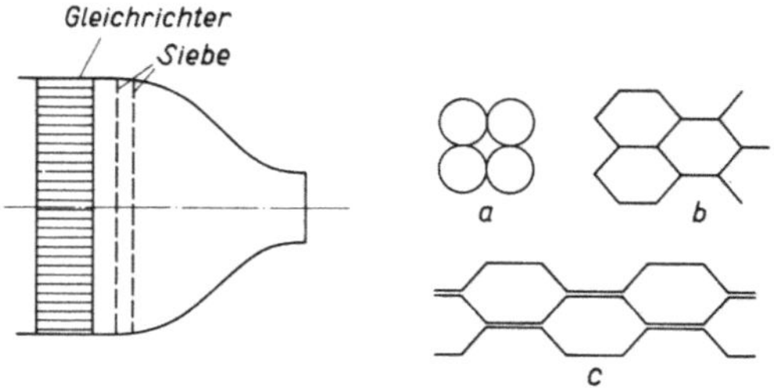

Bild 8. Windkanaldüse und Gleichrichter. a, b, c verschiedene Ausführungen von Gleichrichtern.

Die relative Ungleichförmigkeit wird also auf $1/n^2$ verringert, wenn n das Kontraktionsverhältnis (Flächenverhältnis von Ein- und Austritt der Düse) ist. Gefährlicher sind dagegen Wirbel in Strömungsrichtung, die viel weniger geschwächt werden. Nach dem Wirbelsatz ist

$$\omega_1 \sigma_1 = \omega_2 \sigma_2 \quad ,$$

wenn ω die Wirbelstärke und σ die Wirbelkernfläche bezeichnet. Für die Wirbelkernfläche gilt aber

$$\sigma_2 = \frac{1}{n}\sigma_1$$

und damit für die Wirbelradien

$$r_2 = \frac{1}{\sqrt{n}}\, r_1 \quad .$$

Am Außenrand des Wirbelkerns ergeben sich folgende Quergeschwindigkeiten:

$$\omega_2 r_2 = \sqrt{n}\;\omega_1 r_1 \quad .$$

Die relative Querschwankung wird also nur im Verhältnis $1/\sqrt{n}$ vermindert. Deshalb müssen Wirbel in Strömungsrichtung durch Einbau von „Gleichrichtern" bereits in der Düsenvorkammer abgeschwächt werden.

Die Formgebung der Düse ist nicht kritisch, da die Strömung längs der Düse beschleunigt ist. Doch sollte vermieden werden, daß Ein- und Austritt der Düse verschiedene geometrische Form haben. Bei Windkanälen mit Rechteckquerschnitt wird häufig wegen der baulichen Einfachheit nur in einer Ebene kontrahiert, so daß Ein- und Austrittsebene um 90° gedrehte Rechtecke bilden. In solchen Fällen sind starke Sekundärströmungen beobachtet worden. Bei rotationssymmetrischen Düsen wird eine Erzeugende nach der Formel von *Witoszynski* [17] empfohlen:

$$r = \frac{r_2}{\sqrt{1 - \left[1 - \frac{r_2}{r_1}^{2} \frac{(1 - x^2/L_D^2)^2}{(1 + x/3L_D^2)^2}\right]}}\,,$$ wobei L_D die Düsenlänge ist.

Am Düsenaustritt sollte bei offener Meßstrecke ein zylindrisches Stück von 0,2 D Länge angesetzt werden. Noch besser ist es, dieses Ansatzstück schwach (1,5° halber Winkel) zu erweitern, da der statische Druck im Strahl dann gleichmäßiger ist.

Düsenvorkammer

In der Düsenvorkammer soll die Strömung vergleichmäßigt und die Turbulenz herabgesetzt werden. Zur Auslöschung von Wirbeln wird daher am Eingang der Düsenvorkammer ein Strömungsgleichrichter angeordnet. Im einfachsten Fall wird er entsprechend Bild 8a aus Kreisrohren zusammengesetzt, wobei das Verhältnis von Länge zu Durchmesser 5 ... 10 betragen soll. Strömungsgünstiger, aber auch aufwendiger, ist ein Aufbau aus Sechseckprofilen (Bild 8b) oder entsprechend geformten Blechstreifen (Bild 8c).

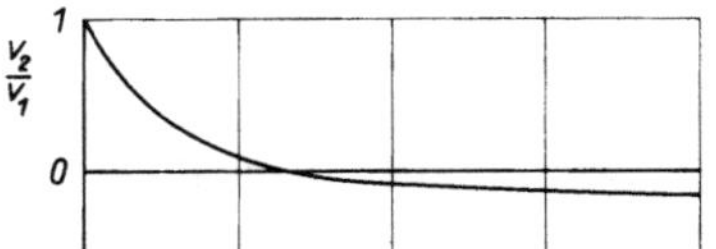

Bild 9
Wirkung eines Siebes auf Störungen (v_1 Störung vor dem Sieb, v_2 Störung nach dem Sieb, c_w Widerstandsbeiwert des Siebes).

Siebe [18] bewirken den Ausgleich einer ungleichförmigen Zuströmung. Ist v_1 die Störungsamplitude vor dem Sieb und v_2 nach dem Sieb, so ist das Verhältnis v_2/v_1 vom Widerstandskoeffizienten c_w des Siebes abhängig. Nach Bild 9 ist $c_w = 2{,}5$ am günstigsten und führt zu einer Auslöschung der Störung. Für $c_w > 2{,}5$ vollbringt das Sieb eine Phasendrehung der Störung um 180°. Der Widerstandskoeffizient von Sieben hängt von der Reynoldszahl ab. Eine optimale Auslegung ist also nur für eine bestimmte Windgeschwindigkeit möglich. Siebe müssen von Zeit zu Zeit gereinigt werden, sie sollen daher entweder herausnehmbar oder zu Reinigungszwecken gut zugänglich sein. Siebe vermindern auch die Turbulenz (Bild 10), jedoch werden die longitudinalen Schwankungen stärker gedämpft als die transversalen. Eine ursprünglich isotrope Turbulenz ist also nach Durchlaufen eines Siebes nicht mehr isotrop. Der isotrope Zustand stellt sich aber bald wieder ein. Da Siebe auch bewirken, daß Wirbel abgeschwächt werden, wird vor allem bei Verwendung mehrerer Siebe hintereinander vielfach auf einen besonderen Gleichrichter verzichtet.

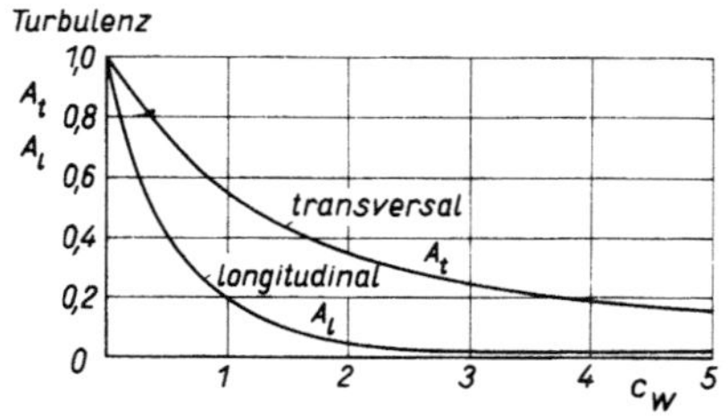

Bild 10

Turbulenzdämpfung durch Siebe.
A Amplitudenverhältnis vor und nach dem Sieb.

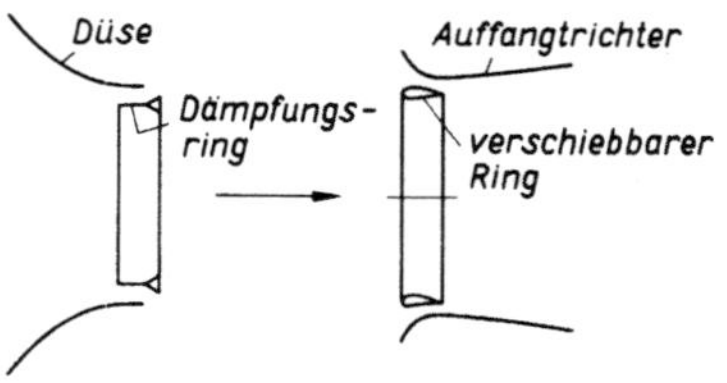

Bild 11

Schwingungsdämpfung im Freistrahl durch einen Dämpfungsring in der Düse oder durch einen verschiebbaren Ring im Auffangtrichter.

Freistrahl

Eine Freistrahl-Meßstrecke sollte höchstens 2D (D Strahldurchmesser) lang sein, da der Kern dann auf die Hälfte (flächenmäßig auf ein Viertel) verringert ist. Der Durchmesser des Auffangtrichters sollte etwa 1,1 D gewählt werden.

Der Verlauf des statischen Druckes im Freistrahl kann durch einen verschiebbaren Ring vor dem Auffangtrichter günstig beeinflußt werden (Bild 11 rechts). Der Vorteil einer Freistrahl-Meßstrecke besteht außer der leichten Zugänglichkeit darin, daß die Windkanalinterferenzen (siehe Abschnitt 4.8) infolge der endlichen Strahlbegrenzung beim freien Strahlrand nur etwa ein Viertel gegenüber festen Wänden betragen. Dieser Vorteil wird allerdings häufig durch zu nahen Einbau der Windkanalwaage zunichte gemacht, wobei undefinierte Interferenzen auftreten.

Windkanäle mit offener Meßstrecke neigen zu selbsterregten Schwingungen, und zwar um so mehr, je besser sie aerodynamisch sind, je geringer also die Dämpfung ist. Dabei wirkt die Luftsäule in der Windkanalröhre als harmonischer Oszillator. Die ringförmige Röhre benimmt sich dabei wie eine gestreckte Föhre mit zwei offenen Enden und die Eigenschwingungszahlen sind bei Berücksichtigung der v. Helmholtzschen Korrektur für die offenen Enden gegeben durch:

$$\nu_\kappa = \frac{(\kappa + 1) \cdot a}{L + \pi D/4 - 1}$$

mit $\kappa = 0, 1, 2, \ldots$, L abgewickelte Länge der Windkanalröhre einschließlich Meßstrecke, l Meßstreckenlänge, D mittlerer Strahldurchmesser, a Schallgeschwindigkeit.

Mit wachsender Windgeschwindigkeit werden die verschiedenen Eigenfrequenzen nacheinander durchlaufen. Als bestes Hilfsmittel zur Beseitigung der Schwingungen hat sich ein Seiferthflügel [19] am Düsenende erwiesen. Es handelt sich hierbei um einen am Düsenausgang befestigten Blechring mit abwechselnd nach innen und außen abgebogenen Blechlappen, die das Auftreten von Ringwirbeln verhindern. Diese Maßnahme hat sich auch bei neueren Windkanälen bewährt [20].

Geschlossene Meßstrecke

Geschlossene Meßstrecken müssen wegen der zunehmenden Grenzschichtdicke leicht erweitert sein, wenn der statische Druck konstant sein soll. Als rohe Näherung gilt ein Erweiterungswinkel von $1/2^\circ$ für jede Wand. Bei Meßstrecken von Rechteckquerschnitt mit abgeschrägten Ecken (Oktogonquerschnitt) erzielt man diese Erweiterung durch allmähliche Verkleinerung der Eckstücke. Am Ende der geschlossenen Meßstrecke werden häufig Wirbelerzeuger angebracht, um ein Ablösen der Strömung zu vermeiden. Es handelt sich hierbei um kurze Flügelstummel (Spannweite etwa 1/10 des Meßstrecken-Durchmessers) mit einem Anstellwinkel von etwa 15°. Durch die abgehenden Wirbel wird der Grenzschicht an der Wand Energie zugeführt.

Diffusor

Der stromabwärts auf die Meßstrecke folgende Diffusor hat bei Windkanälen mit geschlossenem Kreislauf die Aufgabe, den Querschnitt allmählich auf den Vorkammerquerschnitt zu erweitern. Bei Kanälen vom Eiffeltypus (Bild 6) soll durch den Diffusor die Strahlenergie zurückgewonnen werden, um die Antriebsleistung niedrig zu halten. Einen Gesamtöffnungswinkel von 6° hält man für am günstigsten. Obwohl unter guten Strömungsbedingungen auch Diffusorwinkel bis 8° zulässig sind, muß doch berücksichtigt werden, daß bei Einbau von Versuchsmodellen mit hohem Widerstand die Strömung im Diffusor leichter abreißt. Zu Beginn des Diffusors bringt man „Atmungsöffnungen" an, die gewöhnlich aus einem Schlitz mit etwa 0,05 D Breite bestehen. Bei Freistrahlkanälen soll durch diese Öffnungen die überschüssig aufgefangene Luft wieder ausgeblasen werden, bei geschlossener Meßstrecke sollen sich über diese Öffnungen Leckverluste ausgleichen.

Umlenkung

In einem Windkanal mit geschlossenem Kreislauf muß die Strömung um insgesamt 360° umgelenkt werden. Am gebräuchlichsten ist es, entsprechend Bild 12 vier 90°-Umlenkungen vorzusehen. Durch Verwendung eines Schaufelgitters können die Strömungsverluste gering gehalten werden. Bild 8 zeigt einen Vergleich verschiedener Profilformen für 90°-Umlenkung, wobei im günstigsten Fall Verluste von nur

11 % des Staudrucks auftreten. Einige Male hat man auch zwei 180°-Umlenkungen genommen, zur Verhinderung der Strömungsablösung verwendet man hier entweder Grenzschichtabsaugung (Bild 13a), eine rotierende Walze (Bild 13b) oder Leitbleche (Bild 13c). Die letzte Anordnung ist beim Windkanal nach Bild 14 gewählt worden [21].

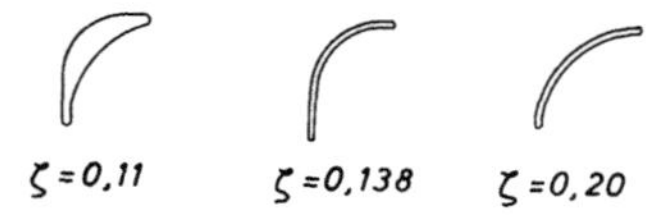

Bild 12
Verschiedene Formen von Umlenkecken mit Angabe des Reibungsverlustes.

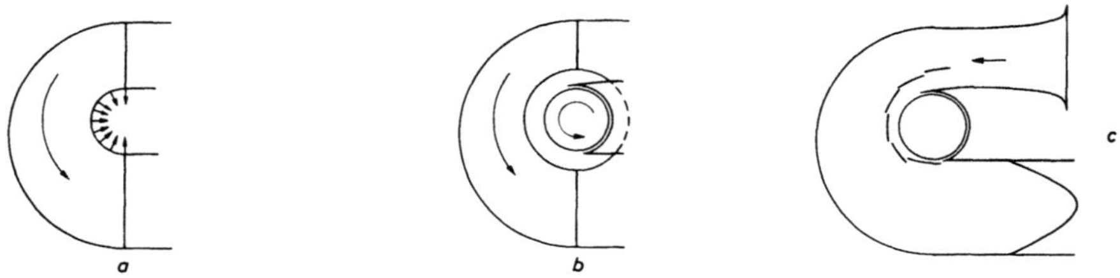

Bild 13. Strömungsumlenkung in einem gekrümmten Diffusor mit Verhinderung der Ablösung durch a) Grenzschichtabsaugung b) mitbewegte innere Wand c) gekrümmter Diffusor mit Leitblenden.

Gebläse

Beim Betrieb von Windkanälen greift man fast ausschließlich zu Axialgebläsen. Zur Vermeidung von Drall werden entweder ein Leitapparat oder gegenläufige Gebläseräder angeordnet. Um hohe Spitzengeschwindigkeiten zu vermeiden, wird das Gebläse an einer Stelle mit kleinerer Geschwindigkeit (also nicht unmittelbar hinter der Meßstrecke) angebracht. Dies ist auch aus Sicherheitsgründen (Bruch des Modells) vorteilhafter. Für die Regelung der Durchflußmenge nutzt man eine Reihe von Möglichkeiten:

a) Gleichstromantrieb
b) Verstellschraube
c) Strömungskupplung
d) Magnetkupplung
e) Drehstromschleifringläufer.

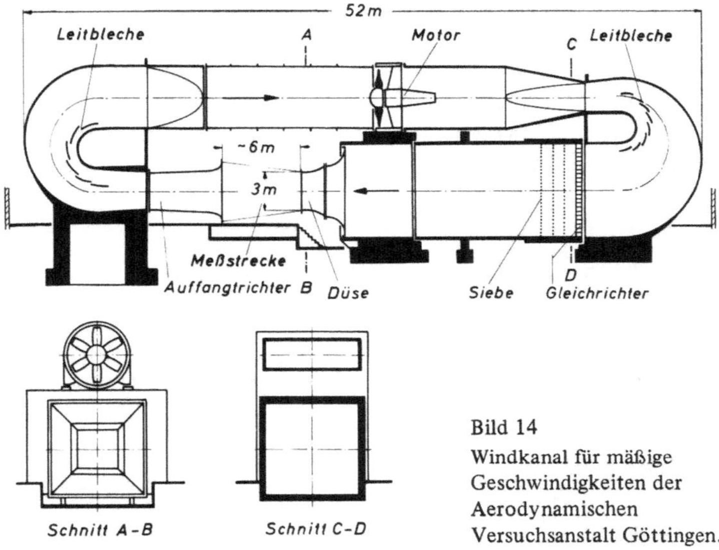

Bild 14
Windkanal für mäßige Geschwindigkeiten der Aerodynamischen Versuchsanstalt Göttingen.

Kühlung

Die Antriebsleistung des Windkanals ist das Äquivalent für die Strömungsverluste und wird demnach in Wärme umgesetzt. Bei längerer Betriebszeit tritt also eine allmähliche Erwärmung ein. Bei Niedergeschwindigkeitskanälen ist sie häufig klein genug, daß eine Kühlung nicht erforderlich ist und die Temperaturzunahme lediglich bei der Auswertung der Messungen berücksichtigt wird.

4.3.2. Wasserkanäle

Grundsätzlich können viele in Luft ablaufende Strömungsvorgänge, soweit die Geschwindigkeit weit unter der Schallgeschwindigkeit liegt, auch durch entsprechende Versuche in Wasser geklärt werden. Bei gleicher Reynoldszahl laufen die Vorgänge in Wasser langsamer ab als in Luft; außerdem sind die auftretenden Kräfte und Drücke größer. Nichtstationäre Vorgänge können daher leichter durch Beobachtungen oder durch Messungen verfolgt werden. Bei der Übertragung von im Wasserkanal gewonnenen Versuchsergebnissen auf die Verhältnisse in Luft ist zu beachten, daß der Übergang laminarer in turbulente Reibungsschichten schon bei kleinerer Reynoldszahl, bei etwa $Re = 2{,}1 \cdot 10^5$, liegt. Eine Einschränkung erfährt die Verwendung von Wasser an Stelle von Luft dadurch, daß das Auftreten von Kavitation bei den Versuchen in Wasser vermieden werden muß, d.h. die an den Modellen auftretenden Unterdrücke dürfen nicht den Dampfdruck des Wassers unterschreiten. Das wesentliche Anwendungsgebiet von Wasserkanälen ist die Sichtbarmachung von Strömungen (siehe Abschnitt 11.2).

Der in Bild 15 dargestellte Wasserkanal wird in verschiedenen aerodynamischen Laboratorien benutzt und ist eine verbesserte Ausführung eines zuerst von *H. Drescher* [22] beschriebenen Kanals. Die Ausbildung eines konstanten Druckniveaus in der Meßstrecke F ist dadurch gewährleistet, daß die Meßstrecke oben offen ist, sich also eine freie Wasseroberfläche ausbilden kann. Jedoch ist auch die Möglichkeit vorgesehen, die Meßstrecke oben durch eine abschraubbare Platte zu schließen. Da

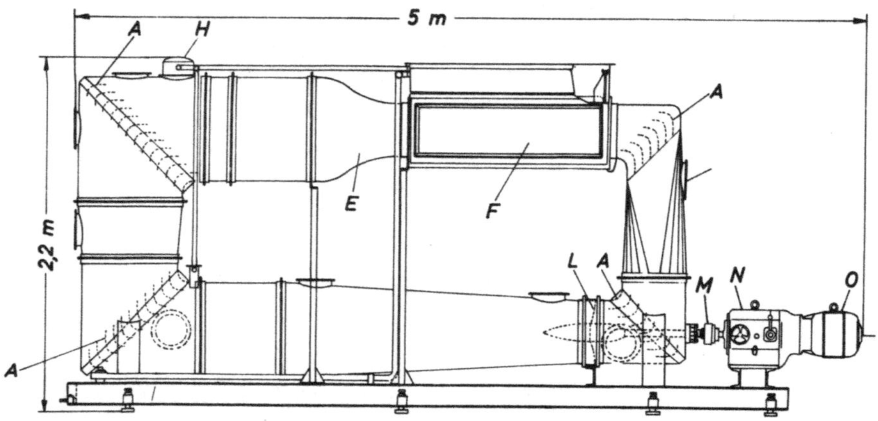

Bild 15. Wasserumlaufkanal der Aerodynamischen Versuchsanstalt Göttingen. A Umlenkecken, E Düse, F Meßkammer, H Entlüftung, L Axialgebläse, M Kupferring, N Getriebe, O Motor.

der Kanal im Betrieb möglichst luftfrei sein muß, sind besondere Entlüftungseinrichtungen, nämlich ein Dom H über der höchsten Stelle und ein Kasten G am unteren Schenkel, vorgesehen. Zum Antrieb der mit kavitationsarmen Schiffsschrauben-Profilen ausgerüsteten vierflügeligen Schraube ist eine Leistung von 4 kW erforderlich. Damit wird in der Meßstrecke eine Wassergeschwindigkeit von 5 m/s erreicht.

4.3.3. Hochgeschwindigkeits- und Überschallkanäle

Kontinuierlich betriebene Hochgeschwindigkeits- und Überschallkanäle haben grundsätzlich den gleichen Aufbau wie Niedergeschwindigkeitskanäle, d.h. sie bestehen ebenso aus Vorkammer, Düse, Meßstrecke, Diffusor und Gebläse (Bild 16). In den Einzelheiten sind jedoch erhebliche Unterschiede vorhanden. Wegen des großen zu überwindenden Drucksprungs sind vielstufige Gebläse erforderlich, vorzugsweise als Axialgebläse ausgebildet. Die große auf den Luftstrom übertragene Leistung wird in Reibungswärme übergeführt und muß durch Kühler wieder entfernt werden.

Dazu nimmt man gewöhnlich von Wasser durchflossene Rohre, die mit Kühlrippen versehen und quer zur Strömung angeordnet sind. Bei größeren Anlagen wird das Wasser in Kühltürmen wieder rückgekühlt und bildet einen geschlossenen Kreislauf. Obwohl stromlinienförmig profilierte Rohre ein wesentlich günstigeres Verhältnis von Wärmeübertragung zu Widerstand aufweisen, werden doch fast ausschließlich Kreisrohre verwendet.

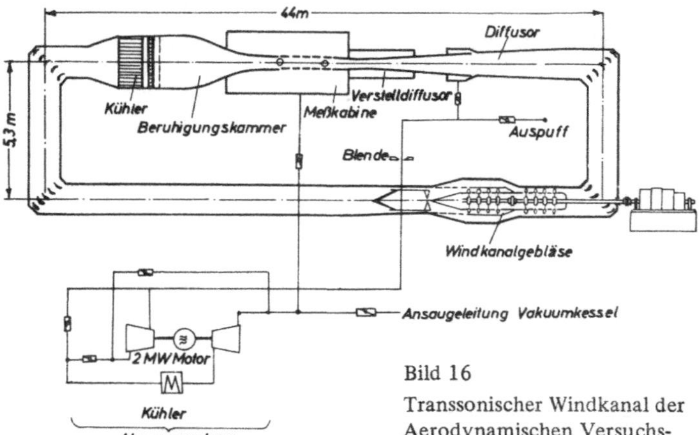

Bild 16
Transsonischer Windkanal der Aerodynamischen Versuchsanstalt Göttingen.

Bei Überschallgeschwindigkeit muß eine Lavaldüse benutzt werden, bei der an der engsten Stelle die Schallgeschwindigkeit durchschritten wird. Im Gegensatz zum Unterschallbereich, wo die Windgeschwindigkeit z.B. durch Regelung der Drehzahl des Gebläses verändert werden kann, ist im Überschallbereich für jede Geschwindigkeit bzw. Machzahl eine besondere Düsenform notwendig. Bei kleineren Anlagen wird für jede Machzahl ein anderer Düsenblock eingesetzt. Im rotationssymmetrischen Fall ist der Wechsel der Düse oder mindestens eines Düsenteils die einzige Möglichkeit zur Variation der Machzahl. Bei Düsen von rechteckiger Querschnittsform ist eine stetige Änderung der Machzahl durch Verwendung flexibler Wände möglich. Bild 17 zeigt eine Verstelldüse, mit der eine Unterschallkontur und eine stetige Folge von Überschallkonturen im Bereich von Ma = 1,0 ... Ma = 2,3 eingestellt werden können. Die Umstellung von einer Machzahl auf eine andere läßt sich bei laufendem Kanal vornehmen, was den Vorteil hat, daß man den Kanal zunächst mit eingestellter Unterschallkontur hochfahren und die starken Schwingungsbeanspruchungen beim Strömungsaufbau in einer Lavaldüse vermeiden kann. Bild 18 gibt eine andere Anordnung mit flexiblen Wänden wieder, bei der die Machzahlveränderung durch Verschieben eines Düsenblocks bewirkt wird [23a].

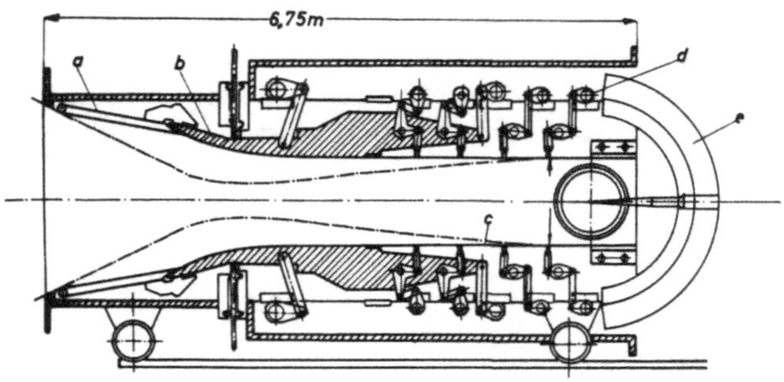

Bild 17
Verstelldüse des Windkanals nach Bild 16.

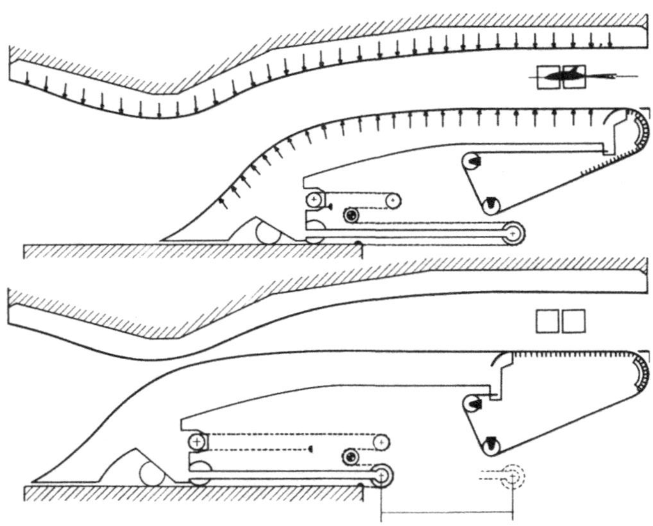

Bild 18. Änderung der Machzahl durch Verschieben eines Düsenblocks.

Der Stromlinienverlauf ist im Windkanalversuch wegen des störenden Einflußes der Wände oder der Freistrahlgrenzen anders als im Freiflugversuch. Feste Wände verengen die Stromlinien, freie Strahlgrenzen erweitern sie (vgl. Abschnitt 4.8). Eine Mittelstellung nehmen halbdurchlässige Wände ein, die bei geeigneter Formgebung dem Freiflugverhalten nahekommen. Dies ist besonders bei Annäherung an die Schallgeschwindigkeit wichtig, wo die Störungen stark anwachsen. Bei Überschallgeschwindigkeit gehen vom Modell Stoßwellen aus, die an den Wänden reflektiert werden. Bei höheren Machzahlen ist der Neigungswinkel der Wellen klein genug, daß das Modell von den reflektierten Wellen nicht getroffen wird. Bei Machzahlen nur wenig über 1 muß man versuchen, zur Vermeidung erheblicher Störungen die reflektierten Wellen zu löschen. Dies kann wiederum durch eine poröse Wand geschehen, weil hinter dem Stoß höherer Druck herrscht und somit die Flüssigkeit durch die poröse Wand abfließen kann. Um einen Rückfluß vor dem Stoß zu vermeiden, ist es zweckmäßig, Wände mit schrägen Bohrungen zu benutzen, deren Achse mit der Strömungsrichtung einen Winkel von 30° einschließt. Eine weitere Verbesserung wird durch Absaugen erreicht, wobei gleichzeitig durch Regelung der Absaugemenge eine Beeinflussung der Löschungseigenschaften der Wand möglich ist. Einen Überblick über dieses Gebiet hat *B. H. Göthert* [24] gegeben. Wie erfolgreich dergleichen Maßnahmen sind, hat *W. M. Chew* [25] für eine kleinere Anlage bewiesen. Bild 19 gibt

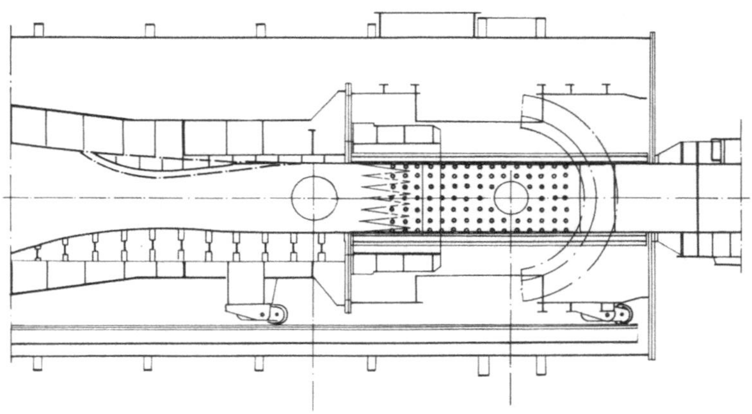

Bild 19. Meßstrecke des transsonischen Windkanals nach Bild 16.

die Meßstrecke des Transsonischen Windkanals der AVA Göttingen mit 1 m x 1 m Meßquerschnitt wieder, bei der durch die schräg durchbohrten Wände abgesaugt werden kann [26]. Bei Transschallversuchen befindet sich das Modell rechts im Bereich der perforierten Wand und wird jenseits der Machzahl mit störender Stoßwellenreflexion in die linke Stellung verschoben. Die Löschungseigenschaften der perforierten Begrenzungswände sind von *W. Lorenz-Meyer* [23] unter verschiedenen Absaugebedingungen untersucht worden.

Hinter der Meßstrecke eines Überschallkanals sind Unterschalldiffusoren erst dann wirksam, wenn durch einen Verdichtungsstoß Unterschallgeschwindigkeit erreicht ist. Dies kann z.B. in einer an die Versuchsstrecke anschließenden Rohrstrecke mit geradem Stoß (Bild 20a) oder in einer zweiten Verengung (Bild 20b) geschehen. Die zweite Verengung muß aber weiter sein als der engste Querschnitt der Lavaldüse. Für höhere Machzahlen wird der Wirkungsgrad von Geradstoßdiffusoren sehr schlecht. Es ist dann besser, Schrägstoßdiffusoren (Bild 20c) zu verwenden, da man dann erheblich bessere Wirkungsgrade erzielt. Die mit Mehrfachstößen dabei theoretisch erreichbaren Wirkungsgrade sind in Bild 21 aufgetragen.

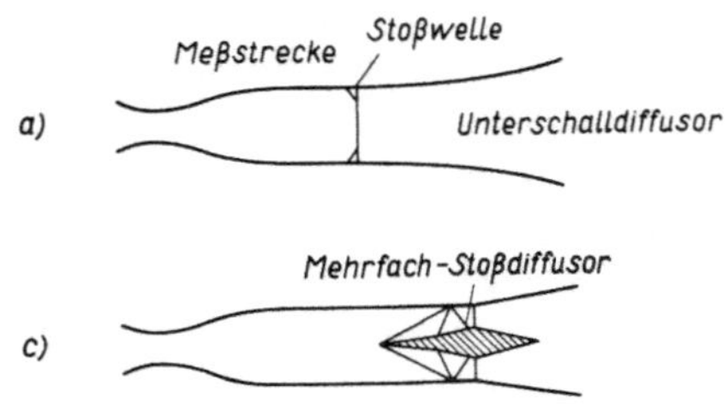

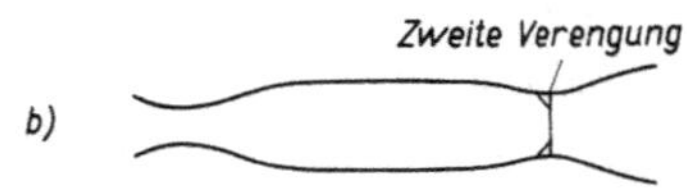

Bild 20
Verschiedene Arten von Diffusoren in Überschallmeßstrecken.

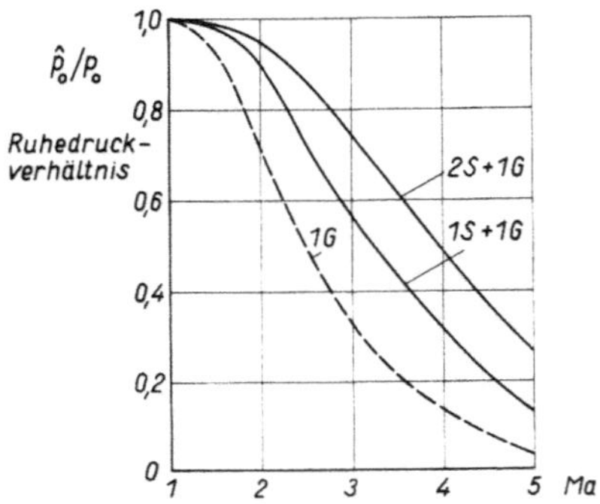

Bild 21
Theoretisch erreichbares Ruhedruckverhältnis in Diffusoren mit einem Geradstoß (1 G) im Vergleich zu einem Mehrfachdiffusor mit einem oder zwei Schrägstößen und einem geraden Stoß.

4.3.4. Hyperschallkanäle

Hyperschallkanäle arbeiten im Machzahlbereich Ma > 5. Je höher aber die Machzahl ist, um so größer muß auch das Druck- und Temperaturverhältnis in der Düse sein. Für das Verhältnis des Ruhedrucks vor der Düse zum statischen Druck an der Meßstelle gilt nämlich bei einem idealen Gas

$$\frac{p_0}{p} = \left(\frac{\kappa - 1}{2}\,\mathrm{Ma}^2 + 1\right)^{\frac{\kappa}{\kappa - 1}} \tag{4.8}$$

und für das entsprechende Temperaturverhältnis

$$\frac{T_0}{T} = \frac{\kappa - 1}{2}\,\mathrm{Ma}^2 + 1\ , \tag{4.9}$$

sowie für das Verhältnis der Querschnittsfläche F an der Meßstelle zum engsten Querschnitt F^*

$$\frac{F}{F^*} = \left(\frac{T_0}{T}\right)^{\frac{1}{\kappa - 1}} \cdot \sqrt{\frac{1}{1 - T/T_0}} \cdot \sqrt{\frac{\kappa - 1}{\kappa + 1}} \cdot \left(\frac{2}{\kappa + 1}\right)^{\frac{1}{\kappa - 1}} \tag{4.10}$$

In Tabelle VI sind diese Formeln für $\kappa = 1{,}4$ und einige Machzahlen ausgewertet.

Tabelle VI. Druck-, Temperatur- und Flächenverhältnis für verschiedene Machzahlen für ein ideales Gas mit $\kappa = 1,4$

Ma	p_0/p	T_0/T	F/F*
5	529	6	25,0
10	$4,244 \cdot 10^4$	21	535,9
15	$6,600 \cdot 10^5$	46	3 755
20	$4,783 \cdot 10^6$	81	15 377
25	$2,245 \cdot 10^7$	126	46 305

p, T, F Druck, Temperatur und Querschnittsfläche an der Meßstelle p_0, T_0 Ruhedruck, Ruhetemperatur, F* Querschnitt der engsten Stelle

Die Tabelle zeigt zunächst, daß bei höheren Machzahlen wegen des großen Flächenverhältnisses F/F* nur rotationssymmetrische Düsen in Betracht kommen. Wegen des großen Druckverhältnisses gelangt man niederdruckseitig in den Vakuumbereich, da der Ruhedruck p_0 sich aus Festigkeitsgründen nicht über eine gewisse Grenze steigern läßt. Die gegenwärtige obere Grenze des Ruhedrucks liegt bei 1 000 at. Eine weitere Steigerung erscheint bei Verwendung von Chromnickelstählen hoher Festigkeit und mehrfach aufgeschrumpften Rohren möglich. Der Massenfluß wird bei hohen Machzahlen gering, auch Speicherkanäle ermöglichen deshalb einen praktisch kontinuierlichen Betrieb. Aus Tabelle VI ergibt sich schließlich noch, daß auch das Temperaturverhältnis so hohe Werte annimmt, daß stark aufgeheizt werden muß, wenn die Kondensation des Gases vermieden werden soll. Bild 22 zeigt für Stickstoff als Arbeitsgas, wie groß man die Ruhetemperatur T_0 bei gegebener Machzahl Ma und Ruhedruck p_0 zu wählen hat, um die Kondensation in feste Form bei einem unendlich großen Kristall zu vermeiden. Wegen der endlichen Kristallgröße ist eine erhebliche Unterkühlung möglich. Nach *Dunning* [27] besteht folgende Beziehung zur Berechnung der möglichen Unterkühlung:

$$\log \frac{p_k}{p_{k\infty}} \approx \frac{\sigma}{T_k}^{3/2} \tag{4.11}$$

p_k und T_k sind Druck und Temperatur, bei denen Kondensation eintritt, $p_{k\infty}$ gilt für das unendlich große Kristall. Die Gültigkeit der Beziehung (4.11) haben *G. Koppenwallner* und *Vas* [28], [29] experimentell bestätigt (Bild 23). Während für Ma = 21 eine Ruhetemperatur von über 3 000 °K erforderlich wäre, tritt tatsächlich die Kondensation erst bei Ruhetemperaturen unter 1 100 °K ein.

Ganz abgesehen von der Kondensationsvermeidung ist eine Aufheizung auch erforderlich, wenn der Strömungsvorgang mit Einschluß der „realen Gaseffekte" untersucht werden soll. Unter realen Gaseffekten versteht man die Abweichung vom Verhalten eines idealen Gases. Dabei ist das ideale Gas durch die beiden Voraussetzungen c_p = const und $p \cdot \bar{V} = RT$ gekennzeichnet. Ein Gas mit $c_p \neq$ const nennt

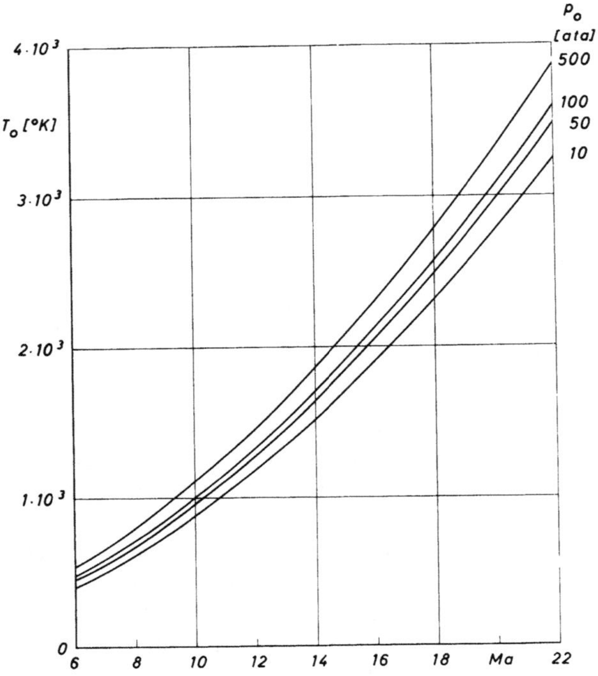

Bild 22
Zur Vermeidung von Kondensation notwendige Ruhetemperatur T_0 für verschiedene Ruhedrücke und Machzahlen (ohne Unterkühlung).

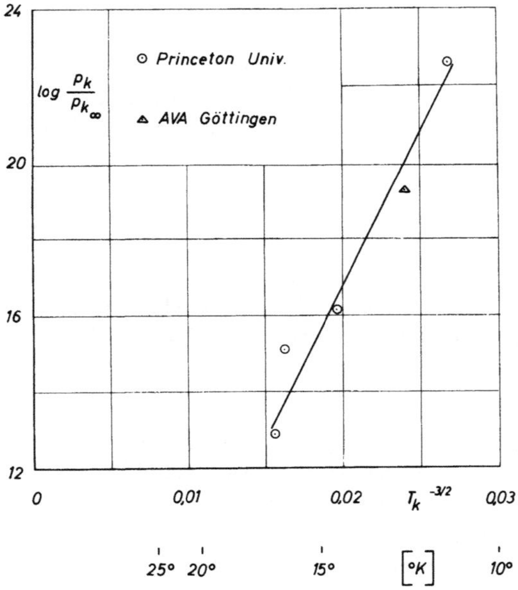

Bild 23
Kondensationsdruckverhältnis $\log (p_k / p_{k\,\infty})$ in Abhängigkeit von der statischen Kondensationstemperatur T_k in der Meßstrecke.

man „kalorisch unvollkommen", ein solches mit $p\bar{V} \neq RT$ „thermisch unvollkommen". Bei Hyperschallströmungen ist das Gas wegen der hohen Staudrücke und Stautemperaturen thermisch und kalorisch unvollkommen. Bei Gastemperaturen bis 3 000 °K äußern sich die realen Gaseffekte im wesentlichen in einer Anregung der Molekülschwingungen. Zur Aufheizung des Gases sind in diesem Bereich Widerstandsheizer am geeignetsten. In Tabelle VII sind einige Widerstandswerkstoffe für hohe Temperaturen aufgeführt.

Tabelle VII. Widerstandswerkstoffe für Heizer

Bezeichnung	Hersteller	Spez. Widerst. Ω mm²/m	Schmelz-temperatur	Betriebs temperatur
Thermax 12 FA1	Deutsche Edelstahlwerke	1. 10		1 200 °C (Luft)
Megapyr	Vacuumschmelze Hanau	1. 44	1 500 °C	1 350 °C (Luft)
Crusilite	Morganite Electro heat Ltd. London	2 300		1 575 °C (Luft)
Kanthal Super	Akliebolaget Kanthal, Hallstahammer, Schweden	0,3		1 350 °C (H_2) 1 600 °C (N_2) 1 700 °C (O_2, Luft)
Mosilit	Cesiwid Erlangen	2,4 – 3,3		1 350 °C (H_2) 1 650 °C (N_2) 1 700 °C (O_2)
Graphit ZTA	National Carbon Co., New York (Deutsche Vertretung: Ringsdorff)			2 700 °C (N_2)

Die metallkeramischen Werkstoffe wie Kanthal und Mosilit arbeiten besonders günstig in oxydierender Atmosphäre wie Luft oder Sauerstoff, weil sie sich hierbei mit einer Schutzschicht aus SiO_2 überziehen. Im Gegensatz dazu kann Graphit nur in sehr reinem Stickstoff verwendet werden. Auf Bild 24 sieht man einen Graphitheizer, der als Heizelement einen Graphitstab mit spiralförmiger vom Stickstoff durchflossener Nut enthält.

Bild 25 zeigt eine Windkanalanlage [29], [30], [31] mit zwei Meßstrecken, von denen die eine mit einem Graphitheizer ausgestattet ist und daher mit sehr reinem Stickstoff betrieben werden muß, während die andere mit einem Widerstandsheizer aus Megapyr arbeitet, so daß als Arbeitsgas Luft verwendbar ist. Beide Meßstrecken sind an das gleiche Vakuumpumpsystem angeschlossen. Der Machzahlbereich liegt von 7 – 24, der Arbeitsbereich der Vakuumpumpen von 10^{-3} – 3 Torr.

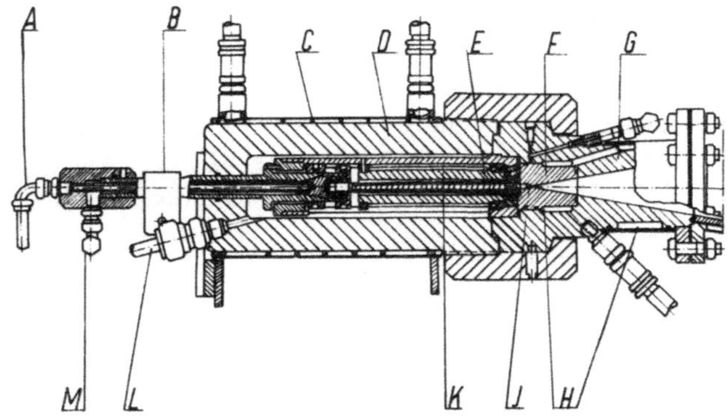

Bild 24. Graphitheizer (Aerodynamische Versuchsanstalt Göttingen)
A = Kühlwasseraustritt, B = Stromzuführung, C = Druckgehäuse,
D = Kühlmantel, E = Hitzeschild, F = Düsenteil I, G = Düsenteil II,
H = Kühlmantel, J = Düsenhals, K = Heizspirale, L = Stickstoffzufuhr,
M = Kühlwassereintritt.

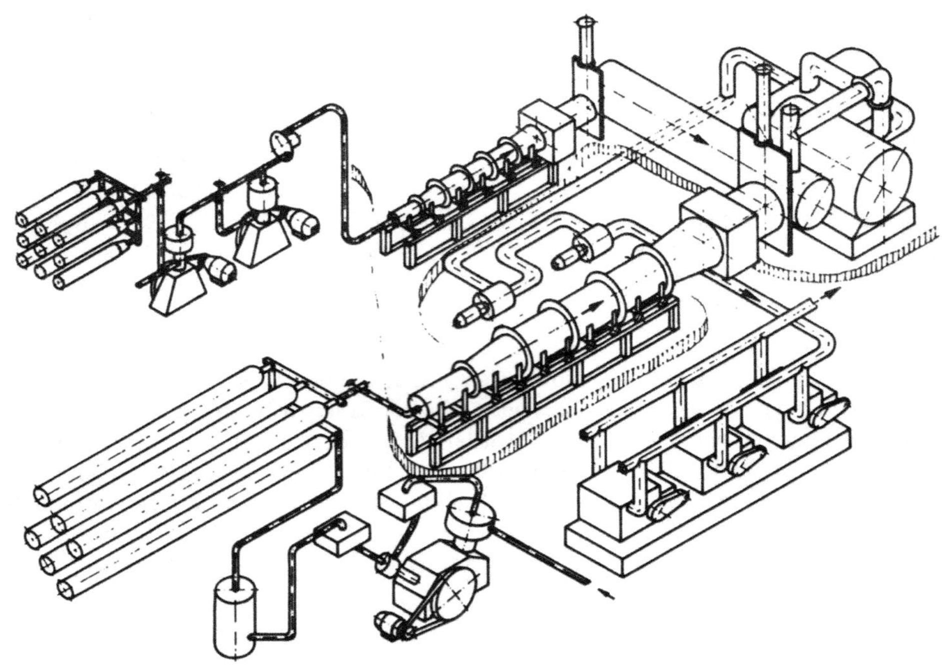

Bild 25. Hypersonischer Windkanal für kleine Gasdichten der Aerodynamischen Versuchsanstalt Göttingen. 1. und 2. Meßstrecke.

Zur Simulation des Wiedereintritts von Raumflugkörpern in die Atmosphäre sind wesentlich höhere Temperaturen und Gasgeschwindigkeiten nötig. „Heiße" Hyperschallkanäle erfordern die Aufheizung des Testgases bis auf Temperaturen von 6 000° bis 10 000 °K, was sich nur in Lichtbögen (Plasmabrenner) erreichen läßt [32], [33], [41] (Bild 26). Eine große Zahl von Plasmabrennern bis zu Leistungen von 50 MW sind in den letzten Jahren entwickelt worden, wobei für aerodynamische Anwendungen die Homogenisierung des Gasstrahls ein besonderes Problem darstellt. Die sonst notwendige Mischkammer und die Anwendung eines Gasdralls kann bei Brennern mit magnetischem Wechselfeld entfallen [34], [36]. Enorm hohe Gasgeschwindigkeiten lassen sich in Brennern mit eigenmagnetischer Beschleunigung erzielen [37].

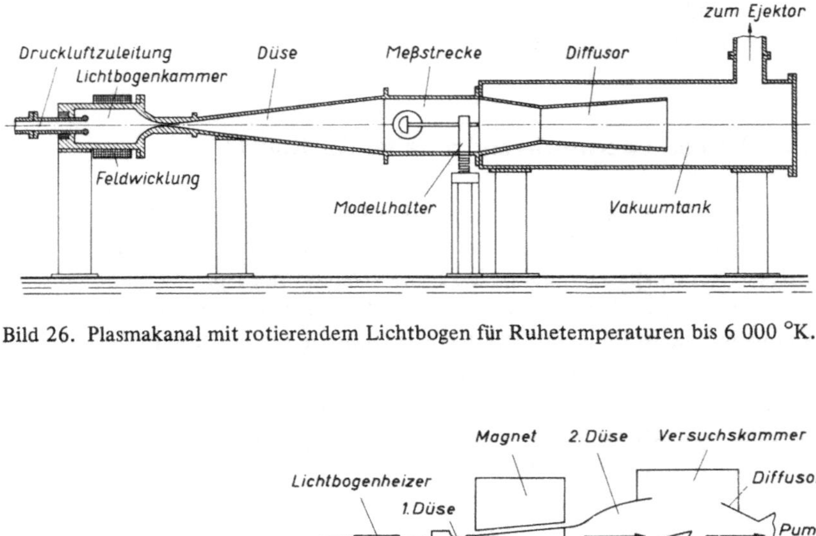

Bild 26. Plasmakanal mit rotierendem Lichtbogen für Ruhetemperaturen bis 6 000 °K.

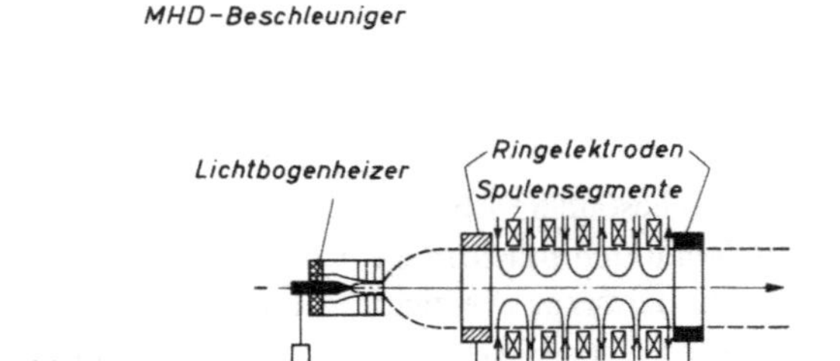

Bild 27
Schema eines Hypergeschwindigkeitskanals mit magnetohydrodynamischer Beschleunigung (nach [32]).

Bild 28
Hallstrombeschleunigung eines Plasmastrahles (nach [33]).

Statt die hohen Gasgeschwindigkeiten nur durch Entspannung des hocherhitzten Gases zu erreichen, ist eine weitere Steigerung durch Nachbeschleunigung des Gases auch in einem magnetohydrodynamischen Beschleuniger möglich (Bild 27). Durch Impfen mit Kaliumkarbonat kann die nötige Leitfähigkeit gewonnen werden, um im nachfolgenden MHD-Beschleuniger etwa eine Verdopplung der Eintrittsgeschwindigkeit zu bekommen [38], [39], [40].

Bild 28 gibt einen Versuchsaufbau wieder, bei dem an eine elektrothermische Lichtbogenheizung mit eigenmagnetischer Beschleunigung ein Hallstrombeschleuniger angeschlossen ist [42]. Das axiale elektrische Feld wird bei dieser Anordnung durch Ringelektroden erzeugt. Eine Übersicht über verschiedene kontinuierlich betriebene Hochgeschwindigkeits- und Hypersonische Kanäle bietet Tabelle VIII, in der vor allem deutsche Anlagen berücksichtigt sind. Angaben über ausländische Überschall- und Hyperschallkanäle findet man bei *Pope* und *Goin* [4].

4.4. Aufbau intermittierend arbeitender Kanäle

Der hohe Leistungsaufwand kontinuierlich arbeitender Windkanäle läßt sich durch Speicherung der Energie umgehen. Bei den Druckspeicherkanälen (Bild 29a) wird das Arbeitsmedium, meist in Preßluftbehältern, gespeichert und plötzlich über eine Düse entspannt. Ein Druckregler und Wärmeaustauscher hält Druck und Temperatur möglichst konstant. Bei den Vakuumspeicherkanälen (Bild 29b) strömt die Außenluft plötzlich über einen Trockner in die Meßstrecke und einen großen Vakuumbehälter. Im Gegensatz zu diesen „Eigenspeicher"-Kanälen wird bei den „Fremdspeicher"-Kanälen (Bild 29c) ein Treibmittel gespeichert und das Arbeitsmedium in einer Strahlpumpe angetrieben.

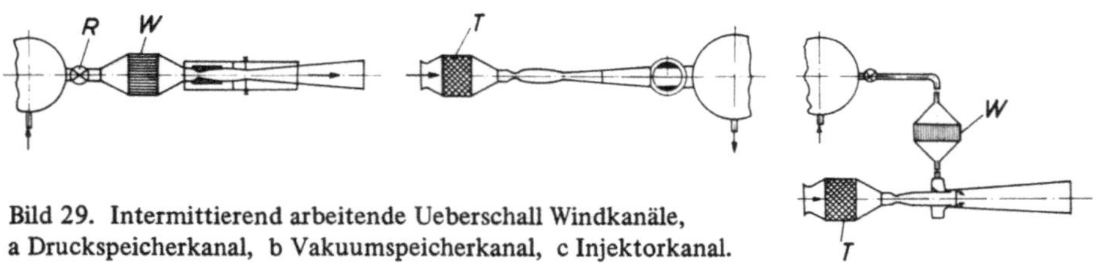

Bild 29. Intermittierend arbeitende Ueberschall Windkanäle,
a Druckspeicherkanal, b Vakuumspeicherkanal, c Injektorkanal.

Eine besondere Abart des Druckspeicherkanals ist der sogenannte Rohrwindkanal, bei dem durch rohrförmige Ausbildung des Druckspeichers auf besondere Druckregeleinrichtungen verzichtet werden kann.

Eine Übersicht über intermittierend betriebene Hochgeschwindigkeits- und Hyperschallkanäle wird in Tabelle IX gegeben.

Tabelle VIII. Kontinuierlich betriebene Hochgeschwindigkeits- und Hyperschallkanäle in Deutschland

Institut	Ort	Bezeichnung	Bauart	Meßquerschnitt	Machzahl	Antriebsleistung kW bzw. Höchsttemperatur
AVA	Göttingen	Transson. Kanal	geschl.	1 x 1 m^2	0,4–2,3	12 000 kW
		Vakuumkanal	-	I 0,25 m ϕ II 0,40 m ϕ III 0,50 m ϕ	7–24 7–16 7–16	Ruhetemperatur bis 3 000 °K bis 1 700 °K (bis 8 000 °K geplant)
DVL	Porz-Wahn	Plasmakanal		0,4 m ϕ	6–11	
TU	Berlin	Hochgeschw. Kanal		0,15 x 0,15	0,3–4,2	
TH	München	Überschallkanal		0,10 x 0,16	2	600 kW

Tabelle IX. Intermittierend betriebene Hochgeschwindigkeits- und Hyperschallkanäle

Institut	Ort	Bezeichnung	Bauart	Meßquerschnitt	Machzahl	Meßzeit
AVA	Göttingen	Hochgeschwindigkeitskanal	Vakuumspeicher 10 000 m^3	0,75 x 0,75 m^2	0,3 – 0,95 u. 1,25 – 2,5	max. 45 s
		Großer Rohrwindkanal	3 Rohre	0,5 m ϕ	3 – 12	0,3 s
DFL	Braunschweig	Überschallanlage		0,5 x 0,5 m^2	1,5 – 4	bis 50 s
		Gun-Tunnel		0,1 m ϕ	6 – 14	0,1 s
DVL	Porz-Wahn	Überdruck-Überschall-Windkanalanlage	Überdruckkessel 1 400 m^3 mehrere Meßstellen	0,3 x 0,3 m^2 0,6 x 0,6 m^2	0,5 – 7 ohne Ma ~ 1 0,5 – 6	
		Gun-Tunnel		0,25 m ϕ	5 – 15	0,015
TH	Aachen	Stoßwellenkanal		0,140 m ϕ	bis 20	
		Stoßwellenrohr (mehrere)		0,049 x 0,049 m^2	16	

4.4.1. Vakuumspeicherkanäle

Vakuumspeicherkanäle [43] haben den Vorteil einer konstanten Strömungsgeschwindigkeit, weil von Atmosphärendruck entspannt wird und somit Ruhedruck und Ruhetemperatur konstant sind. Nachteilig ist jedoch der geringere Druck in der Meßkammer und damit die niedrige Reynoldszahl. Auch ist ein verhältnismäßig aufwendiger Lufttrockner erforderlich. Bild 30 zeigt eine Anlage, die durch Auswechseln der Düse sowohl für Unterschall als auch für Überschall verwendbar ist.

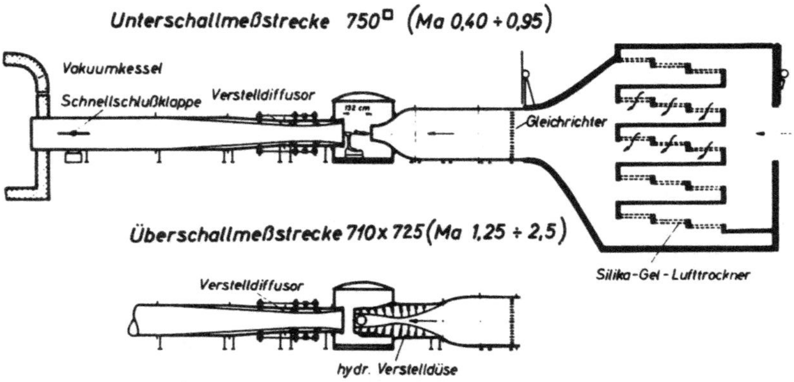

Bild 30. Vakuum-Speicherkanal der Aerodynamischen Versuchsanstalt Göttingen.

4.4.2. Druckspeicherkanäle

Druckspeicherkanäle [44] erfordern für die gleiche Reynoldszahl einen sehr viel geringeren Speicheraufwand, haben jedoch den Nachteil, daß Ruhedruck und Ruhetemperatur geregelt werden müssen. Man hat die Schwierigkeiten, die das Arbeiten mit hohem Druck mit sich bringt, in Kauf zu nehmen und eine ganze Reihe Sicherheitsmaßnahmen zu beachten.

4.4.3. Rohrwindkanäle

Der von *H. Ludwieg* [45] vorgeschlagene Rohrwindkanal ist im Prinzip ein Druckspeicherkanal, bei dem der Speicherkessel die Form eines langen Rohres hat. An das Rohr schließen sich eine Lavaldüse und die Meßstrecke an. Das Speicherrohr wird zusammen mit der Meßstrecke mit komprimierter Luft aufgeladen und durch eine Membran gegen die Vakuumseite verschlossen. Die Strömung wird durch Sprengen einer Membran eingeleitet. Sie bleibt solange konstant, wie die hierbei ausgelöste Verdünnungswelle braucht, das Rohr einmal in beiden Richtungen zu durchlaufen. Bei einer als optimal angesehenen Rohrlänge von 80 m ergeben sich also Meßzeiten von etwa einer halben Sekunde. Der Vorteil dieser Anordnung gegenüber normalen Speicherkanälen besteht darin, daß aufwendige Regeleinrichtungen zur Konstanthaltung von Druck und Temperatur nicht benötigt werden. Von *E. Becker* [46] wurden die für die Güte des Kanals wichtigen Grenzschichteffekte untersucht. Nachdem zunächst an einem Modellrohrwindkanal mit 18 x 18 cm^2 Meßquerschnitt und einer maximal erreichbaren Machzahl Ma = 6 [47] Erfahrungen gesammelt wurden, ist jetzt an der AVA Göttingen ein großer Rohrwindkanal mit drei Meßstrecken aufgebaut worden, die verschiedenen Machzahlbereichen von 3 bis 12 zugeordnet sind (Bild 31). Während für die Meßstrecke A ($3 < Ma < 4$) eine Aufheizung nicht

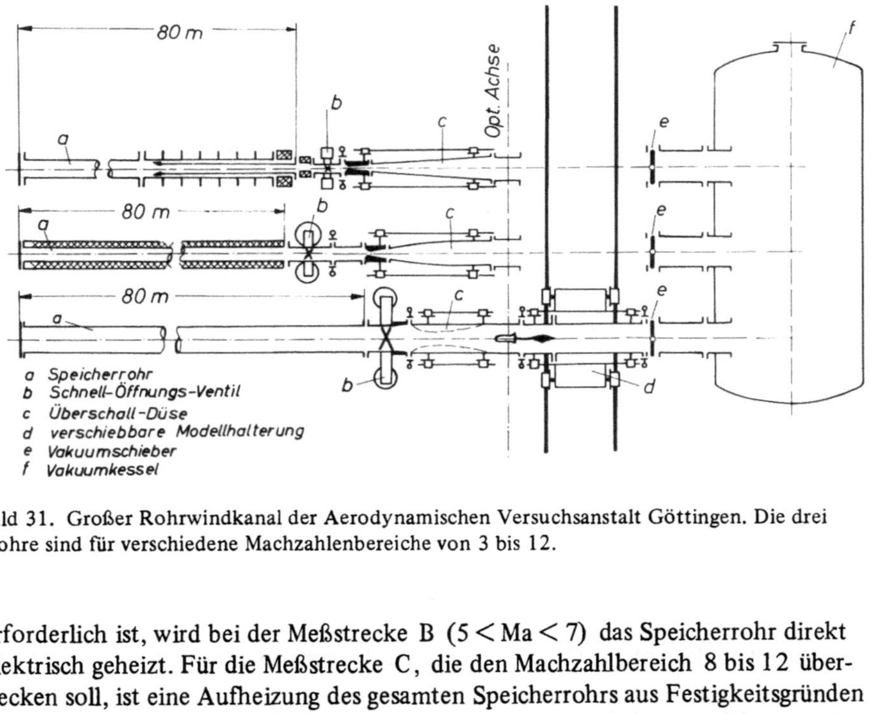

Bild 31. Großer Rohrwindkanal der Aerodynamischen Versuchsanstalt Göttingen. Die drei Rohre sind für verschiedene Machzahlenbereiche von 3 bis 12.

erforderlich ist, wird bei der Meßstrecke B ($5 < Ma < 7$) das Speicherrohr direkt elektrisch geheizt. Für die Meßstrecke C, die den Machzahlbereich 8 bis 12 überdecken soll, ist eine Aufheizung des gesamten Speicherrohrs aus Festigkeitsgründen nicht mehr möglich. Eine Untersuchung verschiedener Möglichkeiten führte zu einer Anordnung, bei der nur ein relativ kurzes, unmittelbar vor der Düse liegendes Rohrstück aufgeheizt wird. Durch Einbau von Lochblenden im Speicherrohr kann die Druckkonstanz während der Versuchsdauer verbessert werden. Zur Verminderung des Wärmeaustausches durch Strahlung ist das Heizrohr innen verspiegelt.

4.4.4. Treibmittelkanäle

Eine weitere Möglichkeit besteht darin, ein Treibmittel zu speichern und nach Art der Dampfstrahlpumpe den Windkanal zu betreiben. In Betracht kommt Preßluft (Bild 32a) oder Heißwasser (Bild 32b). Die Speicherfähigkeit dieser genannten Bauarten ist sehr verschieden. Wie Bild 33 zeigt, ist der Ruthsspeicher dem Preßluftspeicher stark überlegen, und zwar bezüglich der kinetischen Antriebsenergie etwa um das Zehnfache. Noch günstigere Verhältnisse ergeben sich, wenn der Ruthsspeicher vollständig mit Heißwasser gefüllt ist und dieses Heißwasser dem Strahlapparat zugeführt wird, wo es erst in den Treibdüsen zum Teil verdampft. In Frankreich sind mehrere Kanäle dieser Bauart mit Laufzeiten von mehreren Minuten bei Ma = 3 gebaut worden [48]. Für höhere Machzahlen sind Ejektorkanäle weniger geeignet, da dann bei den erforderlichen hohen Druckverhältnissen die Strahlpumpen einen sehr schlechten Wirkungsgrad haben.

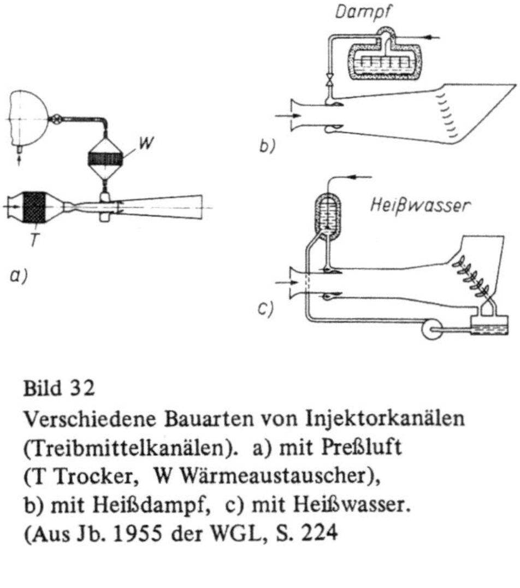

Bild 32
Verschiedene Bauarten von Injektorkanälen (Treibmittelkanälen). a) mit Preßluft (T Trocker, W Wärmeaustauscher), b) mit Heißdampf, c) mit Heißwasser. (Aus Jb. 1955 der WGL, S. 224

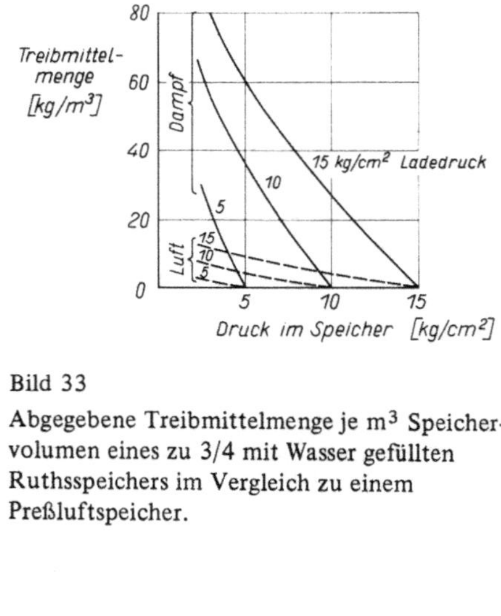

Bild 33
Abgegebene Treibmittelmenge je m³ Speichervolumen eines zu 3/4 mit Wasser gefüllten Ruthsspeichers im Vergleich zu einem Preßluftspeicher.

4.5. Stoßwellenrohre, Gun-Tunnel, Stoßrohrtrommel

Das Stoßwellenrohr ist erstmalig 1899 vom Franzosen *Vieille* zum Studium von Knallwellen benutzt worden. Das einfache Stoßwellenrohr wird durch eine Membran in Treibrohr (Bild 34, unten (5)) und Laufrohr (1) geteilt. Bei Erhöhung des Treibgasdruckes platzt schließlich die Membran und eine Stoßwelle S läuft nach rechts,

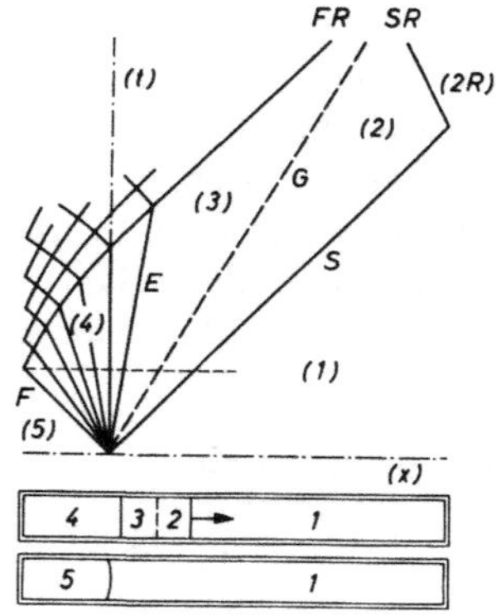

Bild 34
Weg-Zeit-Diagramm im einfachen Stoßrohr. S Verdichtungsstoß, SR Reflektierter Verdichtungsstoß, G Mediengrenze, E Ende der Verdichtungswelle, F Front der reflektierten Verdichtungswelle, (nach H. Oertel [49]).

während durch das ursprünglich unter höherem Druck stehende Gas Verdünnungswellen gehen. Durch den Verdichtungsstoß und die Verdünnungswelle werden die Gase in den Bereichen (2) und (3) auf eine gemeinsame Geschwindigkeit beschleunigt. Die Mediengrenze G (gestrichelt) zwischen Treibgas und Laufgas bewegt sich mit der gleichen Geschwindigkeit nach rechts. Für aerodynamische Messungen ist der Bereich (2) zwischen Stoßwelle und Mediengrenze am geeignetsten. Die Meßzeit wird durch die Reflexion an den Rohrenden begrenzt und liegt in der Größenordnung von Millisekunden. Es gibt eine große Zahl von Varianten des einfachen Stoßrohres, von denen Bild 35 einige Beispiele nach *H. Oertel* [49] wiedergibt.

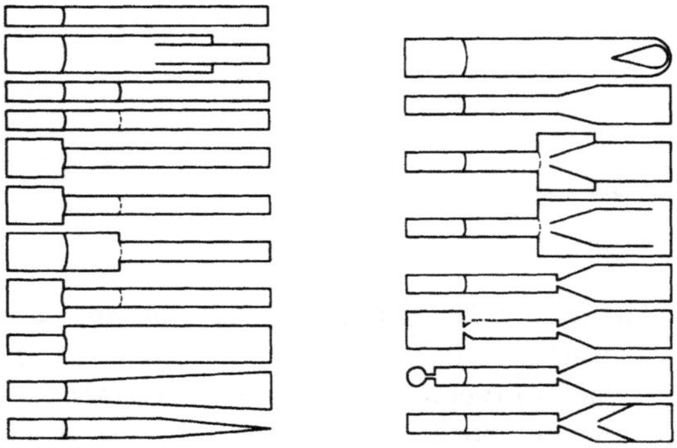

Bild 35
Verschiedene Bauarten von Stoßwellenrohren (nach H. Oertel [49]).

Im Stoßrohr konstanten Querschnitts kann die Machzahl nicht über eine Grenze gesteigert werden, die von der Zahl der Molekülfreiheitsgrade abhängt. Für den Grenzfall großer Stoßmachzahl Ma_S gilt:

$$\lim_{Ma_S \to \infty} Ma_2 = \frac{f}{\sqrt{2+f}} = \begin{matrix} 1{,}34 \text{ für } f = 3 \\ 1{,}89 \text{ für } f = 5 \end{matrix} \; .$$

Hyperschall-Machzahlen können jedoch durch Anordnung einer Lavaldüse (Bild 36) oder divergierenden Düse (Bild 37) erreicht werden. Die Düse muß dabei evakuiert werden, um einen hinreichend schnellen Start der stationären Strömung durch die Düse zu erzwingen. Es ist ferner ratsam, die Stoßgrenzschicht mit einem messerscharfen Düsenmund abzuschälen und abzusaugen. Zwischen dem Lauf und dem evakuierten Teil des Hyperschall-Stoßrohres wird eine schwache Membran gespannt, die vom Verdichtungsstoß ohne merkliche Stoßreflexion zerschlagen wird.

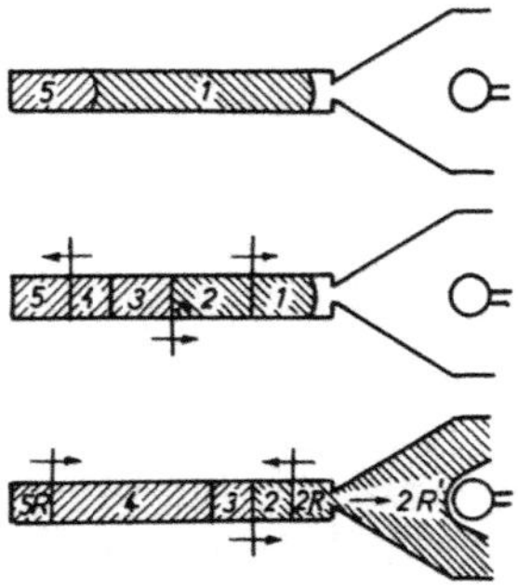

Bild 36
Wirkungsweise eines Hyperschall-Stoßrohres mit Lavaldüse (nach H. Oertel [49]).

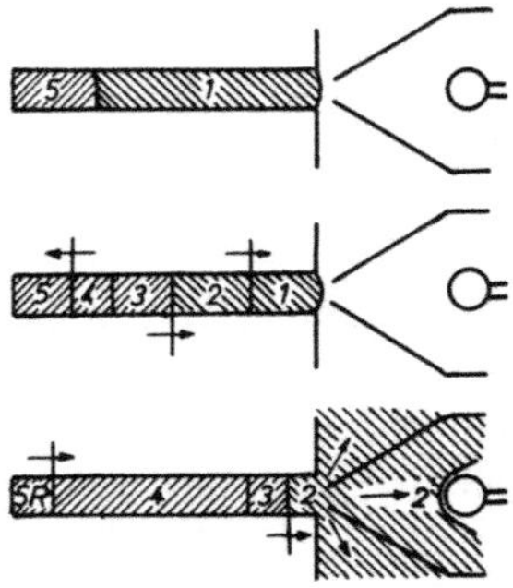

Bild 37
Wirkungsweise eines Hyperschall-Stoßrohres mit divergierender Düse (nach H. Oertel [49]).

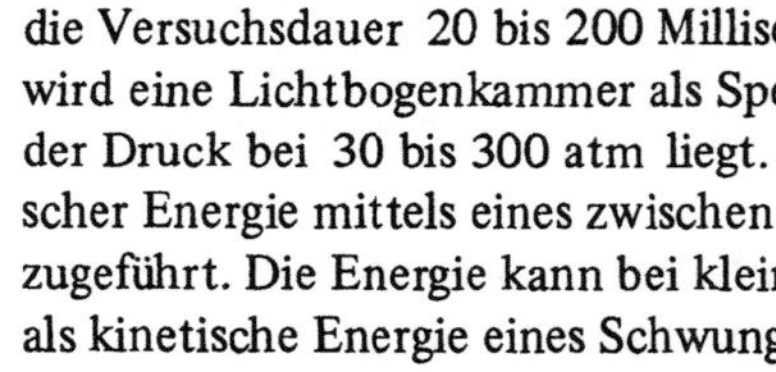

Bild 38
Schema eines "Hot-shot"-Kanals.

An dieser Stelle soll auch kurz das Hot-shot-Verfahren erwähnt werden, bei dem die Versuchsdauer 20 bis 200 Millisekunden beträgt (Bild 38). In diesem Verfahren wird eine Lichtbogenkammer als Speicherkessel für das Arbeitsgas benutzt, wobei der Druck bei 30 bis 300 atm liegt. Die Energie wird dem Gas in Form von elektrischer Energie mittels eines zwischen zwei Elektroden überspringenden Lichtbogens zugeführt. Die Energie kann bei kleineren Anlagen durch Kondensatoren, bei großen als kinetische Energie eines Schwungrades gespeichert werden [50]. Kurzzeitig stehen Leistungen von 500 MW zur Verfügung. In Hotshotkanälen sind Ruhedrücke von 100 bis 2 000 atm und Ruhetemperaturen von 3 000° bis 4 000 °K erreichbar. Wegen der längeren Blasdauer sind sie vor allem für Kraftmessungen an Modellen geeignet.

Eine weitere Abart des Stoßwellenrohres ist der „Gun-Tunnel", im Prinzip ein Stoßwellenrohr-Kanal mit freifliegendem Kolben [51], [52], [53], [54]. Die erzielbaren Stautemperaturen bewegen sich bei 2 500 °K. Wegen der langen Meßzeit bis zu 500 Millisekunden ist er für Kraftmessungen an Modellen gut geeignet. In Bild 39 ist das Prinzip einer solchen Anlage dargestellt. Das in einem Hochdruckbehälter enthaltene Treibgas (z.B. Luft) steht bei Raumtemperatur unter hohem Druck und ist vom Testgas (z.B. Luft), welches sich in einem langen Rohr befindet,

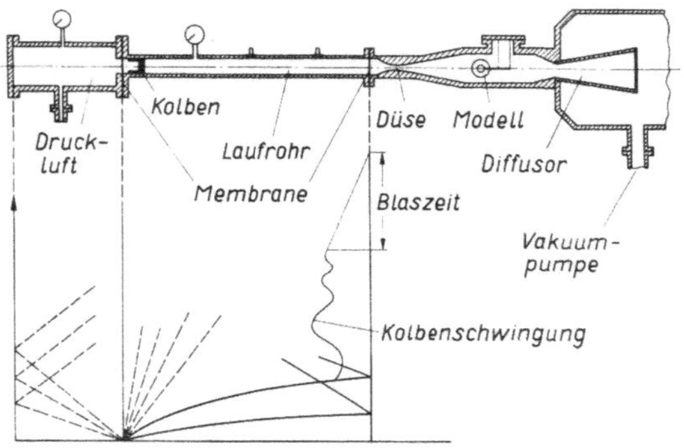

Bild 39
Stoßwellenrohr mit Kolben (Gun Tunnel).

durch die linke Membran abgeschlossen. Wird diese Membran zum Platzen gebracht, dann wird der möglichst leichte Kolben durch die ausströmende Preßluft auf Überschallgeschwindigkeit beschleunigt. Vor dem Kolben entsteht eine Stoßwelle, die während der Laufzeit des Kolbens mehrmals an der rechten Membran und am Kolben reflektiert wird, wobei auch der Kolben Pendelungen durchführt. Das inzwischen hocherhitzte und komprimierte Testgas bringt jetzt die rechte Membran zum Platzen und das Testgas strömt durch die Düse und wird auf Hyperschall-Machzahlen beschleunigt. Ein Nachteil des Gun-Tunnels besteht darin, daß die Zustandsgrößen im Testgas nicht während der gesamten Laufzeit konstant sind.

Alle in einem Stoßrohr einmal ablaufenden Vorgänge können in einer Stoßrohrtrommel periodisch wiederholt werden. Bild 40 gibt das Schema einer am Cornell Aeronautical Laboratory, Buffalo, gebauten Stoßrohrtrommel ("Wave super heater hypersonic tunnel") wieder [55]. Eine große Zahl (288) durch schmale Rippen getrennter, beidseitig offener Läufe bewegt sich auf dem Umfang einer schnell rotierenden Trommel mit dem einen Ende an einer Treibdüse und mit dem anderen Ende an einer Kühldüse, Spüldüse, Ladedüse und Laufdüse vorbei. In jedem Lauf wird nacheinander zuerst ein Kühlgas und anschließend ein Spülgas durchgeblasen. Danach wird der Lauf durch die Ladedüse aufgeladen und unter hohem Druck durch die Treibdüse ein Treibgas in den Lauf gedrückt. Es spielt sich jetzt der gleiche Vorgang wie in einem Hyperschall-Stoßwellenrohr ab. Das durch den Verdichtungsstoß komprimierte und aufgeheizte Laufgas wird von der Laufdüse abgenommen und expandiert. Das Treibgas strömt aus beiden Laufenden ins Freie und der Lauf kommt wieder in den Bereich der Kühldüse. Der Zyklus wiederholt sich so lange, wie der Gasvorrat reicht. Bei Ruhedrücken von 110 atm und Ruhetemperaturen bis 4 000 °K können in der Anlage des Cornell Aeronautical Laboratory Machzahlen im Bereich 2 bis 15 bei Meßzeiten bis 15 s simuliert werden. Der Düsenaustritts-Durchmesser hängt von der Machzahl ab und beträgt 20 cm für Ma = 6 und 290 cm für Ma = 15.

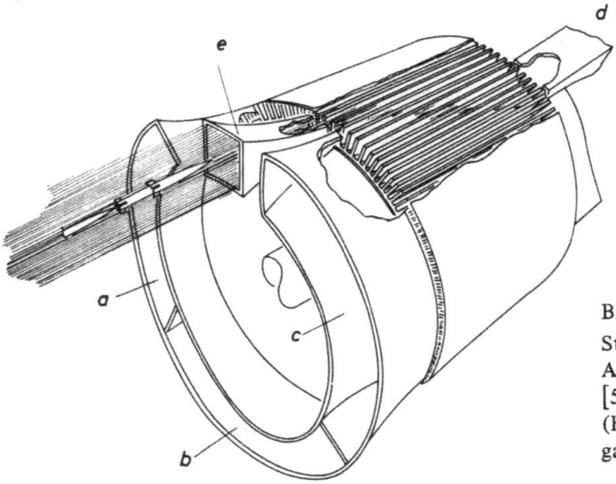

Bild 40
Stoßrohrtrommel des Cornell Aerodynamical Laboraty, Buffalo [55]. a Kühlgas (He), b Spülgas (He), c Laufgas (Luft), d Treibgas (He), e Hyperschalldüse.

4.6. Leichtgaskanone

Statt die Hyperschallströmung um ein ruhendes Modell in einem künstlichen Gasstrom zu untersuchen, kann man auch umgekehrt ein Modell in ein ruhendes Gas schießen. Mit Pulverkanonen erreicht man maximal Geschwindigkeiten von 1 700 m/s, so daß man in ein Gas mit niedriger Schallgeschwindigkeit schießen muß, um hohe Machzahlen zu erreichen. Hierzu kann man entweder ein schweres Gas (z.B. SF_6, vgl. Abschnitt 4.2) oder ein kaltes Gas benutzen. Hinreichend kalte Luft läßt sich am leichtesten durch Expansion in einer Hyperschalldüse erzeugen, mit dem zusätzlichen Vorteil, daß sich die Geschwindigkeit der entgegen dem Geschoß strömenden kalten Luft zur Geschoßgeschwindigkeit addiert [56]. Die Vorgänge bei starker Erhitzung des Gases (Reale Gaseffekte) können jedoch auf diese Weise nicht untersucht werden. Viel höhere Geschoßgeschwindigkeiten erreicht man, wenn das Geschoß nicht von den Pulverschwaden, sondern von aufgeheiztem H_2 oder He durch den Lauf einer Kanone getrieben wird (Leichtgaskanone) [57], [58], [59]. In Bild 41 erfolgt die Aufheizung des Leichtgases durch Kompression mittels eines durch eine Pulverladung angetriebenen Kolbens. Mit Geschossen sehr kleiner Masse sind Geschwindigkeiten bis 10 km/s erreicht worden, doch sinkt die Geschwindigkeit bei 100 g Modellgewicht bereits auf 5,6 km/s. Wegen der starken Modellbeschleunigung können keine Meßwertgeber eingebaut werden und Messungen sind nur von außen möglich.

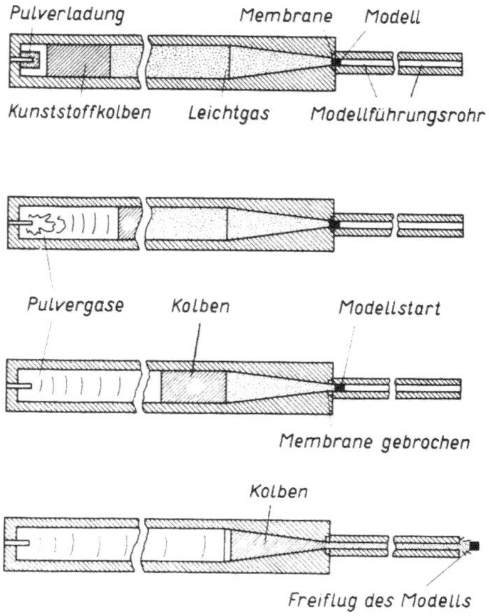

Bild 41. Leichtgaskanone für Freiflugversuche.

4.7. Gitterwindkanäle

Die Untersuchung der Strömung durch Schaufelgitter ist im Hinblick auf die technischen Anwendungen von besonderer Bedeutung. Das Streben nach immer höheren Leistungsdichten führt in erster Linie zu einer Steigerung der Umfangsgeschwindigkeit, so daß die Schaufelgitterströmung im schallnahmen Bereich eine große Bedeutung erlangt hat. Es sind daher spezielle Gitterwindkanäle gebaut worden, von denen einige in Deutschland befindliche Anlagen in Tabelle X aufgeführt sind.

Tabelle X. Gitterwindkanäle in Deutschland

Ort	Querschnit	Machzahl	Versuchsdauer Antriebsleistung
AVA Göttingen	0,125 x 0,3	bis 0,8	
DFL Braunschweig	0,3 x 0,25	0,15–1,1	1 300 kW
DVL Köln (ehemaliger NASA-Kanal)	0,177 x 0,3	bis 1,3	
TH Hannover	0,24 x 0,6 40 ϕ	0,6 1,0	
TH Stuttgart	0,02 x 0,14	0,2–1,0	

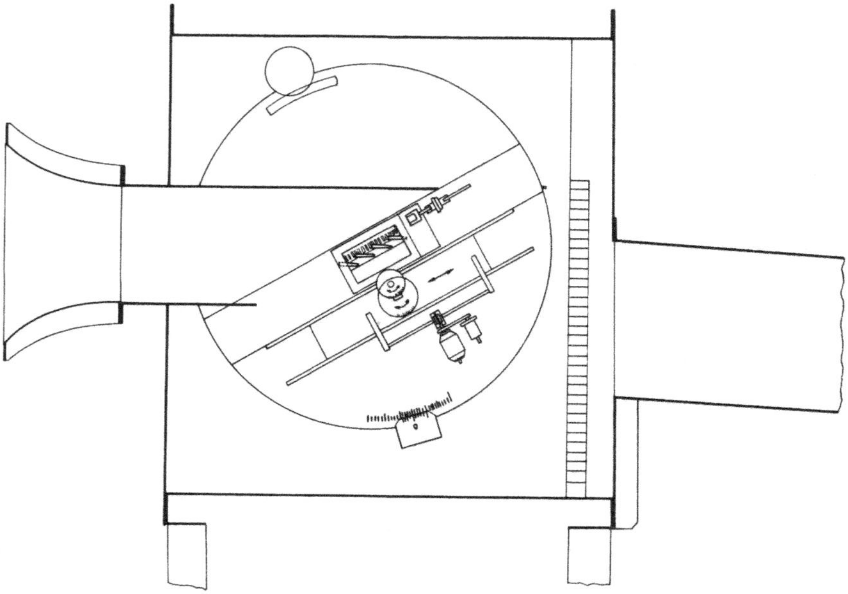

Bild 42. Meßstrecke des Gitterwindkanals der Aerodynamischen Versuchsanstalt Göttingen.

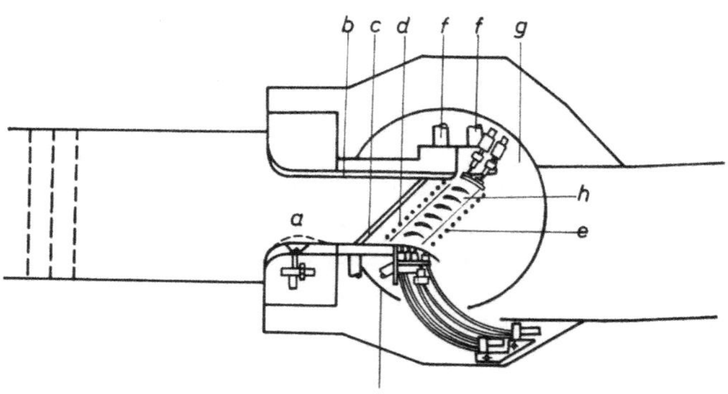

Bild 43. Meßstrecke des NASA-Transonic-Gitterwindkanals bei Überschallbetrieb (jetzt in „Deutsche Versuchsanstalt für Luftfahrt, Porz-Wahn") a verstellbares Düsenventil, b poröse Düsenwand, c seitliche Absaugschlitze, d, c statische Druckanbohrungen, f fernverstellbare poröse Endwand, g poröse Seitenwände, i drehbare Seitenscheiben.

Bild 42 zeigt die Meßstrecke des Gitterwindkanals der AVA Göttingen [60]. Bei dieser Anlage wird die Luft aus der Atmosphäre über einen Trockner angesaugt und strömt rechts über einen Verstelldiffusor und einen Schnellschlußschieber in einen großen Vakuumkessel. Der Staffelungswinkel ist durch Drehen der Kreisscheibe veränderlich. Zum Erreichen einer möglichst zweidimensionalen Strömung werden die Wandgrenzschichten abgesaugt. Eine ähnliche Anlage, aber mit einem kontinuierlich arbeitenden Gebläse ausgerüstet, befindet sich an der Deutschen Forschungsanstalt für Luftfahrt in Braunschweig [61], [62], [63], [64]. Ein von der NASA leihweise der DVL in Köln-Wahn zur Verfügung gestellter Transsonik-Gitterkanal kann sowohl für Unterschall als auch für Überschall (bis Ma = 1,3) ausgerüstet werden [65]. Auf Bild 43 sieht man die Meßstrecke für Überschallbetrieb. Die zur Grenzschichtabsaugung perforierten Plexiglaswände gestatten die Durchführung von Schlierenaufnahmen.

4.8. Windkanalkorrekturen

Wegen der begrenzten Ausdehnung des Luftstromes in Windkanälen verlaufen dort die Stromlinien um angeströmte Modelle etwas verschieden gegenüber einer unbegrenzten Strömung. Feste Wände als Begrenzung der Meßstrecke haben zur Folge, daß die Stromlinien zusammengedrängt werden (Bild 44). Freie Strahlränder bewirken eine Ausweitung der Stromlinien.

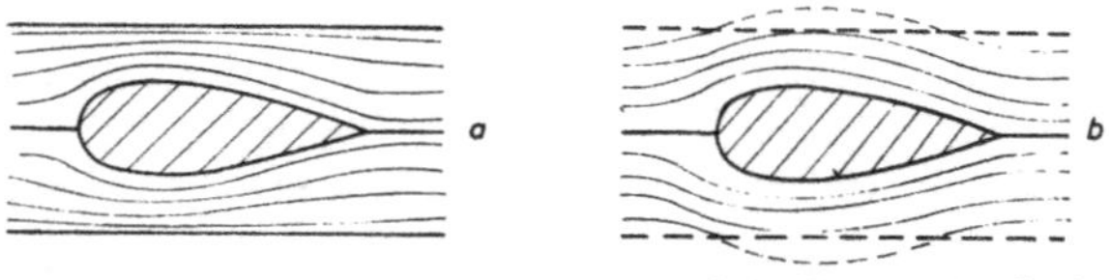

Bild 44. Wirkung der Begrenzungen auf das Stromlinienfeld.
a Verengung durch feste Wände,
b Erweiterung durch freie Strahlgrenzen.

4.8.1. Verdrängungskorrekturen

Bei symmetrischen Körpern mit Anströmung in Richtung der Achse tritt am Ort des Körpers eine zusätzliche Geschwindigkeit v_1 auf, die bei einer Windgeschwindigkeit V zu einer Vergrößerung des Widerstandes W im Verhältnis

$$\frac{W}{W_0} = \left(1 + \frac{v_1}{V}\right) \approx 1 + 2\,\frac{v_1}{V} = 1 + 2\,\epsilon_v \qquad (4.12)$$

führt. Nach *H. Glauert* [66] kann die Störgeschwindigkeit am Ort des Versuchskörpers durch die Beziehung

$$\epsilon_v = \frac{v_1}{V} = \tau\lambda\left(\frac{F}{F_M}\right)^{3/2} \tag{4.13}$$

ausgedrückt werden, wobei F_M die Querschnittsfläche der Meßstrecke und F die Querschnittsfläche des Modells ist. Der Faktor τ hängt nur von der Art des Windkanals, λ nur von der Körperform ab. Bei der Berechnung der Korrekturfaktoren wird die Meßstrecke als unendlich lange zylindrische Röhre idealisiert. In Wirklichkeit ist natürlich auch bei einer Freistrahlstrecke die Düse als feste Begrenzung vorhanden, so daß sich je nach Abstand des Meßobjektes von der Düse Zwischenwerte zwischen den Korrekturfaktoren bei freier Strahlgrenze und fester Wand ergeben. Für Windkanäle von rechteckigem Querschnitt ist die Größe $\tau\alpha^{-3/2}$ ($\alpha = h/b$, h Höhe, b Breite der Meßstrecke) für acht verschiedene Konfigurationen (eine oder mehrere Seiten feste Wände bzw. freie Strahlränder) berechnet worden (Bild 45 [67].

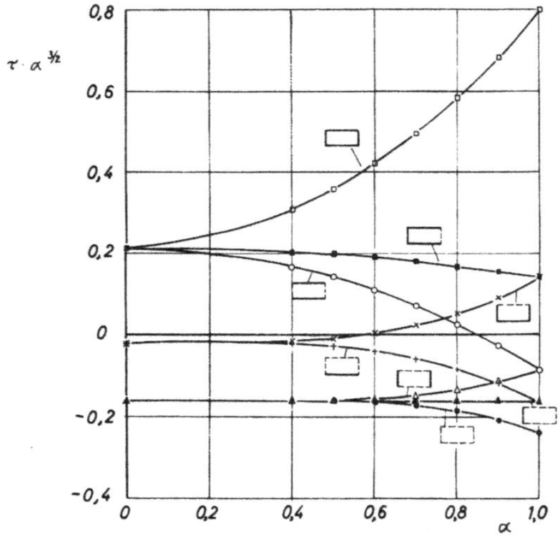

Bild 45
Verdrängungskorrekturen für Windkanäle von rechteckigem Querschnitt bei verschiedenen Strahlbegrenzungen (ausgezogene Linien = feste Wände, gestrichelte Linien = freie Strahlgrenzen), α Achsenverhältnis. (nach [67]).

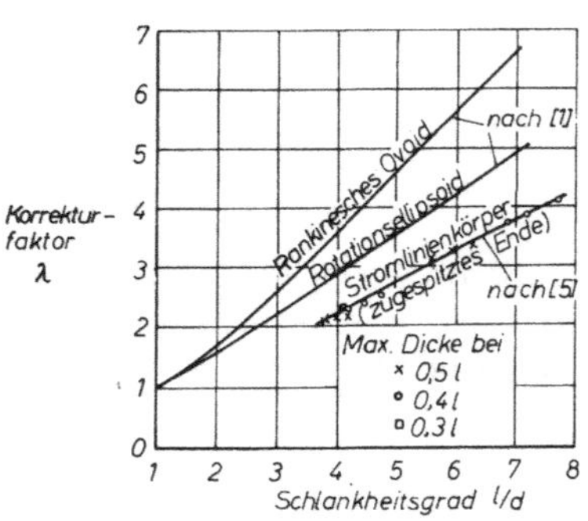

Bild 46
Verdrängungskorrekturen für Windkanäle von rechteckigem Querschnitt. Von der Körperform abhängiger Faktor für Rotationskörper.

Man erkennt, daß es bei ein bis zwei offenen Begrenzungen stets ein Achsenverhältnis mit verschwindenden Korrekturen gibt. Bei Kreisquerschnitt ist $\tau = 0{,}797$ für feste Wände und $\tau = -0{,}206$ für den Freistrahl. Der von der Körperform abhängige Faktor λ ist in Bild 46 für einige Rotationskörper in Abhängigkeit vom Schlankheitsgrad aufgetragen.

Bei kompressibler Unterschallströmung ist in Formel (4.13) noch der Faktor $(1-\mathrm{Ma})^{-3/2}$ hinzuzufügen. Man ersieht daraus, daß die Korrekturen bei Annäherung an die Schallgeschwindigkeit stark anwachsen.

Auch der Nachlauf eines Körpers gibt Anlaß zu einer weiteren Korrektur. Zu deren Abschätzung kann man den Nachlauf durch eine Quellströmung darstellen und die Quellstärke mit dem Widerstandsbeiwert. c_w in Verbindung setzen. Man erhält dann für die Zusatzgeschwindigkeit

$$\epsilon_n = \frac{v_2}{V} = \frac{1}{4} c_w \frac{F}{F_M} \cdot \frac{1 + (\kappa - 1)\,\mathrm{Ma}^2}{1 - \mathrm{Ma}^2} \quad , \qquad (4.14)$$

wobei wir den Kompressibilitätseinfluß nach *H. Ludwieg* [68] mit berücksichtigt haben.

Bei der Berechnung der Korrekturen für den Widerstand in kompressibler Strömung ist zu beachten, daß sich auch die Dichte ändert. Es gilt

$$\rho_F - \rho_T = -\mathrm{Ma}_T^2\, \epsilon_v\, \rho_T \quad \text{und} \qquad (4.15)$$

$$\left(\frac{1}{2}\rho V^2\right)_F - \left(\frac{1}{2}\rho V^2\right)_T = \frac{1}{2}\rho_T \left[\left(1 - \mathrm{Ma}_T^2\, \epsilon_v\right)\left(1 + 2\,\epsilon_v\right) - 1\right] V_T^2$$

$$\approx \left(2 - \mathrm{Ma}_T^2\right) \epsilon_v \left(\frac{1}{2}\rho V^2\right)_T \quad . \qquad (4.16)$$

Es tritt also bei den Kräften zusätzlich noch der Faktor $\left(2 - \mathrm{Ma}_T^2\right)$ auf.

4.8.2. Auftriebs- und Momentenkorrekturen

Bei einem Flügel mit Auftrieb wird ferner die Anströmrichtung und auch die Krümmung der Stromlinien geändert, was beides zu einer Änderung des Auftriebs und Kippmomentes führt. Bei Flügeln endlicher Spannweite erzeugen die Kanalgrenzen am Ort des Flügels und in seiner Umgebung eine zusätzliche Abwärtsgeschwindigkeit. Der wahre Anstellwinkel α ist daher

$$\alpha = \alpha_m + \Delta\alpha \quad , \qquad (4.17)$$

wobei α_m der gemessene Anstellwinkel ist und auch bei kompressibler Strömung für den Freistrahl gilt:

$$\Delta\alpha = \frac{1}{4}\frac{l}{h}\, c_{aT} \qquad (4.17a)$$

(l Flügeltiefe, h Kanalhöhe).

Bei einem Flügel endlicher Spannweite ist

$$\Delta\alpha = \delta \frac{F}{F_T} c_{aT} \quad . \tag{4.17b}$$

Die Größe δ hängt von der Querschnittsform des Windkanals, vom Verhältnis der Spannweite zur Meßstreckenbreite sowie von der Auftriebsverteilung ab. Bild 47 gibt einige Werte an für rechteckigen und elliptischen Meßquerschnitt bei einem kleinen Verhältnis von Spannweite zu Meßstreckenbreite. Eine Zusammenstellung der wegen der Verdrängungs- und Auftriebswirkung notwendigen Korrekturen bringt Tabelle XI.

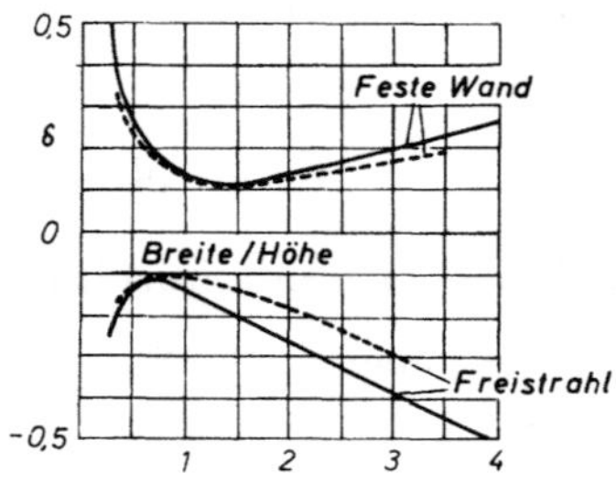

Bild 47
Anstellwinkelkorrektur für Windkanäle von rechtwinkligem (ausgezogene Linien) und elliptischen (gestrichelte Linien) Querschnitt.

4.8.3. Druckgradientenkorrekturen

An sonstigen Korrekturen ist vor allem der Einfluß eines Gradienten des statischen Druckes zu nennen. Die Druckgradientenkorrektur für den Widerstand läßt sich ausdrücken durch:

$$W_F - W_T = B \frac{dp}{dx} \quad ,$$

wobei im zweidimensionalen Fall (z.B. von Wand zu Wand reichendes Flügelprofil)

$$B = \left(1 + \kappa_1 \frac{t}{c}\right) \cdot F_P$$

ist. Hierbei ist F_P die Querschnittsfläche eines Profilschnitts, $\kappa_1 = 1$ für Ellipse, $\kappa_1 = 1{,}2$ für Joukowskiprofil.

Im dreidimensionalen Fall (z.B. Flügel endlicher Spannweite oder Rotationskörper) erhält man

$$B = \left(1 + \kappa_1 \frac{t}{c}\right) \overline{V} \quad ,$$

$\overline{V}$ ist das Volumen des Modells. Für sphäroidische Rotationskörper ist $\kappa_1 = 0{,}4$.

Tabelle XI. Vereinfachte Windkanalkorrekturen für eine geschlossene Meßstrecke von rechtwinkligem Querschnitt

Korrektur	Durch die Meßstrecke hindurchgesteckter Flügel		Flügel endlicher Spannweite oder Rotationskörper	
	Verdrängungsw.	Auftriebswirkung	Verdrängungsw.	Auftriebswirkung
$V_F - V_T$	$\epsilon_v V_T$	0	$\epsilon_v V_T$	0
$Ma_F - Ma_T$	$\left(1 + \frac{1}{5} Ma_T^2\right) \epsilon_v$	0	$\left(1 + \frac{1}{5} Ma_T^2\right) \epsilon_v$ *)	0
$c_{aF} - c_{aT}$	$-\left(2 - Ma_T^2\right) \epsilon_v c_{aT}$	$-\frac{1}{\beta^2} \frac{\pi^2}{24} \left(\frac{d}{h}\right)^2 \left(c_{aT} + 2 c_{mT}\right)$	$-\left(2 - Ma_T^2\right) \epsilon_v c_{aT}$	$-\delta \frac{F}{F_T} \frac{2\pi}{\beta} c_{aT}$
$c_{mF} - c_{mT}$	$-\left(2 - Ma_T^2\right) \epsilon_v c_{mT}$	$\frac{1}{\beta^2} \frac{\pi^2}{192} \left(\frac{d}{h}\right)^2 c_{aT}$	$-\left(2 - Ma_T^2\right) \epsilon_v c_{mT}$	0
$c_{wF} - c_{wT}$	$-\left(2 - Ma_T^2\right) \epsilon_v c_{wT}$	0	$-\left(2 - Ma_T^2\right) \epsilon_v c_{wT}$	$+\delta \frac{F}{F_T} c_{aT}^2$

Erläuterungen: $\beta = \sqrt{1 - Ma^2}$ l Flügeltiefe   F Flügelfläche

δ = Faktor (Bild 47)   h Höhe der Meßstrecke F_T Querschnittsfläche der Meßstrecke

5. Kraftmessung

Zur Bestimmung der auf ein im Luftstrom frei schwebendes Modell wirkenden Kräfte und Momente müssen im allgemeinsten Fall sechs Komponenten gemessen werden. Bei einem Flugkörper sind dies Auftrieb, Widerstand, Seitenkraft, Giermoment, Rollmoment und Kippmoment. Zu deren Messung wird das Modell an einer Sechs-Komponentenwaage befestigt. Bei symmetrischer Anströmung verschwinden drei Komponenten und es verbleiben Auftrieb, Widerstand und Kippmoment, die mit einer Dreikomponentenwaage gemessen werden können.

Um eine Störung des Strömungsfeldes zu vermeiden, befinden sich die Waagen entweder außerhalb des Luftstroms (Außenwaagen) oder sind in das Modell eingebaut (Einbauwaagen). Die Außenwaagen sind mit dem Modell durch Drähte, Hebel oder magnetische Kräfte verbunden. Bei den Einbauwaagen ist das Modell auf einem Stiel befestigt, der auch die Waage trägt. Sie werden daher auch Stielwaagen genannt.

5.1. Außenwaagen

Die außerhalb des Meßstrahls angebrachten Waagen unterscheiden sich durch die Zahl der gemessenen Kraftkomponenten, die Art der Verbindung von Modell und Waage, sowie durch das Meßprinzip (Gewichts-, Laufgewichts-, Feder- oder Elektrodynamischen-Waage).

5.1.1. Mechanische Waagen mit Drahtaufhängung

Bild 48a zeigt die Prinzipskizze einer Sechs-Komponentenwaage, die waagerechten Seilkräfte werden allerdings gewöhnlich durch einen im Winkel von 45° gespannten Spanndraht nach oben abgelenkt. um alle Waagen in einer Ebene zu haben (Bild 48b). Dabei sind

Auftrieb	$A = A_v' + A_v'' + A_h$
Widerstand	$W = W' + W''$
Seitenkraft	S
Giermoment	$= (W' - W'') \cdot b/2$
Rollmoment	$= (A_v' - A_v'') \cdot b/2$
Kippmoment	$= A_h \cdot c$.

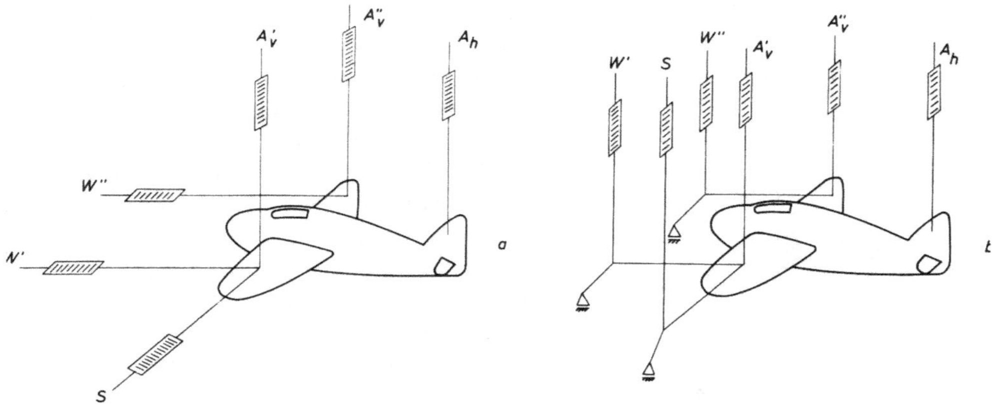

Bild 48. Prinzipschema einer Sechskomponentenwaage mit Drahtaufhängung. a Grundschema, b Umlenkung aller Kräfte nach oben. Bei Windkanalversuchen werden die Modelle meist umgekehrt aufgehängt.

Bei wirklich gebauten Waagen führen jedoch die Drähte nicht unmittelbar zu den einzelnen Waagen, sondern werden zunächst gruppenweise in einer Plattform zusammengefaßt, von der aus Parallelogrammhebel zu den Waagen gehen. Bild 49 zeigt das Schema einer in mehreren deutschen Windkanälen benutzten Waage [21]. Bei der in Bild 50 dargestellten Waage des Windkanals von Emmen (Schweiz) werden sogar alle Drähte mit Ausnahme der hinteren Auftriebswaage in einer „Spinne" zusammengefaßt [69]. Die hintere Auftriebswaage ist gewöhnlich getrennt, weil durch deren Höhenverstellung der Anstellwinkel des Modells verändert werden kann. Zur Einstellung des Schiebewinkels dreht man das ganze Waagegerüst auf einer kreisförmigen Bahn. Gewichtswaagen und Federwaagen mit manueller Einstellung werden nur noch bei kleineren Anlagen, vorzugsweise als Drei-Komponentenwaagen, benutzt.

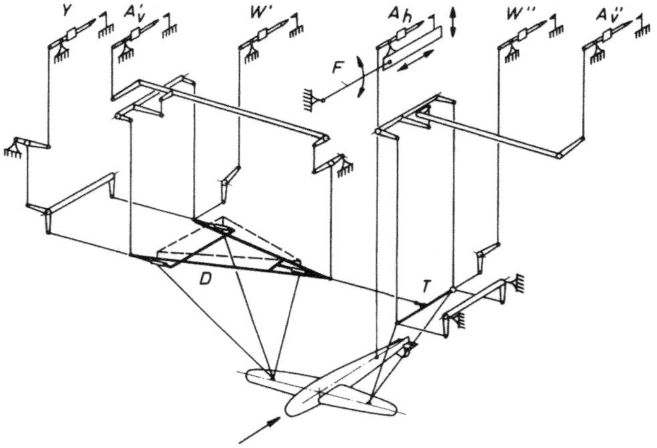

Bild 49
Sechskomponentenwaage der Aerodynamischen Versuchsanstalt Göttingen [21]. (In mehreren deutschen Windkanälen benutzt).

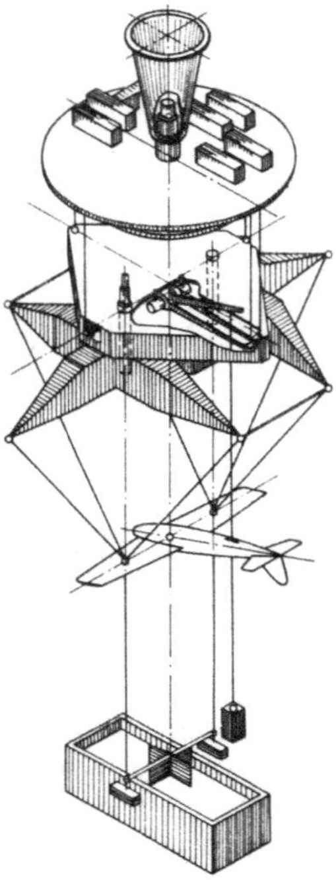

Für größere Anlagen nimmt man durchweg Waagen mit automatischem Abgleich, wofür Laufgewichtswaagen am besten geeignet sind. Das Aufhängen des Waagebalkens an einem Kreuzfedergelenk ist einer Schneidenlagerung vorzuziehen. Die Gleichgewichtslage der Waage wird durch induktive Aufnehmer abgetastet. Das Nachführen des Laufgewichts muß bei höheren Genauigkeitsansprüchen stetig, also mit Gleichstromantrieb erfolgen, wobei das Anfachen von Regelschwingungen durch eine elastische Rückführung zu vermeiden ist. Zur Befestigung der Drähte werden die Drahtenden gestaucht und in einem Konus aufgenommen. Die Drahtstärke richtet sich nach den auftretenden Kräften. Üblich sind Stärken von 1 bis 3 mm.

Bild 50
Sechskomponentenwaage des Windkanals Emmen, Schweiz. [69]

5.1.2. Mechanische Waagen mit starrer Verbindung

Während sich die Waagen bei Drahtaufhängung stets oberhalb der Meßstrecke befinden, hat man bei Ersatz der Drähte durch starre Verbindungen größere Freiheit in der Anordnung der Waage. Man bevorzugt allerdings unten angebrachte Waagen (Bodenwaagen), die z.B. als „Plattformwaagen" (Bild 51), „Jochwaagen" (Bild 52)

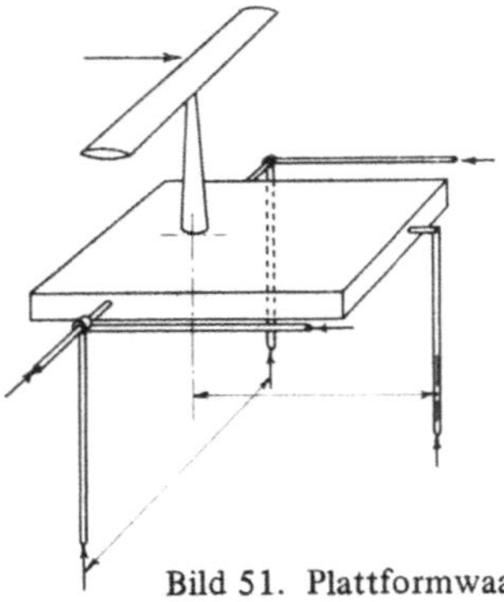

Bild 51. Plattformwaage

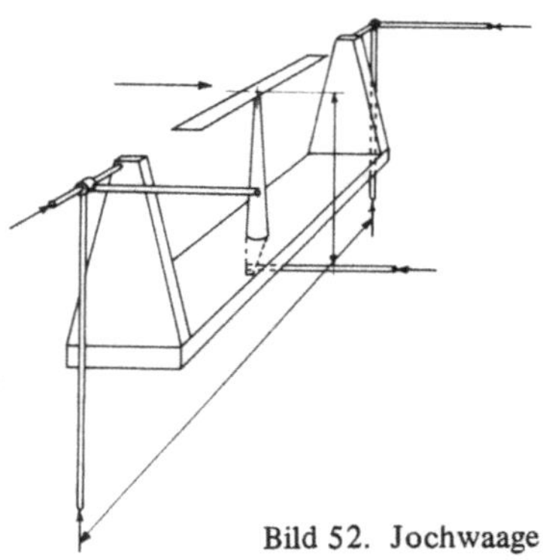

Bild 52. Jochwaage

oder „Pyramidenwaagen" ausgebildet sein können [4]. Die viel benutzten Plattformwaagen haben einen einfachen Aufbau, jedoch den Nachteil, daß das virtuelle Kraftzentrum nicht im Modell liegt. Dieser Nachteil wird bei den Jochwaagen vermieden, jedoch durch eine mechanisch aufwendige Jochkonstruktion erkauft. Eine besondere Abart stellen Waagen dar, bei denen das Modell unmittelbar an der Wand befestigt ist. Diese Technik wird vor allem bei Halbmodellen benutzt, bei denen die Wand die Symmetrieebene des Modells ersetzt. Offensichtlich ist hier nur eine symmetrische Anströmung möglich, demnach sind auch nur drei Komponenten zu messen. Häufig benutzt man hierzu Dreimomentenwaagen, bei denen man nacheinander das Moment um eine von drei Achsen mißt. Die beiden anderen Achsen sind jeweils festgestellt (Bild 53) [70]. Es ist dabei mit den Bezeichnungen von Bild 53:

$$p = \frac{1}{l} \sqrt{(M_I - M_{III})^2 + (M_{II} - M_{III})^2}$$

und $a_3 = M_{III}/p$, $\tan\gamma = (M_I - M_{III})/(M_{II} - M_{III})$.

Für die Meßgenauigkeit ist es günstig, den Kraftangriffspunkt möglichst nahe an die Achse III zu legen, um eine Differenz gleich großer Zahlen zu vermeiden.

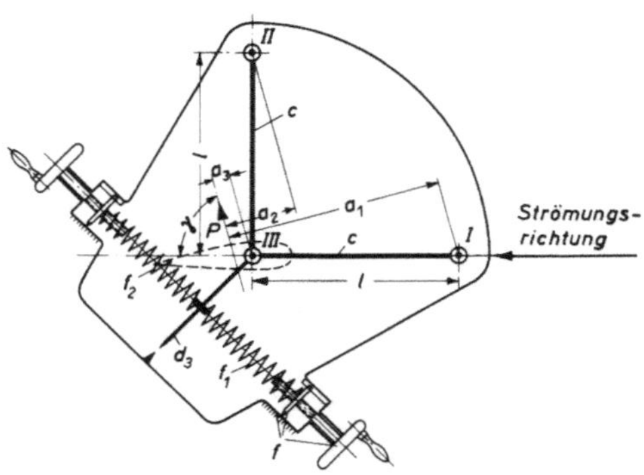

Bild 53
Dreimomentenwaage (Max-Planck-Institut für Strömungsforschung, Göttingen [70]).

5.1.3. Mikrowaagen

Bei Windkanälen geringer Gasdichte treten sehr kleine Kräfte auf, die nach mp gemessen werden. Windkanalwaagen zur Messung derartig kleiner Kräfte sind an der Universität von Berkeley [71] und am Laboratoire d' Aerothermique du C.N.R.S. in Paris [72] entwickelt worden. In Berkeley wird eine Balkenwaage benutzt, deren Auslenkung durch Zug über eine Quarzfeder in die Nullage kompensiert wird. In der Waage am Laboratoire d' Aerothermique, Paris, wird der Widerstand in ein Drehmoment umgeformt, das durch Torsion eines langen Fadens, der in der Drehmomentachse liegt, kompensiert wird. Bei einer in der AVA Göttingen gebauten Waage [73] wird das Gegendrehmoment durch ein Drehspulmeßwerk erzeugt, so daß der Strom

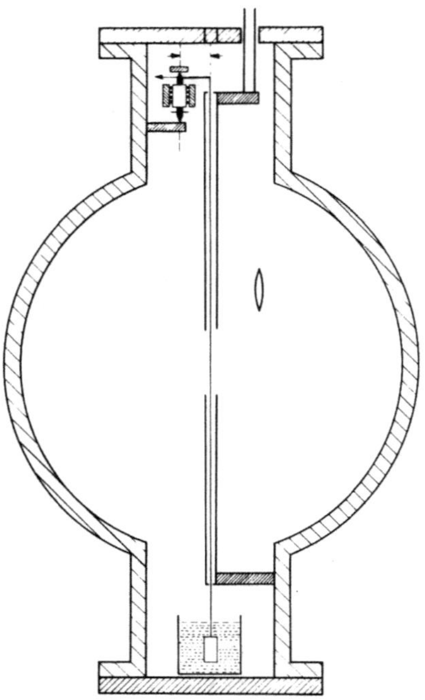

ein Maß für das Drehmoment ist. Bild 54 zeigt eine nach diesem Prinzip gebaute Widerstandswaage. Eine Drei-Komponentenwaage mit einem Widerstands-Meßbereich von 10p und einem Auftriebs-Meßbereich von 1 p beschreiben. *G.D. Arney* und *W.T. Harter* [74]. Es handelt sich hierbei im Prinzip um eine Jochwaage (vgl. Bild 52), bei der alle Hebelgelenke durch Kreuzfedergelenke ersetzt sind und die aerodynamischen Kräfte durch Magnetkräfte kompensiert werden.

Bild 54
Ein-Komponenten-Mikrowaage mit Drehspulmeßwerk (Aerodynamische Versuchsanstalt, Göttingen [73].

5.1.4. Magnetische Aufhängung

Die schwebende Aufhängung durch elektromagnetische Kräfte ist zuerst von *H. Kemper* [75] für aerodynamische Messungen eingeführt worden. Dabei war an der AVA Göttingen während des Krieges eine Anlage projektiert und in Standversuchen erprobt worden, bei der raketengetriebene Fahrzeuge mit Flugzeugmodellen bis zu Höchstgeschwindigkeiten von 500 m/s beschleunigt werden sollten, indem sie über einer Schienenbahn durch magnetische Kräfte schwebend erhalten werden sollten [76]. Die magnetische Aufhängung von Modellen ist nach dem Kriege in Frankreich weiter verfolgt worden, vor allem im Hinblick auf Anwendungen in hypersonischen Windkanälen [77], [78], [79]. Bei einem Windkanaldurchmesser von 30 cm werden hierbei vier U-förmig über dem Modell angeordnete Elektromagnete verwendet, die zugleich das Gewicht kompensieren und seitliche Stabilisierung geben. Eine fünfte Magnetspule ist konzentrisch zum Kanal angeordnet und kompensiert den Widerstand (ca. 10 kp). Die Lage des Modells wird photoelektrisch abgetastet und der Magnetstrom, der ein Maß für die Kräfte ist, entsprechend beeinflußt. In den letzten Jahren ist die Entwicklung magnetischer Aufhängungen an verschiedenen Stellen, vor allem in U.S.A., vorangetrieben worden. Während in Princeton [80], [81] ebenfalls eine U-förmige Magnetanordnung genommen wurde, ist am Massachussets Institute of Technology [82], [83] eine Anordnung nach Bild 55 gewählt worden. Bei den vielfach untersuchten Kegelmodellen ist die Lage des Massenschwerpunktes für eine stabile Lage von Bedeutung. Bild 56a zeigt ein Kegelmodell mit Ferritkugel und Kupferspitze (Princeton), Bild 56b ein entsprechendes Modell aus Magneteisenguß (MIT).

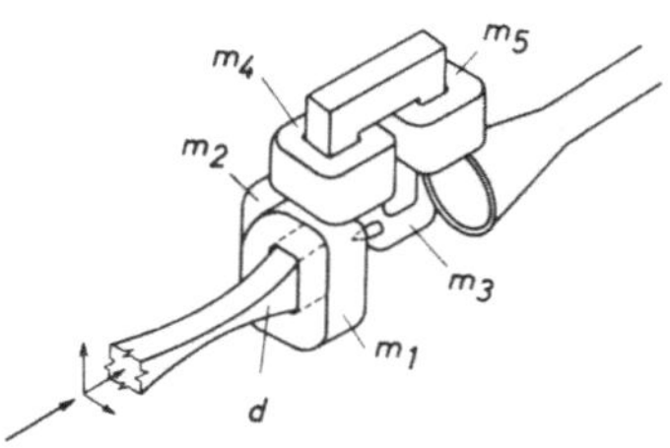

Bild 55
Magnetische Modellaufhängung (Mass. Inst. of Technology [82], [83]) m_1 Widerstand-, m_2 vordere Seiten-, m_3 hintere Seiten, m_4 vordere Auftriebs-, m_5 hintere Auftriebswaage.

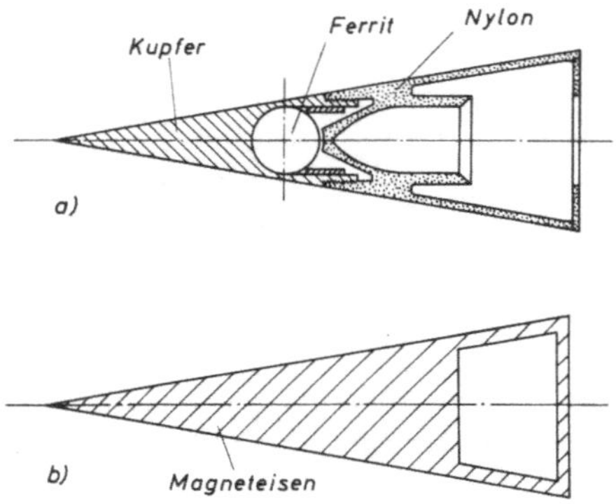

Bild 56
Kegelmodell für magnetische Aufhängung a mit Ferritkugel (Princeton University Gas Dyn. Lab.), b aus Magneteisenguss (Mass. Inst. Techn.)

5.2. Einbauwaagen

Bei den bisher besprochenen Außenwaagen werden die am Modell auftretenden Kräfte durch Gegenkräfte kompensiert. Das Modell behält also seine Lage im Raum. Der Kraftfluß vom Modell zu den einzelnen Waagen erfolgt parallel. Im Gegensatz dazu arbeiten Einbauwaagen nach dem Ausschlagprinzip und die einzelnen Waagen liegen hinsichtlich des Kraftflusses in Reihe. Bild 57a erläutert dies am Beispiel einer Drei-Komponentenwaage. Unter dem Einfluß einer Normalkraft bzw. eines Momentes biegt sich der Stiel aus. Durch Messung der Dehnungen in den Meßebenen I und II bestimmt man die Momente in beiden Ebenen. Zur Messung der Dehnungen werden heute fast ausschließlich aufgeklebte Dehnungsmeßstreifen (Bild 57b) genommen, die bereits 1940 [84] entwickelt wurden, jedoch erst nach dem Kriege Eingang in die Windkanal-Meßtechnik fanden. Bei Dehnungsmeßstreifen benutzt man die Eigenschaft, daß ein gedehnter Draht seinen Widerstand vergrößert. Der Draht wird dabei entsprechend Bild 56b in Windungen in eine Bakelitfolie eingebettet. Schwierigkeiten bereitet gewöhnlich die Messung axialer Kräfte, zumal bei Flügelmodellen in der Regel die Normalkraft viel größer als der Widerstand ist. Bild 56a zeigt rechts eine übersichtliche Anordnung für eine Widerstandswaage, die möglichst steif gegenüber Normalkräften ist. In ähnlicher Weise können auch Sechs-Komponentenwaagen gebaut werden (Bild 57c) [85]. Weitere Beispiele von Dehnungsmeßstreifen-Waagen beschreiben *I. Shantz, B. D. Gilbert* und *C. E. White* [86] sowie *A. Heyser* [87].

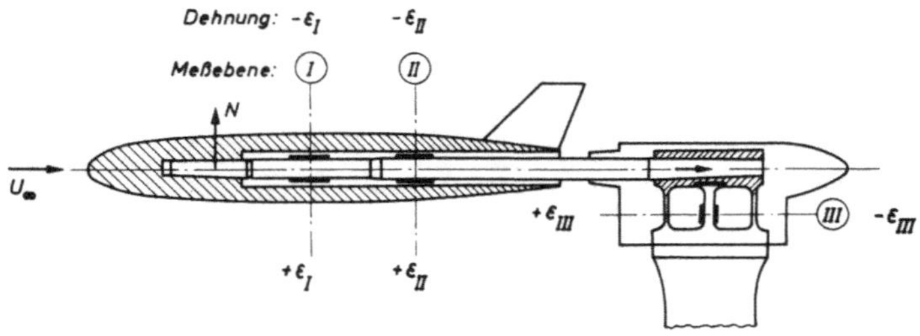

Bild 57a. Dreikomponenten-Einbauwaage mit Dehnungsmeßstreifen

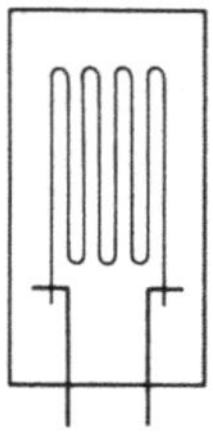

Bild 57b
Dehnungsmeßstreifen

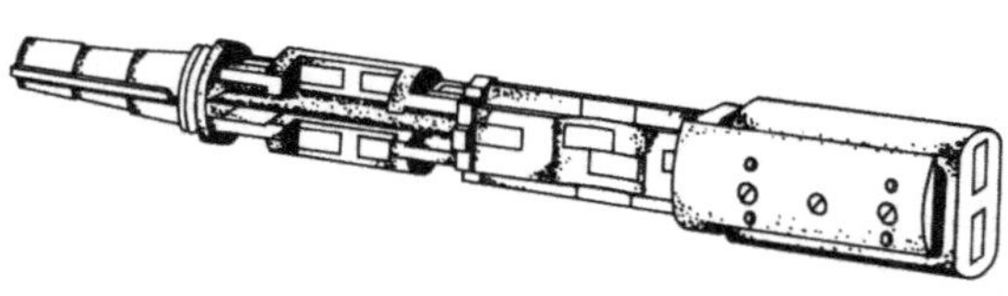

Bild 57c
Sechskomponentenwaage mit Dehnungsmeßstreifen [86].

Zur Messung in Stoßwellenrohren sind Rohrwaagen besonders geeignet, mit denen sich Eigenfrequenzen bis 5 000 Hz erzielen lassen [88]. Dehnungsmeßstreifen-Waagen werden vorwiegend mit Trägerfrequenz betrieben, da bei Gleichspannungsbetrieb unerwünschte Thermospannungen auftreten können. Besonders wesentlich ist eine gute Temperaturkompensation, die zum Teil durch Brückenschaltung von zwei oder vier den gleichen Temperaturschwankungen ausgesetzten Meßstreifen erreicht wird. Darüber hinaus muß aber der Temperaturkoeffizient der einzelnen Streifen gleich sein, was entweder durch sorgfältige Auswahl oder durch Kompensationsschaltungen bewerkstelligt wird. Weitere Meßfehler entstehen durch die elastische Hysterese des Drahtmaterials sowie durch die Verminderung der Isolationsfestigkeit der Meßstreifen durch Feuchtigkeitseinwirkung.

6. Messung der Strömungsgeschwindigkeit nach Größe und Richtung

Zur Messung der Strömungsgeschwindigkeit sind eine Reihe von Methoden entwickelt, die in die Hauptgruppen mechanische, pneumatische, elektrische und magnetische Verfahren eingeteilt werden.

6.1. Mechanische Meßverfahren

6.1.1. Markierungsverfahren

Wenn man ein Strömungsmedium durch beigemengte Fremdkörper gleicher Dichte markiert, so kann man aus dem für ein kurzes Zeitintervall zurückgelegten Weg die Geschwindigkeit ermitteln [89]. Bei ungleicher Dichte gilt dies auch noch, wenn die Teilchen genügend klein sind, um annähernd trägheitsfrei zu folgen. Zur Markierung von Wasserströmungen ist Tellur besonders geeignet (siehe Abschnitt 11.2), zur Messung der Oberflächengeschwindigkeit von Wasser nimmt man gern Tropfen von Paraffinöl, die mit Anilinfarbstoff angefärbt werden. In Luft können zur Markierung wasserstoffgefüllte Seifenblasen benutzt werden. Für großräumigere Strömungen wählt man in der Meteorologie Pilotballone, deren Flugweg vom Boden aus verfolgt wird. Zur Auswertung muß die Steiggeschwindigkeit bekannt sein.

Eine Markierung der Strömung kann auch durch punktförmige Wärmeimpulse erfolgen, wobei sich der Durchgang der erwärmten Luftballen durch einen Hitzdrahtaufnehmer festhalten läßt. Bei einem Thermoimpulsgerät (Bild 58) zur Messung kleiner Strömungsgeschwindigkeiten (etwa von 0,1 bis 2 m/s) werden durch

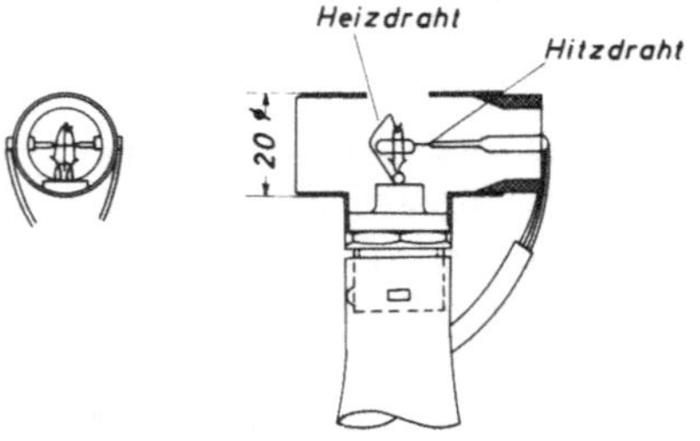

Bild 58
Thermoimpulssonde zur Messung kleiner Windgeschwindigkeiten [91].

einen Geber periodische Wärmeimpulse an den Luftstrom abgegeben und in geringer Entfernung (3 bis 6 mm) wieder empfangen. Die Phasenverschiebung zwischen Impuls und Signal ist ein Maß für die Strömungsgeschwindigkeit [90]. Ähnliche Meßverfahren sind auch auf der Grundlage einer örtlichen Ionisation des Luftstroms aufgebaut worden.

6.1.2. Schalenkreuzanemometer

Das Robinsonsche Schalenkreuzanemometer wurde lange Zeit für meteorologische Messungen bevorzugt. Im Prinzip beruht es darauf, daß der Strömungswiderstand einer Halbkugel bei Anblasung der konkaven Seite etwa dreimal so hoch wie in der entgegengesetzten Richtung ist. Die Umfangsgeschwindigkeit muß dann, wie eine einfache Rechnung zeigt, etwa 1/4 der Windgeschwindigkeit betragen. Der Widerstand ist allerdings nicht unabhängig von der Reynoldszahl, so daß für höhere Genauigkeit doch eine individuelle Eichung notwendig ist. Bei einem örtlich veränderlichen Windfeld wird nicht der Wert in der Achse des Anemometers gemessen, sondern der Wert an einer Stelle, die gegenüber der Achse des Anemometers um den vierfachen Radius auf der mit dem Wind laufenden Seite hin verschoben ist (Bild 59).

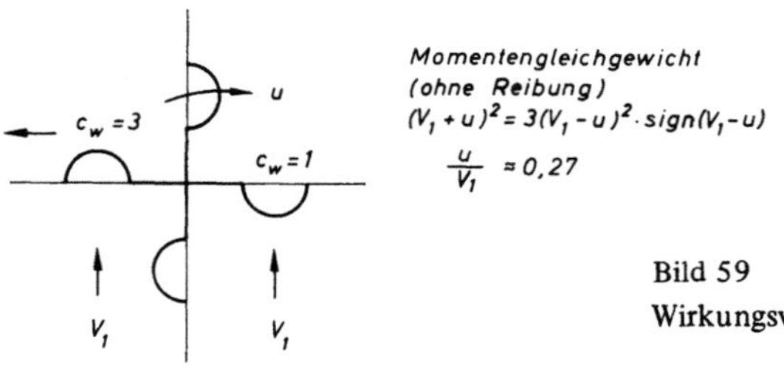

Bild 59
Wirkungsweise eines Schalenkreuzanemometers.

6.1.3. Flügelradanemometer, Luftlog, Hydrometrische Flügel

Im Gegensatz zum Schalenkreuz sind beim Flügelrad die Vorgänge völlig symmetrisch. Im reibungsfreien Fall gilt zwischen der Windgeschwindigkeit V und der Umfangsgeschwindigkeit v des Flügelrades die Beziehung

$$v = V \cdot \mathrm{tg}\,\alpha \quad , \qquad (6.1)$$

wobei α der Anstellwinkel zwischen Flügelblatt und Anströmrichtung ist. Eine Theorie des Flügelradanemometers hat u.a. 1926 *E. Ower* [92] gegeben. Weitere theoretische und experimentelle Untersuchungen haben *Th. Dahlem* und *D. Paffrath* [93] durchgeführt. Die für Luft verschiedener Dichte aufgenommenen Eichkurven (Bild 60) weichen wesentlich von der durch Gl. (6.1) gegebenen Beziehung ab. Infolge der Reibung des Flügelrades gibt es eine kleinste Windgeschwindigkeit (Anlaufgeschwindigkeit), die mit abnehmender Gasdichte größer wird. Außerdem sind die Eichkurven nicht mehr gerade, sondern leicht gekrümmt. Auch für den Grenzfall sehr großer Dichte erhält man eine Gerade mit geringerer Steigung als tg α, was offenbar mit der Ummantelung zusammenhängt. Es sind Miniaturflügel-Radanemometer mit einem Meßkopfdurchmesser von nur 20 mm entwickelt worden, bei denen die Drehzahl photoelektrisch übertragen wird, so daß trotz der Kleinheit Anlauf-

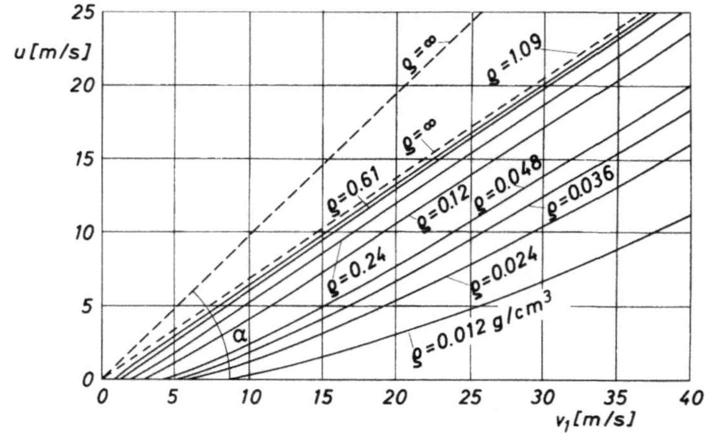

Bild 60. Umfangsgeschwindigkeit u eines Flügelradanemometers in Abhängigkeit von der Strömungsgeschwindigkeit v_1 bei verschiedenen Dichten des Mediums [93].

geschwindigkeiten von 0,2 bis 0,3 m/s erreichbar sind. Bei Verwendung in Wasser sind Anlaufgeschwindigkeiten von 1,27 mm/s erzielt worden. Zur Herabsetzung der Reibung wird der Rotor in Steinen oder bei neueren Konstruktionen dynamisch in Flüssigkeit gelagert. Luftlogs, die vor allem in der Flugversuchstechnik zur Messung der Fluggeschwindigkeit dienen, sind im Prinzip Flügelradanemometer. Sie sind allerdings für wesentlich höhere Geschwindigkeiten ausgelegt, die bis zur Schallgeschwindigkeit gehen [94], [95]. Starrlogs sind mit dem Flugzeugrumpf durch einen Halbmast fest verbunden, während Schlepplogs mit Leitwerk versehen sind und an einem langen Kabel nachgezogen werden. Die letzte Methode ist frei von störenden Beeinflussungen durch den Rumpf, eignet sich aber nur für Meßflüge. Zur Messung von Wassergeschwindigkeiten in Flußläufen dient der im Prinzip gleichartige Ottflügel, während zur Mengenmessung in Leitungen der Woltmannsche Hydrometrische Flügel Anwendung findet. Beide Geräte benutzen Flügelräder, deren Drehzahl in geeigneter Weise (z.B. induktiv oder photoelektrisch) auf das Anzeigesystem übertragen wird.

6.1.4. Windfahnen-Richtungsmesser

Ein uraltes Verfahren zur Bestimmung der Strömungsrichtung ist die Windfahne, die sich selbsttätig in die Windrichtung einstellt. Zur Richtungsmessung in großräumigen Strömungen, insbesondere in der Flugversuchstechnik, wird dieses Verfahren wegen seiner relativen Einfachheit und Zuverlässigkeit auch bei hohen Geschwindigkeiten im Unter- und Überschallbereich benutzt. Bild 61 zeigt eine Flugzeugwindfahne mit Winkelübertragung durch einen Drehmelder (Synchro) [96], der eine

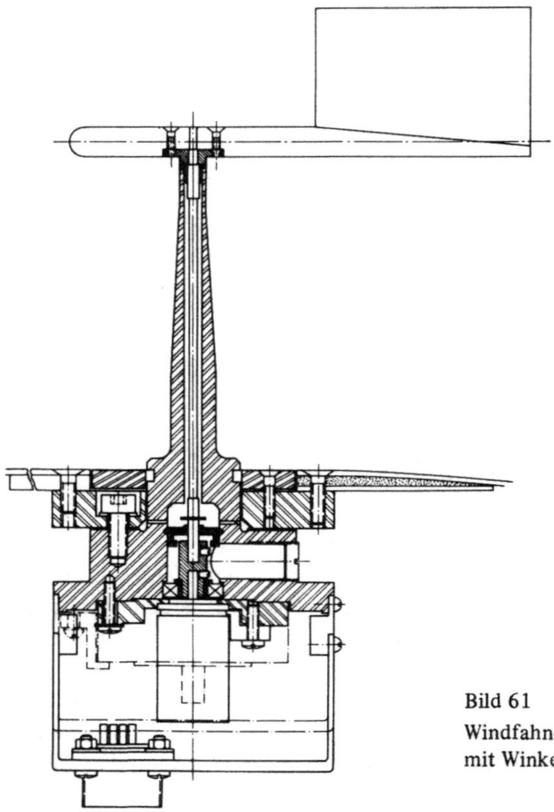

bessere Winkelauflösung gegenüber Drehpotentiometern [97] ergibt. Zur gleichzeitigen Messung von Anstellwinkel und Gierwinkel sind auch Doppelwindfahnen [98] entwickelt worden, während zur Fernmessung der Strömungsrichtung in unbemannten Flugkörpern kardanisch aufgehängte mit vier Leitflächen versehene Sondenkörper [99] verwendet worden sind, wobei an den Kardangelenken induktive Ferngeber angebracht waren.

Bild 61
Windfahnenrichtungsmesser für Flugmessungen mit Winkelübertragung durch Fernmelder [96].

6.2. Pneumatische Meßverfahren

Bei den pneumatischen Meßverfahren wird die Geschwindigkeitsmessung auf eine Messung des dynamischen Druckes des strömenden Mediums zurückgeführt. Es ist dabei zu beachten, daß in einem strömenden Medium verschiedene Druckangaben zu unterscheiden sind, die im folgenden zusammengestellt werden [100], [101].

6.2.1. Druckbezeichnungen

Bei einer ruhenden Flüssigkeit versteht man unter Druck schlechthin den Mittelwert der Normalspannungskomponenten. Den entsprechenden Wert in einer strömenden Flüssigkeit bezeichnet man als „statischen" Druck p_s. Bringt man die Flüssigkeits- oder Gasströmung adiabatisch und isentropisch zum Stillstand, dann steigt der Druck auf einen Höchstwert an, den man „Gesamtdruck" p_g nennt. Die Differenz zwischen Gesamtdruck und statischem Druck heißt „dynamischer Druck" q. Bei nicht zusammendrückbaren Flüssigkeiten gilt nach der Bernouillischen Gleichung

$$q = p_g - p_s = \frac{\rho}{2} V^2 \quad . \tag{6.2}$$

Für Gasströmungen hoher Unterschallgeschwindigkeit erhält man dagegen

$$\begin{aligned} q = p_g - p_s &= \left[\left(1 + \frac{\kappa - 1}{2} Ma^2\right)^{\frac{\kappa}{\kappa - 1}} - 1\right] p_s \\ &= \frac{2}{\kappa Ma^2} \left[\left(1 + \frac{\kappa - 1}{2} Ma^2\right)^{\frac{\kappa}{\kappa - 1}} - 1\right] \frac{\rho}{2} V^2 \quad , \end{aligned} \tag{6.3}$$

wobei $Ma = V/a$ die Machsche Zahl bezeichnet und das Verhältnis der spezifischen Wärme κ für Luft gleich 1.405 zu setzen ist. Die Schallgeschwindigkeit a ist dabei

$$a^2 = \kappa p_s/\rho \quad . \tag{6.4}$$

Der Faktor $\rho/2\, V^2$ wird „kinetischer Druck" genannt. Daneben ist hierfür auch noch die ältere Bezeichnung „Staudruck" gebräuchlich, die allerdings Anlaß zu Verwechslungen mit dem „Staupunktdruck" geben kann.

Bringt man in eine Strömung ein Röhrchen, an dessen Öffnung die Flüssigkeit gestaut wird, so bildet sich dort ein Druck aus, den mal als „Pitotdruck" p_p bezeichnet. Der Pitotdruck ist in vielen Fällen dem Gesamtdruck gleichzusetzen. Abweichungen bestehen in folgenden beiden Fällen:

a) bei niedrigen Reynoldszahlen (also bei Messungen mit kleiner Geschwindigkeit oder in verdünnten Gasen) ist der Pitotdruck um die Zähigkeitswirkung größer als der Gesamtdruck.

b) bei Überschallgeschwindigkeiten bildet sich vor dem Röhrchen eine Verdichtungsstoßwelle aus, die mit einem Gesamtdruckverlust verbunden ist. Der Pitotdruck ist in diesem Fall zwar gleich dem Gesamtdruck hinter der Verdichtungswelle, jedoch nicht gleich dem Gesamtdruck der ungestörten Strömung vor der Verdichtungswelle. Bei einer Machzahl $Ma > 1$ besteht für den Pitotdruck die Beziehung:

$$p_p = \frac{\kappa + 1}{2} Ma^2 \left[\frac{(\kappa + 1)^2 Ma^2}{4\kappa Ma^2 - 2(\kappa - 1)}\right]^{\frac{1}{\kappa - 1}} p_s \quad . \tag{6.5}$$

Gl. (6.5) ist bei Überschallströmungen in stark verdünnten Gasen nicht mehr anwendbar, wenn die Verdichtungswelle eine endliche Dicke annimmt und das Strömungsfeld an der Sonde beeinflußt [102]. Die Differenz zwischen dem Pitotdruck und dem statischen Druck bezeichnet man als „angezeigten" dynamischen Druck q_a. Das Verhältnis F(Ma) des angezeigten dynamischen Druckes q_a zum kinetischen Druck $\rho/2\, v^2$ ist in Bild 62 in Abhängigkeit von der Machzahl aufgetragen.

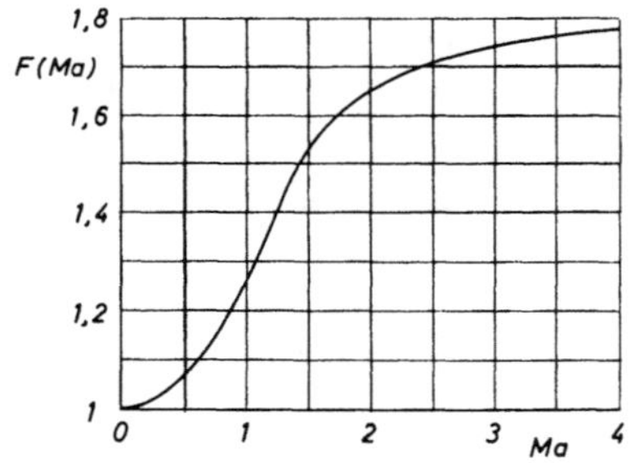

Bild 62
Verhältnis von angezeigtem dynamischen Druck zum kinetischen Druck in Abhängigkeit von der Machzahl.

6.2.2. Gesamtdrucksonden

6.2.2.1. Bauarten

Die einfachste Form einer Gesamtdrucksonde ist ein hakenförmig gebogenes Rohr (Pitotrohr), dessen Öffnung der Strömung entgegengestellt wird. Da jedoch Gesamtdrucksonden häufig mit statischen Sonden zu einer Einheit (Staudrucksonden) verbunden werden, haben sich besondere Bautypen herausgebildet, die sich hauptsächlich durch die Art des Sondenkopfes unterscheiden:

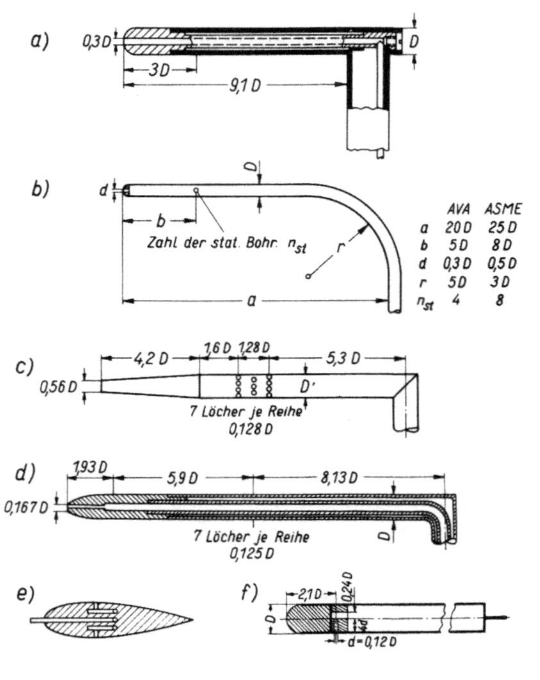

Bild 63
Bauarten von Pitotrohren bzw. Staudrucksonden. a Prandtlstaurohr, b Hakenstaurohr (AVA = Aerodynamische Versuchsanstalt Göttingen, ASME = Amer. Soc. Mech. Engineers), c Brabeestaurohr (Nat. Phys. Lab. England), d Staurohr mit Ellipsoidkopf (NPL), e Stromliniensonde nach [105], f Zylindersonde nach Livesey [117].

a) Halbkugelkopf mit senkrecht angesetztem Stiel (Prandtlsche Bauart [103] nach Bild 63a),
b) Halbkugelkopf mit abgebogenem Stiel (Hakenstaurohr, Bauart Aerodynamische Versuchsanstalt Göttingen und Am. Soc. Mech. Engrs. [103], [104], nach Bild 63b),
c) Kegelstumpfförmiger Sondenkopf (tapered nose pitot tube) (Brabeesche Bauart, Nat. Phys. Labor. England, Bild 63c),
d) Ellipsoidsondenkopf (Nat. Phys. Labor. England, Bild 63d).

Bei der zuletzt genannten Bauart werden die bei den vorhergehenden Ausführungen beobachteten Strömungsablösungen vermieden.

Manchmal ist die Aufgabe gestellt, ausgedehnte Strömungsfelder (z.B. in großen Rohren) auszumessen. Hierfür hat man eine Sonderbauart mit stromlinienförmigem Stiel [105] entwickelt (Bild 63e), die den Vorteil hat, daß wegen der geringeren Reibung kleinere mechanische Kräfte wirksam sind. Neben diesen einfachen Sonden sind noch abgeschirmte („Kielsche") Sonden [106] mit extremer Richtungsunempfindlichkeit konstruiert worden (Bild 64h).

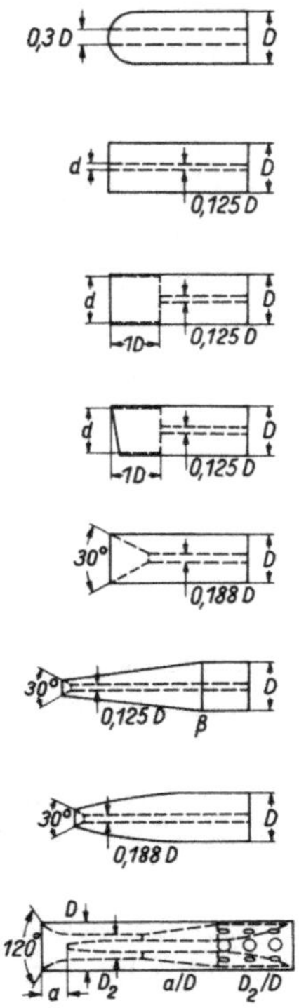

	Machsche Zahl 0,26	0,7	1,10	1,62
a)	± 12°			
b)	± 11°			± 11°
c)	± 23°			± 29°
d)	+ 32° − 13°			38° −20°
e)	± 27,5°			32°
f)	± 19°			± 28°
g)	± 21°			± 29,5°
h)	± 63,2°	±60,6°	±57,0°	±40,0°

Bild 64
Richtungseinfluß bei verschiedenen Kopfformen von Gesamtdrucksonden. Es ist der Winkelbereich angegeben, innerhalb dessen die Abweichungen kleiner als 1 % sind. (Nach Gracey [113].)

Bei der Messung in engen Versuchsquerschnitten (besonders bei Strömungsmaschinen) wird häufig auch die Zylindersonde benutzt, bei der die Gesamtdruckbohrung sich auf dem Mantel des Rohres befindet (Bild 63f). Nach *J. L. Livesey* [117] sollte dabei der Lochdurchmesser $d < D/8$ sein, wenn D der Rohrdurchmesser ist. Die Lochtiefe l sollte ein Mehrfaches (empfohlen $l = 4d$) des Lochdurchmessers betragen, weil bei kleinen Lochtiefen Druckfälschungen durch Sekundärströmungen im Inneren des Rohres beobachtet werden. Um mit der Zylindersonde möglichst weit bis zur Gegenwand messen zu können, ist es erwünscht, die Bohrung sehr nahe am Ende des Rohres zu haben. Zur Störungsvermeidung sollte jedoch ein Abstand von mindestens 2D eingehalten werden (empfohlen wird 2,1 D) [107].

Zur Untersuchung von Grenzschichten ist man besonders bei hoher Strömungsgeschwindigkeit gezwungen, sehr kleine Pitotrohre zu verwenden, wobei man der Sondenspitze meist eine abgeflachte Form gibt („Fischmaulsonden"). Über die Herstellung extrem kleiner Pitotrohre ist mehrfach berichtet worden [108]–[111]. Fischmaulsonden mit etwa 0,1 x 0,4 mm Querschnittsabmessungen erzielt man durch Erhitzen und Ziehen eines Metallrohres in der Gebläseflamme. Die Wandstärke wird durch nachträgliches Abätzen mit Kupfersulfatlösung noch weiter verringer. Noch besser als dünnwandige Röhrchen aus rostfreiem Stahl eignet sich nach *Cooke* [111] Quarz für die Herstellung kleiner Pitotrohre. Extrem kleine Pitotrohre bekommt man nach einem von *Gezelius* [112] beschriebenen Verfahren auf elektrochemischem Wege durch galvanisches Aufbringen von Metall auf Nylonfasern. Hierzu wird die Nylonfaser erst versilbert. Es lassen sich auf diese Weise nicht nur Röhrchen aus reinen Metallen, sondern z.B. durch gleichzeitige Ablagerung von Nickel und Kobalt auch aus widerstandsfähigen Metallegierungen herstellen. Die Nylonfaser kann hinterher herausgezogen und die Silberschicht gelöst werden. Man bekommt so Rohre mit einem Innendurchmesser von 0,05 mm. Nach *G. Koppenwallner* sind an Stelle von Nylonfasern Chromnickeldrähte besser geeignet.

6.2.2.2. Fehlereinflüsse

Einfluß der Strömungsrichtung

Pitotrohre sind nicht sehr empfindlich gegenüber Schräganblasung. Wenn die Sondenspitze als dünnwandiges Rohr ausgebildet ist, weicht der Gesamtdruck erst bei einem Winkel von $\pm 23°$ um 1 % des Staudrucks ab. Beim Halbkugelkopf nach *Prandtl* (Bild 64a) ist dies bereits bei $\pm 12°$ der Fall. *Gracey* [113] hat eine große Zahl verschiedener Kopfformen hinsichtlich der Winkelempfindlichkeit sowohl im Unterschall- als auch im Überschallbereich untersucht. Einige Meßergebnisse sind in Bild 64 wiedergegeben. Man sieht, daß im allgemeinen die Pitotrohre mit zunehmender Machscher Zahl unempfindlicher gegenüber Schrägströmung werden. Wie Bild 64d zeigt, kann man durch unsymmetrische Ausbildung des Sondenkopfes den

Unempfindlichkeitsbereich nach positiven oder negativen Winkeln verlagern. Sonden mit kegelförmigem oder ellipsoidischem Kopf sind etwas ungünstiger als Zylinderkopfsonden. Extrem große Winkelunempfindlichkeit wird mit abgeschirmten („Kielschen") Sonden erreicht, wobei nach Bild 64h Werte bis $\pm 63{,}2^\circ$ festgestellt wurden. Allerdings verschlechtern sich diese Werte mit zunehmender Machzahl.

Scherströmungs- und Wandeinfluß

Wenn ein Pitotrohr in einem Rohr oder in einer Grenzschicht benutzt wird, treten zusätzliche Fehler wegen des Geschwindigkeitsgradienten und der Wand auf, die in mehreren Arbeiten [114]–[117] untersucht wurden. Nach *MacMillan* [114] kann man den Scherströmungseinfluß dadurch berücksichtigen, daß man den Ort der Messung nicht der geometrischen Mitte des Pitotrohres zuordnet, sondern um $\delta = 0{,}15\,D$ in Richtung des größeren Druckes verschiebt (D Durchmesser des Pitotrohres). Diese Korrektur ist gültig, solange der Abstand der Sondenmitte von der Wand größer als 2D ist. Bei einem Wandabstand < 2D wird eine zu kleine Geschwindigkeit gemessen. Die infolge des Wandeinflusses den gemessenen Werten hinzuzufügende Korrektur ist in Bild 65 nach *MacMillan* angegeben. Man kann dies auch so ausdrücken, daß die Abweichung δ sich in der Nähe der Wand verringert, wobei entsprechend Bild 66 noch eine Abhängigkeit von der Schubspannungsgeschwindigkeit $v_0^* = \sqrt{\tau_0/\rho}$ besteht.

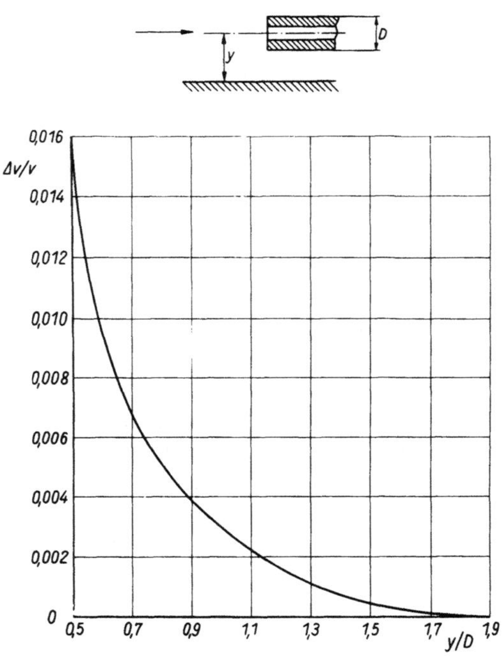

Bild 65
Wandeinfluß auf die Anzeige einer Gesamtdrucksonde. Die Korrektur Δv ist dem gemessenen Wert für die Geschwindigkeit hinzuzufügen. (nach MacMillan [102]).

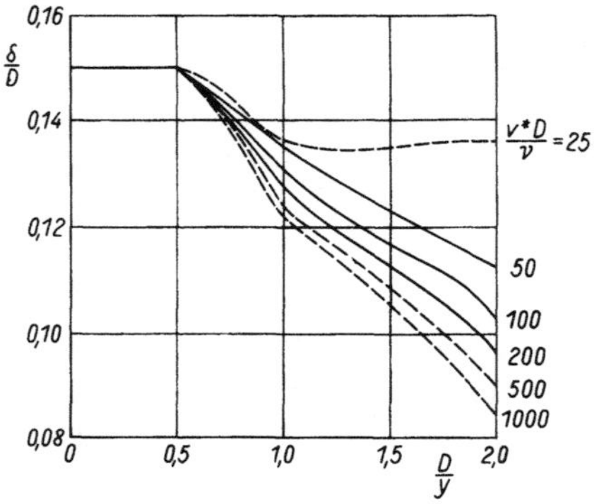

Bild 66
Scherströmungs- und Wandeinfluß in Grenzschichten. Der Ort der Messung ist um δ von der geometrischen Sondenmitte nach außen verlagert zu denken. (Nach MacMillan [102].)

Der Scherströmungs- und Wandeinfluß bei Zylindersonden ist von *J. L. Livesey* [117] untersucht worden. Die Messungen haben gezeigt, daß man dort den Ort der Messung gegenüber geometrischer Lochmitte um 0,09 D in Richtung des größeren Druckes verschoben annehmen muß. Bei Messung in Wandnähe können bei der Zylindersonde einmal Meßfehler durch Leckverluste auftreten. Aber auch ohne diese beobachtet man bei der Zylindersonde in Wandnähe einen Wirbel, der zu einer Druckfälschung führt. Es wird daher empfohlen, mit der Meßbohrung nicht näher als 0,2D an die Wand heranzugehen.

Zähigkeitseinfluß

Zur Untersuchung von Grenzschichten ist man meist gezwungen, sehr kleine Pitotrohre zu verwenden. Da außerdem die Geschwindigkeit kleine Werte annehmen kann, kommt man schließlich in einen Bereich, in dem die Zähigkeit nicht mehr vernachlässigbar ist. Dem Fehlereinfluß der Zähigkeit ist erstmalig von Miss *Barker* [118] nachgegangen worden, er wird daher auch als „Barkereffekt" bezeichnet. Er ist in einer Reihe von Arbeiten untersucht worden, über die *MacMillan* [119] zusammenfassend berichtet. Am Kaiser-Wilhelm-Institut für Strömungsforschung in Göttingen hat vor dem Kriege *H. Motzfeld* Messungen durchgeführt, die von *K. Wieghardt* [120] mitgeteilt worden sind und deren Ergebnisse in Bild 67 auszugsweise zusammengestellt sind. Infolge des Zähigkeitseffektes wird der Gesamtdruck zu hoch gemessen. Man kann die Zähigkeitseffekte wesentlich vermindern, wenn man statt der kreisförmigen Öffnungen abgeflachte benutzt („Fischmaulsonden"). Wie in Bild 68 nach Messungen von *MacMillan* [102] dargestellt ist, tritt eine Zähigkeitswirkung hier erst bei viel kleineren Reynoldszahlen auf. Die Zähigkeitswirkung macht sich auch bei Strömungsmessungen in stark verdünnten Gasen bemerkbar, wie Untersuchungen von *H. S. Tsien* [122] gezeigt haben.

Im Hinblick auf raumfahrttechnische Anwendungen ist das Verhalten von Pitotrohren in verdünnten Gasen in vielen Arbeiten erforscht worden, über die *S. A. Schaaf* [123] zusammenfassend berichtet. Danach gelten die für inkompressible Strömungen

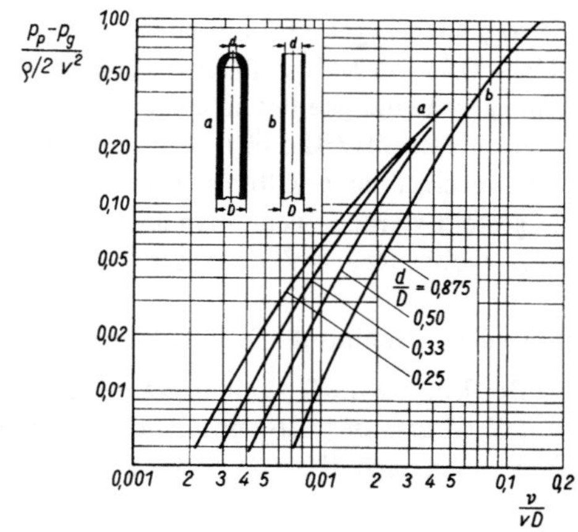

Bild 67
Zähigkeitseinfluß bei Pitotrohren mit kreisförmigen oder halbkugeligem Sondenkopf nach Messungen von Motzfeld [102]. (p_p = Pitotdruck, p_g = Gesamtdruck).

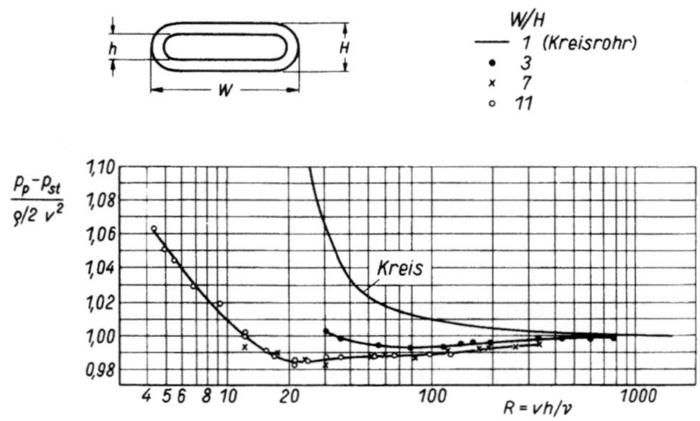

Bild 68
Zähigkeitseinfluß bei flachgedrückten Pitotrohren im Vergleich zu runden (p_p = Pitotdruck, p_g = Gesamtdruck).

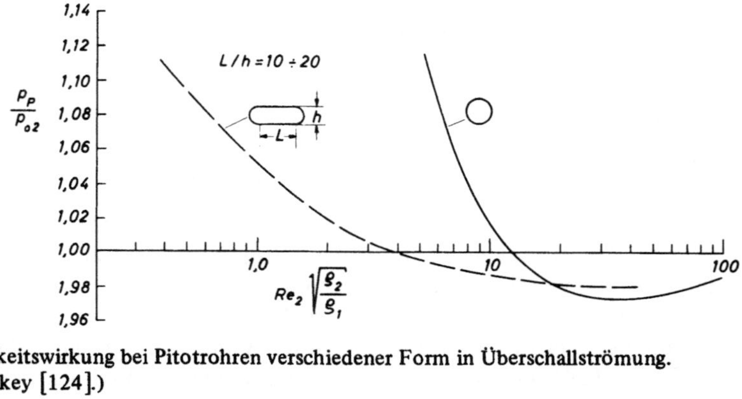

Bild 69. Zähigkeitswirkung bei Pitotrohren verschiedener Form in Überschallströmung. (Nach MacCroskey [124].)

gewonnenen Ergebnisse mit guter Übereinstimmung auch im Unterschallbereich ($Ma < 0{,}7$). Nach *W. J. MacCroskey* [124] haben Fischmaulsonden auch bei Hyperschallgeschwindigkeiten einen geringeren Reynoldszahleneinfluß als Pitotrohre mit Kreisquerschnitt (Bild 69). Nach *Kosterin* [125] können die für verschiedene Überschallmachzahlen erhaltenen Abweichungen näherungsweise durch eine einzige Kurve dargestellt werden, wenn man über der reziproken Knudsenzahl $Kn \sim Re_D/Ma$ aufträgt, wobei $Re_D = VD/\nu$ mit D = äußerer Pitotrohrdurchmesser ist (Bild 70).

Turbulenzgradeinfluß, Druckschwankungen

Der Einfluß des Turbulenzgrades auf die Anzeige eines Pitotrohres ist theoretisch von *S. Goldstein* [126] untersucht worden. Bei einem Turbulenzgrad von 1 % findet man nach dieser Theorie, daß der Gesamtdruck nur um 0,03 % des kinetischen Druckes gefälscht wird. Da in modernen Windkanälen der Turbulenzgrad meist niedriger liegt, ist der Turbulenzgradeinfluß in diesem Fall vernachlässigbar. Der Einfluß von Druckschwankungen kann nur dann angegeben werden, wenn auch das ganze Leitungssystem von der Sonde zum Manometer mitberücksichtigt wird.

Feuchtigkeitseinfluß

Über den Einfluß der Feuchtigkeit und Kondensation liegen Arbeiten von *G. I. Taylor* [127] und *H. Pearcey* [128] vor.

6.2.3. Statische Sonden

6.2.3.1. Bauarten statischer Sonden

Im folgenden werden „Rohrsonden", bei denen die Strömung in Richtung der Rohrachse verläuft, von den „Zylindersonden" unterschieden, die senkrecht zur Rohrachse angeströmt werden. „Scheibensonden" werden in Richtung der Scheibenebene angeströmt.

Statische Rohrsonden

Statische Rohrsonden bestehen aus dem in Strömungsrichtung verlaufenden Meßrohr mit den seitlichen Anbohrungen und dem Haltestiel, der meist quer zur Strömungsrichtung verläuft. Unterschiede bestehen vor allem hinsichtlich der Ausbildung des Kopfes. Der einfachen geometrischen Form wegen benutzt man vielfach einen Halbkugelkopf. Verschiedene Untersuchungen haben jedoch gezeigt, daß sich beim Halbkugelkopf eine ungünstige Druckverteilung einstellt, die zu Strömungsablösungen und damit zu einer Re-Zahl-Abhängigkeit der Sondenanzeige führt. Weitere von *D. J. Kettle* [129] untersuchte Kopfformen sind der „Halbkörper" (theoretisch

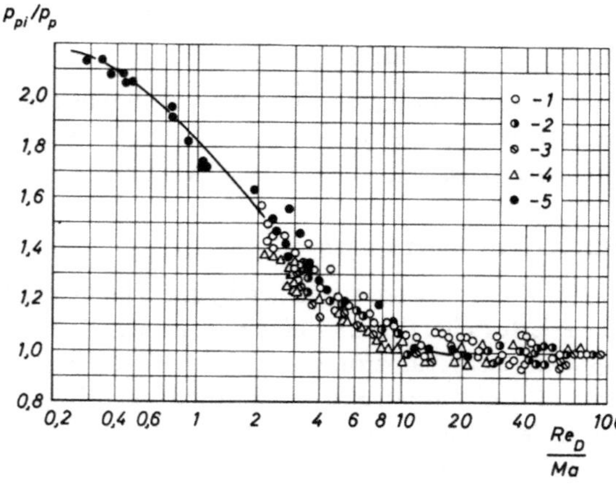

Bild 70
Von der Knudsenzahl abhängige Zähigkeitswirkung bei Pitotrohren (nach Kosterin [125]).

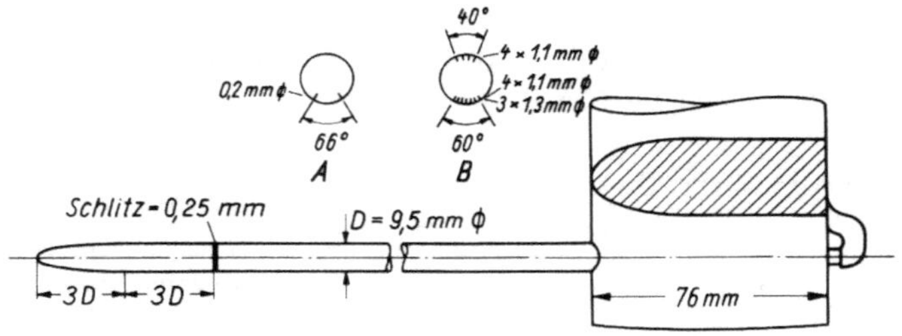

Bild 71. Statische Rohrsonde mit Ellipsoidkopf nach Kettle [129]. Die Sonde ist für verschiedene Längen bis zum Stiel untersucht worden. Oben: Anordnung der Löcher bei einer richtungsunempfindlichen Sonde. A nach [144], B nach [113].

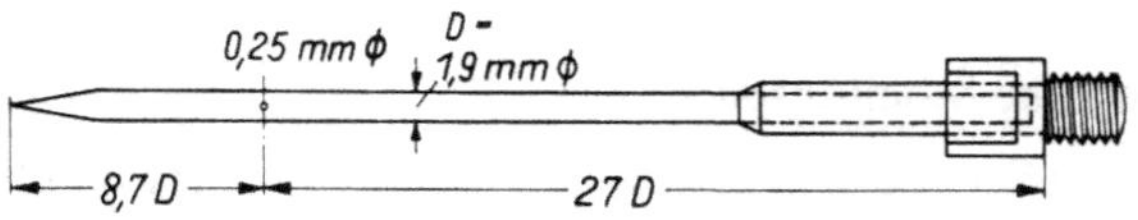

Bild 72. Statische Rohrsonde für Überschallgeschwindigkeiten nach Pankhurst und Holder [1].

durch Überlagerung einer Quelle mit einer Parallelströmung gewonnen) und das halbe Rotationsellipsoid. Die letztere Kopfform ist im Nat. Phys. Laboratory Teddington eingehend getestet worden [130] und wird heute in England bevorzugt angewandt. Wie in Bild 71 zu sehen ist, hat man für den Haltestiel, bei dem eine Strömungsablösung nicht zu vermeiden ist, eine hinten gerade abgeschnittene Form vorgeschlagen, bei der die Strömung sich immer an derselben Stelle ablöst.

Bei Überschallgeschwindigkeit sollte der Sondenkopf kegelige oder ogivale Form haben und der Spitzwinkel klein genug sein, daß sich eine anliegende Stoßwelle bildet. Bild 72 zeigt eine Anordnung nach *Pankhurst* und *Holder* [1].

Statische Kegelsonden

Für den Überschallbereich sind auch Sonden entwickelt worden, bei denen sich die statischen Bohrungen auf der Mantelfläche eines Kegels befinden [132]. In ähnlicher Weise sind auch Rotationsparaboloide als Sondenkopf benutzt worden.

Statische Zylindersonden

Die Eigenschaften statischer Zylindersonden hat eingehend *F. A. L. Winternitz* [133] erforscht. Der Einfluß der Form des Rohrendes, des Lochabstandes vom Rohrende, der Schräganströmung und der Reynoldszahl wurde aus Versuchen ermittelt und mit Ergebnissen anderer Autoren verglichen. *A. H. Glaser* [134] verwendet zur statischen Druckmessung eine Zylindersonde, deren beide unter einem Winkel von 72,8° sind, so daß der Mittelwert des Druckes beider Bohrungen gemessen wird. Bei genauer Anpassung der Kapillarwiderstände kann eine Winkelunempfindlichkeit der Zylindersonde im Bereich ± 30° bei einem zulässigen Fehler von 1 % des Staudruckes erreicht werden (Bild 73).

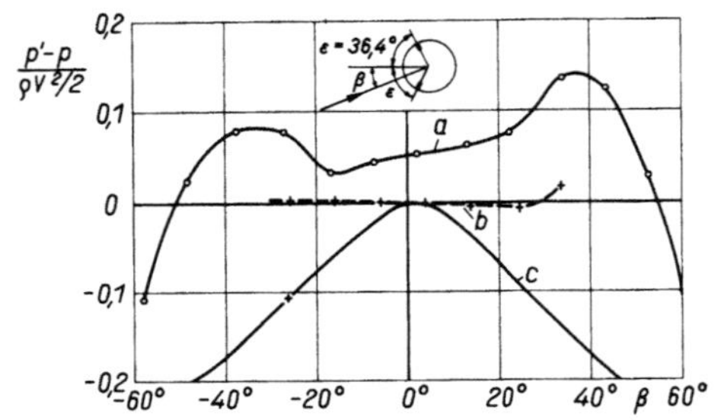

Bild 73
Winkelabhängigkeit der Anzeige von Zylindersonden nach Glaser [134]. a bei mangelhafter Ausführung, b bei genauer Einhaltung des Winkels zwischen beiden Bohrungen und bei Anpassung der Kapillarwiderstände, c statische Rohrsonde, p' gemessener statischer Druck, p wirklicher statischer Druck.

Statische Scheibensonden

Die Sersche Scheibensonde wurde wegen ihrer Richtungsempfindlichkeit in der Vergangenheit nur wenig angewandt. Neuerdings hat sie jedoch zur Untersuchung dreidimensionaler Strömungen wieder ein gewisses Interesse gefunden [135]. Bild 74 zeigt Eichkurven, die im Nat. Phys. Lab. Teddington gewonnen wurden. Während bei α-Drehung die Anzeige fast winkelunabhängig ist, gilt dies bei β-Drehung nur für einen Bereich von ± 4°. Bei Überschreiten dieser Grenzen tritt eine plötzliche Druckänderung ein. Man kann diese Eigenschaft ausnutzen, um die Sonde in den mittleren Bereich einzustellen. Nach Bild 74 (unten) ist die Anzeige der Scheibensonde nicht abhängig von der Re-Zahl und von der Turbulenz des Luftstroms.

Auch für Überschallgeschwindigkeiten werden Scheibensonden mit keilförmig zugeschärfter Vorderkante verwandt [136], [138], teilweise auch Scheibensonden, die vorn und hinten keilförmig ausgebildet und drehbar gelagert sind, so daß sie sich in die Strömungsrichtung einstellen [137].

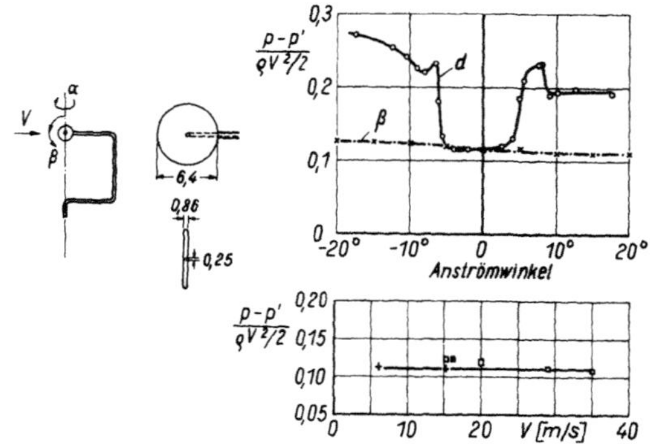

Bild 74
Winkel- und Geschwindigkeitsabhängigkeit der Anzeige eine Scheibensonde nach [136]. Die Symbole des unteren Bildes entsprechen Messungen in verschiedenen englischen Windkanälen verschieden großen Turbulenzgrades. p', p wie Bild 73.

Statische Düsensonden

Bei Überschallgeschwindigkeit ist es nach *H. Schaefer* [138] vorteilhafter, eine zylindrische Form ähnlich einer Venturidüse (Bild 75) zu nehmen, wobei auf dem Außenmantel vier statische Bohrungen verteilt sind.

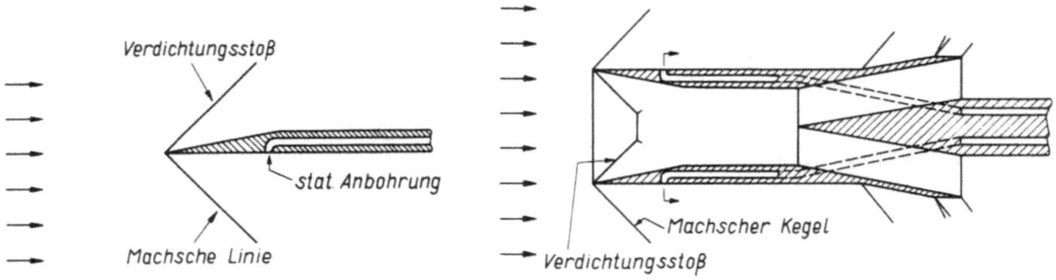

Bild 75
Scheibensonde (oben) und Düsensonde (unten) für Überschallgeschwindigkeiten nach Schäfer [138].

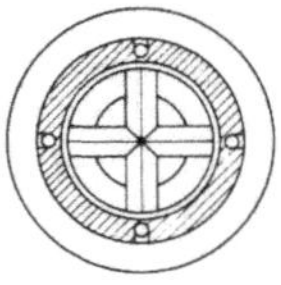

Statische Schleppsonden

Bei Flugversuchen ist es wegen der Flügel- und Rumpfinterferenz oft schwierig, den wirklichen statischen Druck durch eine Sonde in der Nähe der Flugzeugwand zu messen. Für genaue Messungen bei Testflügen sind daher statische Schleppsonden zu bevorzugen, die unter dem Flugzeug an einer ca. 40 m langen Verbindungsleitung nachgezogen und durch Leitflächen in die Anströmrichtung gestellt werden. Bild 76 zeigt eine an der Aerodynamischen Versuchsanstalt Göttingen entwickelte statische Schleppsonde [139].

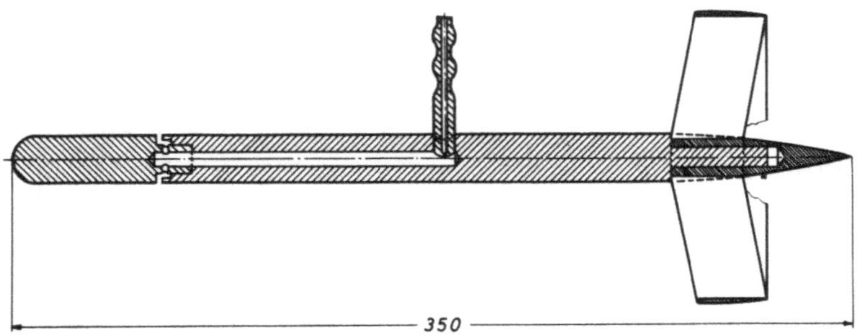

Bild 76. Statische Schleppsonde für Flugmessungen (Abmessungen in mm [139]).

Sonden zur Messung des statischen Druckes an der Wand

Bei dünnen Flügelprofilen ist es oft schwierig, den Verlauf des statischen Druckes durch Wandbohrungen zu messen. *W. W. Willmarth* [140] hat daher eine in Bild 77 dargestellte Anordnung vorgeschlagen, bei der zwei 1 mm dicke Röhrchen, die mit statischen Bohrungen versehen sind, über das Profil bewegt werden. Eine bei Überschallgeschwindigkeit ausgeführte Vergleichsmessung mit einem Mach-Zehnder-Interferometer hat, abgesehen von der Flügelnase, eine ausgezeichnete Übereinstimmung ergeben.

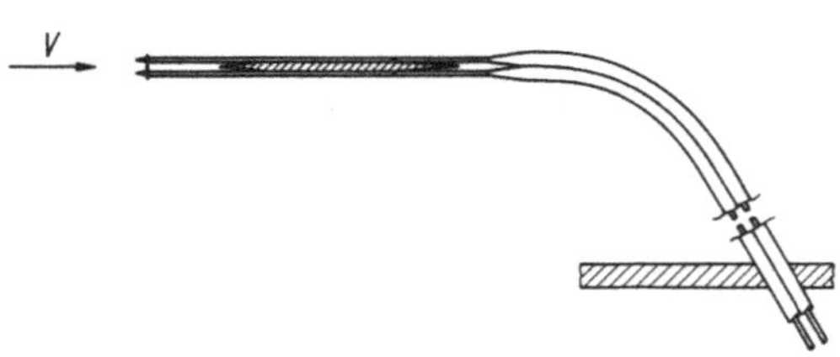

Bild 77
Statische Meßröhrchen zur Messung des Druckverlaufs an dünnen Profilen bei Überschallgeschwindigkeiten nach Willmarth [140].

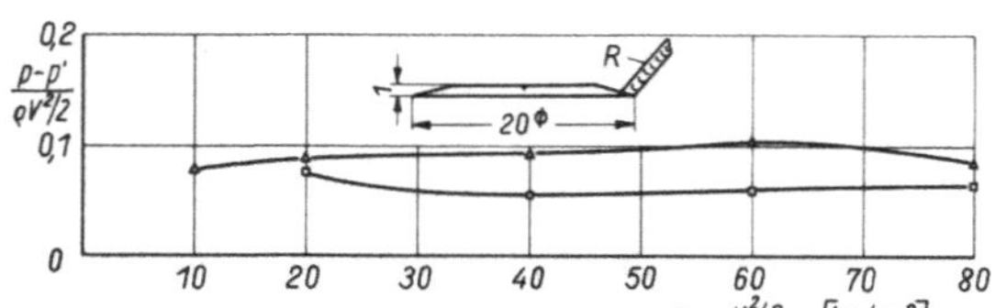

Bild 78
Meßwanze zur Massung des Statischen Druckes an der Wand nach Schwarz [141]. p′, p wie Bild 73. R Rohr zur Druckabnahme, Masse in mm.

Bei niedrigen Geschwindigkeiten hat *F. Schwarz* [141] den statischen Druck an einem Originalflügel im Windkanal durch kreisförmige „Meßwanzen" ermittelt (Bild 78), die natürlich geeicht werden müssen. Es zeigte sich dabei, daß der von der „Meßwanze" angezeigte Druck nahezu konstant um $0{,}08\ \rho/2\ V^2$ kleiner als der wirkliche statische Druck war.

6.2.3.2. Eigenschaften und Meßfehler statischer Sonden

Einen umfassenden Überblick über Eigenschaften und Meßfehler statischer Rohrsonden gibt *W. Gracey* [142].

Richtungseinfluß

Wie aus Bild 73 hervorgeht, bleibt bei der Rohrsonde der Richtungsfehler nur in einem Winkelbereich von $\pm 5^\circ$ unter 1 % des Staudruckes. Wenn die Schräganströmung in einer bestimmten Ebene vor sich geht, kann man durch besondere Anordnung der Wandbohrungen den Richtungsfehler verringern. Bei einem schräg angeblasenen Zylinder ist der Druck etwa in einem Winkelabstand von 30 bis 35° von der Staulinie entfernt gleich Null. Bringt man dort die statischen Bohrungen an, so wird eine solche statische Rohrsonde geringere Richtungsempfindlichkeit zeigen. Untersuchungen von *W. E. Smith* [143] zeigten bei Unterschallgeschwindigkeiten eine Winkelunempfindlichkeit (< 1 % Meßfehler) bis 20° Anstellwinkel. Die Winkelempfindlichkeit in der senkrechten Ebene wird natürlich durch diese Maßnahme nicht verringert. Über ähnliche Ergebnisse berichten *L. W. Walter* und *E. J. Redman* [144] (Bild 71a) und *N. G. Ziegler* [145] für Überschallgeschwindigkeiten bei Anordnung der Löcher in einem Winkelabstand von $\pm 33^\circ$ bzw. $\pm 37{,}5^\circ$.

Eine Winkelunempfindlichkeit in einer Ebene kann auch dadurch genommen werden, daß man auf der Unterseite sieben und auf der Oberseite vier Löcher anbringt (Bild 71b), die so verbunden sind, daß der Mittelwert des Druckes gebildet wird [146], [147].

Machzahleinfluß

Bei hohen Unterschallgeschwindigkeiten gibt es am Sondenkopf lokale Überschallgebiete, die durch einen Verdichtungsstoß abgeschlossen werden. Je nachdem, ob dieser Verdichtungsstoß vor oder hinter den statischen Bohrungen auftritt, ergeben sich verschiedenartige Beeinflussungen [148], [149]. Bei Überschallgeschwindigkeit muß der Stiel so beschaffen sein, daß sich kein abgelöster Verdichtungsstoß im Bereich der Bohrungen ausbildet. Natürlich ist es bei Überschall nicht mehr möglich (wie bei kleinen Strömungsgeschwindigkeiten), den Stieleinfluß zur Kompensation der endlichen Sondenlänge zu benutzen. Die Bohrungen müssen daher bei Überschall weit von der Spitze entfernt liegen [150] (mindestens 8 bis 10 Durchmesser, vgl. Bild 72), wenn nicht, wie bei den Kegelsonden, eine möglichst konstante Abweichung in Kauf genommen werden soll.

Der Kompressibilitätseinfluß auf statische Zylindersonden ist im Unterschallbereich bis Ma = 0,87 von *L. W. Trasher* und *R. C. Binder* [151] mit dem Ergebnis untersucht worden, daß bis zu Ma = 0,25 der kritische Winkel der Bohrungen konstant bei $\pm 39{,}25^\circ$ liegt, dagegen bei Ma $\geq$ 0,4 anwächst.

Reynoldszahleinfluß

Auf den Reynoldszahleinfluß bei Rohrsonden mit ungünstiger Kopfform ist bereits oben hingewiesen worden. Der Reynoldszahleinfluß bei statischen Sonden im Unterschallbereich ist von *L. N. Wilson* [152] untersucht worden.

Turbulenzeinfluß

Dem Einfluß der Turbulenz auf die Anzeige des statischen Druckes ist zuerst von *S. Goldstein* [126] und *A. Fage* [154] nachgegangen worden. Sie fanden, daß der Meßfehler von der Größenordnung $k\rho(\overline{v^2} + \overline{w^2})$ ist, wenn $\overline{v^2}$ und $\overline{w^2}$ die Mittelwerte der Schwankungsquadrate sind und $k = 1/4$. Nach *M. Barat* [155] liegt der Goldsteinsche Fall nur vor, wenn der Durchmesser D der Rohrsonde größer als die Korrelationslänge L ist ($L = \int_0^\infty R(y)\,dy$, wobei $R(y)$ die Korrelationsfunktion der turbulenten Schwankungen ist). Ist der Sondendurchmesser klein gegen die Größe λ der Turbulenzballen ($\lambda = 1/\sqrt{\lim_{y\to 0}[(1 - R(y))/y^2]}$), dann bleibt k klein und negativ. In dem praktisch weitaus häufigsten Fall $\lambda < D < L$ sind jedoch in Versuchen Meßfehler bis zu 5 % des Staudruckes gefunden worden, die sowohl positiv als auch negativ sein können.

6.2.3.3. Einbaufehler und ihre Kompensation

Statische Sonden werden vielfach an verschiedenen Stellen von Flugzeugen eingebaut, z.B. vor der Rumpfnase, vor dem Flügel oder vor dem Seitenleitwerk. Dabei wirkt sich die Interferenz des Flugzeugs als zusätzlicher Meßfehler aus. Nach *W. Letko* [156] verursacht eine Rumpfnase in Halbkugelform den größten, in langgestreckter Ogivalform dagegen den kleinsten Einbaufehler der Sonde. Für die elliptische Rumpfnase wurden ähnliche Ergebnisse auch von *W. Gracey* und *E. F. Scheithauer* [157] gefunden. Einen zusammenfassenden Überblick über weitere Interferenzeinflüsse bei Überschreiten der kritischen Machzahl, bei einem Anstellwinkel des Flugzeugs, bei gepfeilten Tragflügeln u.a. gibt für die oben genannten Einbaumöglichkeiten *W. Gracey* [142]. Ebenso werden die Fehler besprochen, die auftreten können, wenn die statischen Bohrungen an geeigneten Stellen des Rumpfes angebracht werden. *N. S. Silsby* [158] behandelt die Interferenzeffekte bei Überschallgeschwindigkeit. *R. H. Korkegi* [159] hat theoretisch und durch Versuche gezeigt, daß man im transsonischen Bereich die machzahlabhängige Interferenz dadurch kompensieren kann, daß man eine statische Rohrsonde mit kurzem Kegelkopf verwendet, bei der der statische Druck an einer bestimmten Stelle gerade den entgegengesetzten Gang mit der Machzahl hat.

6.2.4. Staurohre

6.2.4.1. Bauarten

Aufstecksonden

In der Herstellung besonders einfach sind „Aufstecksonden" [160], bei denen Gesamtdruck und statischer Druck nacheinander ermittelt werden. Für die Gesamtdruckmessung benutzt man ein vorn zugeschärftes Hakenrohr (Bild 79) von 0,5 bis 2 mm Außendurchmesser, über das man eine Aufstecksonde mit seitlichen Bohrungen schieben kann. Die statischen Bohrungen liegen nach dem Aufstecken ungefähr in der Ebene der Eintrittsöffnung der Gesamtdrucksonde. Durch Einfetten des Gesamtdruckrohres vor dem Aufstecken können Undichtigkeiten vermieden werden.

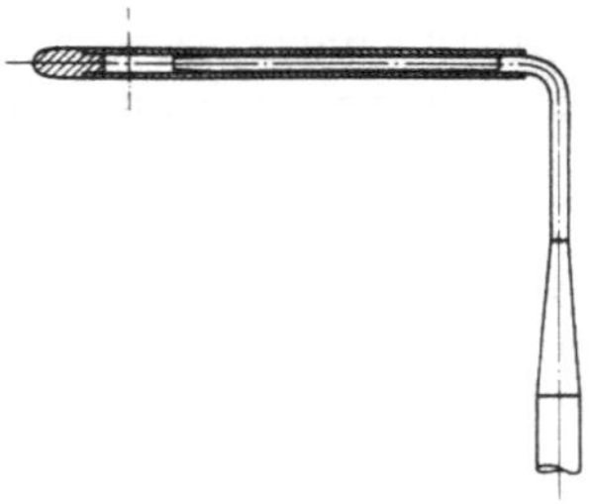

Bild 79
Austecksonde mit statischer Bohrung. Gesamtdruck und statischer Druck werden nacheinander gemessen.

Staudrucksonden mit Halbkugelkopf (Prandtlstaurohr)

Bei dem nach Angaben von *L. Prandtl* [161] hergestellten Staurohr liegt die statische Druckentnahme, die als Ringspalt von der Breite 0,1 D (D Sondendurchmesser) angegeben ist, in 3D Abstand vom halbkugeligen Sondenkopf (Bild 63), wobei der hier herrschende Unterdruck aus der Umströmung des Halbkugelkopfes durch den Vorstau des rechtwinklig angesetzten Stieles im Abstand 8 bis 10 Stieldicken kompensiert werden soll. Durch Eichung einer großen Anzahl von Prandtl-Staurohren verschiedener Herstellerfirmen [160] ist festgestellt worden, daß Ungenauigkeiten von ± 1 % des Staudrucks auftraten. Die Hauptursache der Abweichungen dürfte in Mängeln bei der Ausführung des Ringspaltes liegen, die äußerlich unter Umständen gar nicht feststellbar sind. Wegen dieser Schwierigkeiten hat man heute den Ringspalt zugunsten von Bohrungen verlassen. Außerdem ist die Herstellung dadurch vereinfacht worden, daß man den Stiel mit einem festgelegten Krümmungsradius rechtwinklig abgebogen hat (Bild 63b). Diese Staurohre zeigten bei der Eichung nur Abweichungen von ± 0,1 % des Staudrucks und hatten keine nennenswerte Abhängigkeit von der Re-Zahl. Sie sind im Unterschallbereich bis Ma = 0,9 sowie auch im Überschallbereich bis Ma = 3,0 geprüft worden, ohne daß Unregelmäßigkeiten auftraten. Vergleichende Untersuchungen an Halbkugelkopfsonden sind auch von *K. G. Merriam* und *E. R. Spaulding* [162] durchgeführt worden.

Staudrucksonden mit Kegelkopf

Die ursprünglich von *Brabbee* eingeführte Form des Staurohres mit kegelförmig zugespitztem Kopf (Bild 63c) ist in England lange Zeit als Normstaurohr (NPL tapered nose standard tube) [1], [163] verwandt worden, d.h. bei Einhaltung der geometrischen Abmessungen ist eine Eichung nicht erforderlich. Gegenüber dem Prandtlstaurohr hat es den Nachteil wesentlich größerer Richtungsempfindlichkeit und größerer Empfindlichkeit gegen Beschädigungen.

Staudrucksonden mit Ellipsoidkopf

Bei der Umströmung des Sondenkopfes sowohl eines Prandtlrohres als auch eines Brabbeestaurohres bilden sich Saugspitzen aus, hinter denen sich die Grenzschicht ablöst und dadurch eine von der Reynoldszahl abhängige Beeinflussung der statischen Bohrungen verursachen kann [129]. Daher ist in England ein neues Normstaurohr eingeführt worden, das eine ellipsoidische Nase besitzt. Der Eichfaktor dieser Sonde ist allerdings nicht mehr genau Eins.

Staudruckmultiplikator

Vor allem zur Messung der Fluggeschwindigkeit von Segelflugzeugen benutzt man mitunter Sonden, die einen vergrößerten Staudruck anzeigen, sogenannte Staudruckmultiplikatoren [165]. Hierbei tritt an die Stelle des statischen Druckes der Unterdruck an der engsten Stelle einer Venturidüse. Mit einer einfachen Venturidüse erreicht man Staudruckvergrößerungen um den Faktor 4 bis 5. Vergrößerungen um

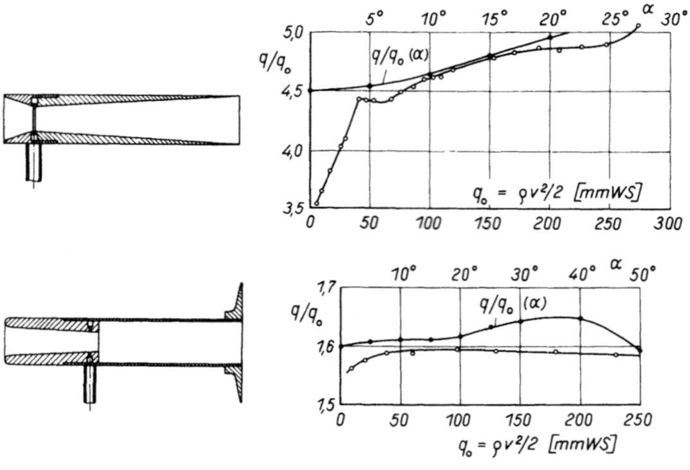

Bild 80. Staudruckmultiplikator (Venturidüse) mit Eichkurven für Winkel- und Reynoldszahlabhängigkeit. Oben: normale Ausführung, unten: geschwindigkeits- und richtungsunempfindliche Düse nach W. Krüger [166]. Der Gesamtdruck wird durch ein gesondertes (im Bild nicht eingezeichnetes) Röhrchen gemessen, das bei manchen Bauarten auch fest mit der Düse verbunden ist.

den Faktor 8 bis 14 ergeben sich mit Venturidoppeldüsen, bei denen eine zweite kleinere in die erste so eingebaut wird, daß der Austrittsquerschnitt der inneren im engsten Querschnitt der äußeren Düse liegt. Alle diese Düsen haben den Nachteil, daß sie stark richtungs- und geschwindigkeitsabhängig sind (Bild 80a). Ein von *W. Krüger* [166] entwickelter Staudruckmultiplikator mit plötzlicher Querschnittserweiterung (Bild 80b) vermeidet diese Kennzahlabhängigkeit, hat allerdings einen wesentlich kleineren Multiplikationsfaktor. Durch eine „Spreizscheibe" am Düsenende ist auch die Richtungsabhängigkeit erheblich vermindert.

Unmittelbar anzeigende Staurohre (Stauscheibenwindmesser)

Von mehreren Firmen werden Staudrucksonden hergestellt, die unmittelbar mit einem Stauscheibendruckmesser verbunden sind. Bei diesem Gerät befindet sich in der Meßkammer ein Doppelflügel, der durch den Differenzdruck gegen die Kraft einer Spiralfeder ausgelenkt wird. Da jedoch zwischen Meßkammer und Flügel ein Spalt vorhanden sein muß, strömt dauernd Luft von der Gesamtdruckbohrung durch den Stauscheibendruckmesser und durch die statischen Bohrungen wieder ins Freie. Wegen dieser ständigen Durchströmung ist es möglich, verschiedene Meßbereiche zu erzielen, indem Düsen verschiedenen Strömungswiderstandes in die Strömung geschaltet werden. Bild 81 zeigt ein Gerät, bei dem in dieser Weise wahlweise vier Meßbereiche (kleinster Bereich 0,2 bis 3,2 m/s, größter Bereich 2,0 bis 50 m/s) durch Drehen an einer der beiden Rändelschrauben eingestellt werden können.

Machmeter

Nach den im Abschnitt 6.2.1 gegebenen Definitionen besteht zwischen dem angezeigten Staudruck $p_g - p_s$ und der Machschen Zahl ein eindeutiger Zusammenhang, wenn der statische Druck p_s bekannt ist. Für den Unterschallbereich gilt beispielsweise

$$Ma^2 = \frac{2}{\kappa - 1}\left[\left(\frac{p_g - p_s}{p_s} + 1\right)^{\frac{\kappa - 1}{\kappa}} - 1\right] .$$

Ein ähnlicher Zusammenhang existiert auch für den Überschallbereich.

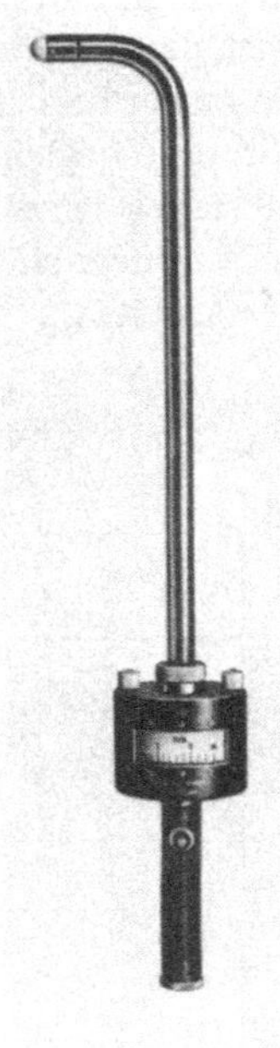

Bild 81
Stauscheiben-Windmesser mit vier Meßbereichen von 0,2–3,2 m/s bis 2,0–50 m/s. (Lambrecht, Göttingen.)

Unmittelbar anzeigende Machmeter [167] sind als normale Flugzeuginstrumente entwickelt worden, bei denen zusätzlich zur Messung des Staudrucks (bzw. des „angezeigten Staudrucks" im Überschallbereich) noch der statische Druck für sich gemessen wird. Beide Meßwerte werden durch sinnreiche Mechanismen so miteinander verknüpft, daß unmittelbar die Machsche Zahl angezeigt wird. Unterschallmachmeter [130] wurden bereits während des Krieges entwickelt und erreichten eine Genauigkeit von 1 % im Bereich Ma = 0,3 bis 1,0 bei Höhen von 0 bis 15 km und Temperaturen von −55 °C bis 70 °C. In der Nachkriegszeit wurden auch transsonische Machmeter mit Meßbereichen von Ma = 0,5 bis 1,5 für Höhen bis 30 km konstruiert, wobei die Hauptschwierigkeit in der Messung der in großen Höhen sehr kleinen Drücke bestand.

6.2.4.2. Meßfehler

Richtungseinfluß

Die Anzeige von Staudrucksonden ist nur in einem kleinen Winkelbereich von der Anströmrichtung unabhängig. Besonders günstig ist in dieser Hinsicht das Prandtlstaurohr, bei dem die Richtungsabhängigkeit der Gesamtdruckbohrung und der statischen Bohrungen sich gegenseitig bei der Differenzbildung weitgehend aufheben. In Bild 82 ist die Richtungsabhängigkeit eines Prandtlstaurohres a mit der eines Brabbeestaurohrs b (NPL-Normstaurohr) und der eines Eltronstaurohrs c verglichen. Wegen der starken Richtungsabhängigkeit des NPL-Normstaurohrs werden in den USA auch Flugzeugstaurohre ähnlicher Form hergestellt, bei denen aber die statischen Bohrungen ungleichmäßig verteilt sind (Bild 71). So wird wenigstens die Empfindlichkeit gegenüber Anstellwinkelveränderungen verkleinert. Weitere Angaben über die Richtungsabhängigkeit von Staudrucksonden mit Halbkugelkopf findet man in einer Arbeit von *W. M. Schulze* und Mitarbeitern [169].

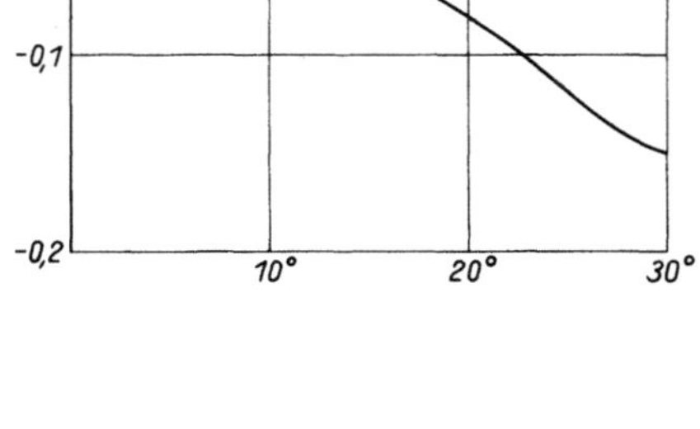

Bild 82

Richtungseinfluß bei einem Prandtlstaurohr a, Brabeestaurohr (NPL-Normstaurohr) b und bei einem vereisungssicheren Eltronstaurohr c.

Machzahleinfluß

Der Einfluß der Kompressibilität auf Prandtlstaurohre ist im Unterschallbereich eingehend von *O. Walchner* [170] beschrieben worden. Es zeigte sich, daß bei Ma = 0,7 erstmalig eine Stoßwelle in dem lokalen Überschallbereich des Sondenkopfes auftritt. Erhebliche Anzeigeänderungen stellen sich jedoch erst kurz vor Erreichen der Schallgeschwindigkeit ein, weil dann der Verdichtungsstoß hinter die statischen Bohrungen wandert. In Bild 83 sind die Anzeigeänderungen in Abhängigkeit von der Machzahl für verschiedene Anströmungswinkel aufgetragen. Auch für andere Bauarten von Staurohren liegt eine Reihe von Untersuchungen über das Verhalten bei Unterschall-, Transschall- und Überschallgeschwindigkeit vor [171]–[175].

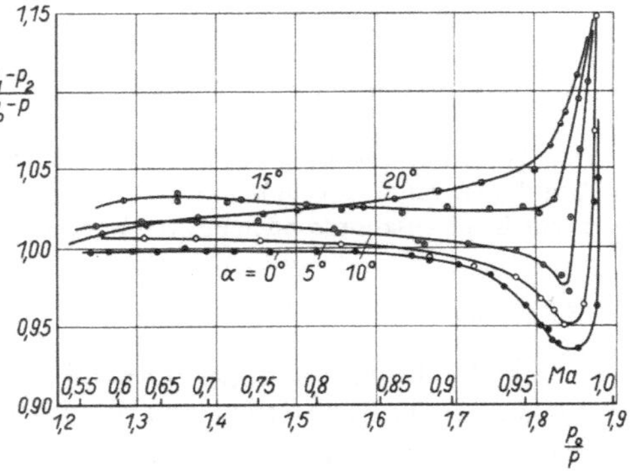

Bild 83
Anzeigeänderungen eines Prandtlstaurohrs in Abhängigkeit von der Machzahl (Unterschall) bei verschiedenen Anstellwinkeln α p statischer Druck, p_0 Kesseldruck, p_1 Druck an der vorderen Öffnung des Prandtlstaurohrs, p_2 Druck an der seitl. Öffnung.

Reynoldszahleinfluß

Nach Angaben von *H. Bäuerle* [160] ist der Re-Zahleinfluß bei dem verbesserten Prandtlschen Staurohr (Bild 63b) vernachlässigbar, solange Re = $VD/\nu > 300$. Für kleinere Re-Zahlen tritt der Barkereffekt in Erscheinung, der bereits im Abschnitt 6.2.2.2 besprochen wurde.

Einbaufehler und deren Kompensation

Staurohre werden vielfach zur Messung der Geschwindigkeit von Flugzeugen benutzt. Wegen der Störungen, die der Flügel verursacht, ist es sehr wesentlich, den Einbau an einer günstigen Stelle vorzunehmen. Als solche ist bei einem symmetrischen Flügel die Stelle 0,15 bis 0,21 unterhalb der Nullauftriebsrichtung und eine halbe Flügeltiefe vor dem Flügel gefunden worden [160]. Eine andere Möglichkeit besteht darin, den Einbaufehler durch geeignete Konstruktion des Staurohrs zu kompensieren. Bei Kompensationssonden (Bild 84) wird der statische Druck hinter einer Stufe abgenommen, was je nach der Größe des Kegelwinkels ψ einen Ausgleich von Unterdrücken von 0 bis 0,15 q ermöglicht. Ein Ausgleich von Unterdrücken ist kaum erforderlich, da Flugzeugstaurohre meist in einem Gebiet erhöhten statischen Druckes angebracht werden. In Bild 84 ist oben ein heizbares Staurohr mit einem Halbkugelkopf wiedergegeben, das in seiner Winkelcharakteristik etwa dem Prandtlrohr entspricht. Die beiden unteren Staurohre sind infolge der gewählten Form auch ohne Heizung sehr vereisungssicher.

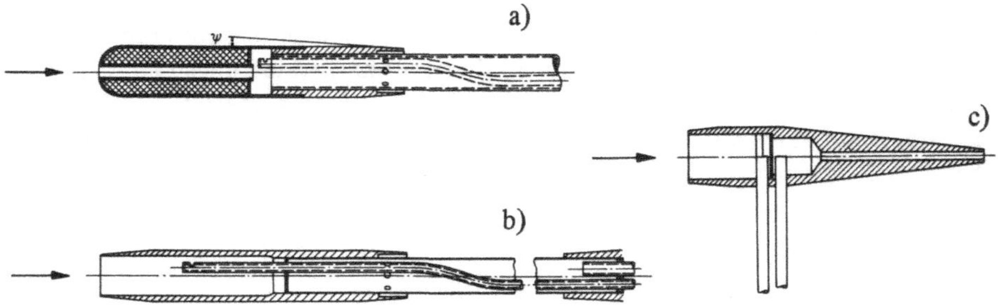

Bild 84. Kompensationsstaudrucksonden (durch entsprechende Wahl des Kegelwinkels können Überdrücke von 0–0,15 q kompensiert werden). a heizbare Kompensationssonde, b, c nichtgeheizte Kompensationssonden mit vereisungssicherer Kopfform.

Vereisung und deren Verhinderung

Die Vereisung von Flugzeugstaurohren kann durch Einbau einer elektrischen Heizung verhindert werden. Die Heizung wird dabei nach Art einer Tauchsiederspirale im Hohlraum der statischen Druckmessung so untergebracht, daß die größte Wärme dem Sondenkopf zuströmt. Die Heizung (ca. 30 bis 130 Watt Heizleistung) muß so angelegt sein, daß auch in ruhender Luft keine Überhitzung eintreten kann.

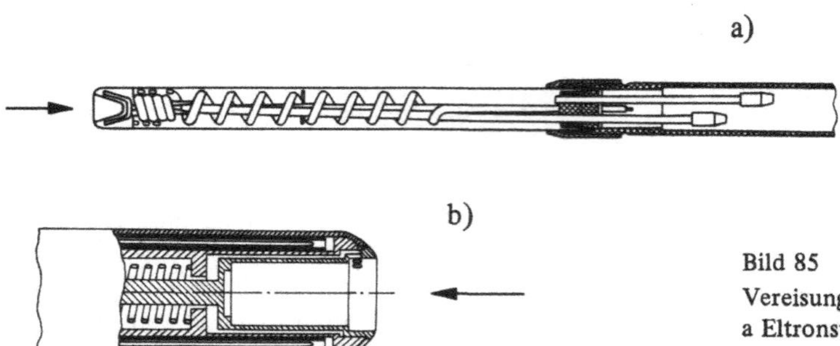

Bild 85
Vereisungssichere Staurohre.
a Eltronstaurohr,
b heizbares Staurohr.

Bild 85 zeigt zwei Ausführungsformen von geheizten Staurohren. Die Winkelcharakteristik weicht von der des Prandtlrohres ab (Bild 82c). Bei dem heizbaren Staurohr (Bild 85 unten) wird die Stauöffnung durch eine drehbare Buchse gebildet. Man kann daher die Gesamtdruckbohrungen für alle Einbaulagen des Staurohres immer nach oben drehen und damit gegen eindringendes Regenwasser schützen. Gebräuchliche amerikanische Staurohre mit eingebauter Heizung sind grundsätzlich entsprechend ausgeführt, jedoch aus der Brabbeeschen Bauart (mit kegeligem Sondenkopf) abgeleitet. Es gibt dabei eine große Zahl verschiedener Typen, die sich z.B. auch hinsichtlich der Art der Verringerung des Richtungseinflusses besonders gegenüber Anstellwinkeländerungen unterscheiden.

6.2.5. Strömungsrichtungssonden

Die Strömungsgeschwindigkeit ist eine vektorielle Größe, d.h. zu ihrer vollständigen Beschreibung muß außer ihrem Absolutwert auch ihre Richtung im Raum angegeben werden. Es sind Sonden entwickelt worden, mit denen man die Strömungsrichtung entweder nur in einer Ebene oder räumlich in zwei zueinander senkrechten Ebenen bestimmen kann. Daneben gibt es aber auch „Strömungsvektorsonden", bei denen Staudruckanzeige und räumliche Richtungsanzeige mit einem einzigen Fühler vorgenommen werden. Für Sonderaufgaben sind auch Sonden gebaut worden, die sich mit Hilfe einer Servosteuerung selbsttätig in die Strömungsrichtung einstellen.

6.2.5.1. Anzeigende Strömungsrichtungssonden

Zur Richtungsmessung benutzt man in ebener Strömung „Zweilochsonden", die zu Dreilochsonden erweitert werden, wenn noch eine zentrale Gesamtdruckbohrung hinzukommt. Räumliche Richtungsmessungen werden in zwei Ebenen durch „Vierlochsonden" vorgenommen, und durch „Fünflochsonden", wenn noch eine Gesamtdruckbohrung hinzukommt. Bei Hinzufügen statischer Bohrungen entstehen daraus „Strömungsvektorsonden". Die Sondenkörper, die diese Bohrungen tragen, können recht verschiedene Bauformen aufweisen, die aus der nachfolgenden Beschreibung hervorgehen.

Fingersonden

Die Anzeige von Gesamtdruckrohren ist zwar in einem begrenzten Winkelbereich nahezu unabhängig von der Strömungsrichtung, jedoch nicht bei großen Winkelabweichungen. Man kann daher zwei symmetrisch schräg zur Strömungsrichtung stehende Röhrchen zur Richtungsmessung benutzen [176]. Man bezeichnet ein derartiges Gerät als „Zweifingersonde". Entsprechend nimmt man für räumliche Strömungen zwei senkrecht zueinander angeordnete Röhrchenpaare („Vierfingersonde"). Die Eigenschaften einer Zweifingersonde (Bild 86a) (insbesondere deren Eichkurve) wurden von *O. Conrad* [177] mit denen anderer Richtungsmeßgeräte verglichen. Durch Hinzunahme eines Gesamtdruckröhrchens hat *F. Busmann* [178] dieses

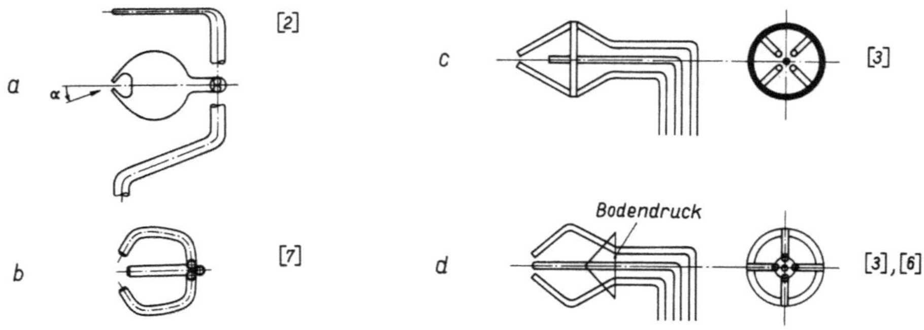

Bild 86. Verschiedene Ausführungsformen von Fingersonden. a Zweifingergerät, b Staudruckkralle nach Busman [178], c Fünffingersonde, d Fünffingersonde mit Kegel. Der Staudruck wird aus der Differenz von Gesamtdruck und Bodendruck hinter dem Kegel bestimmt.

Gerät zu einer „Staudruckkralle" (Bild 86b) erweitert. Nach *W. M. Schulze, G. C. Ashly* und *J. R. Erwin* [179] wird bei Mehrfingersonden die größte Empfindlichkeit erreicht, wenn die Röhrchen miteinander einen Winkel von 120° einschließen und die Vorderflächen mit der Strömungsrichtung einen Winkel von etwa 15° bilden (vgl. Bild 86b). Durch Anordnung eines mittleren Rohres für den Gesamtdruck kann die Vierfingersonde auch zur Staudruckmessung herangezogen werden (Bild 86c). Dabei wird die Differenz des Gesamtdruckes gegenüber dem Druck in einem der vier schrägen Rohre gemessen und durch Eichung mit dem Staudruck verknüpft. Bild 86d zeigt eine verbesserte Ausführung [1], [176], bei der die Differenz zwischen Gesamtdruck und Bodendruck hinter einem Kegel gemessen und mit dem Staudruck verbunden wird. Wegen des verhältnismäßig großen Raumbedarfs werden Mehrfingersonden lediglich bei Richtungsmessungen in Windkanälen benutzt.

Zylindrische Sonden

Zylindersonden mit Kreisquerschnitt werden zur Richtungsmessung in ebenen Strömungen häufig angewandt. Sie sind mit zwei Bohrungen versehen und werden so lange um die Rohrachse gedreht, bis beide Bohrungen den gleichen Druck anzeigen. Wie aus Bild 87 ersichtlich [1], erzielt man bei kleinen Geschwindigkeiten die beste Empfindlichkeit, wenn die Bohrungen um ±45° vom Mittelschnitt entfernt sind. Bei höheren Machzahlen wächst dieser Winkel an und erreicht bei Ma = 0,7 etwa ±68°.

Außer kreiszylindrischen Querschnitten gebraucht man zur ebenen Richtungsmessung auch tragflügelartige Sonden (Bild 87c bis e) [180]. Die Form 87d ist in Strömungsfeldern mit starkem Geschwindigkeitsgradienten besonders geeignet.

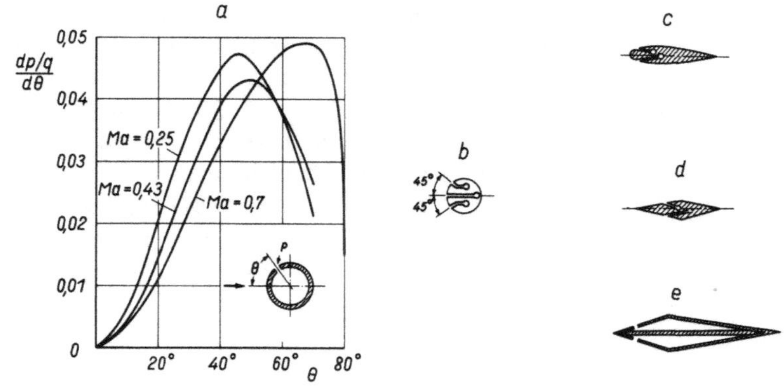

Bild 87. a Winkelempfindlichkeit einer Zylindersonde mit einer einzigen Bohrung in Abhängigkeit vom Anströmwinkel und von der Machzahl (nach [1]). b – e Verschiedene von O. de Vries [180] untersuchte Formen zylindrischer Sonden für ebene Richtungsmessungen.

Kugelsonden

Es ist naheliegend, zur Messung räumlicher Strömungen Meßfühler von Kugelform zu wählen, weil hier eine geringe gegenseitige Beeinflussung der Druckbohrungen zu erwarten ist. Auch sind die Strömungsverhältnisse an einer Kugel in einem großen Re-Zahlbereich bekannt. Nach *F. Krisam* [181] und *A. Shukry* [182] liegt der Re-Zahlbereich, in dem die Drücke nur vom Winkel, nicht aber von der Strömungsgeschwindigkeit abhängen, etwa bei $2 \cdot 10^4 \leqslant VD/\nu \leqslant 1{,}5 \cdot 10^5$ (V Strömungsgeschwindigkeit, D Kugeldurchmesser, ν kinematische Zähigkeit). Verschiedene Ausführungsformen von Kugelsonden (Bild 88) unterscheiden sich vor allem

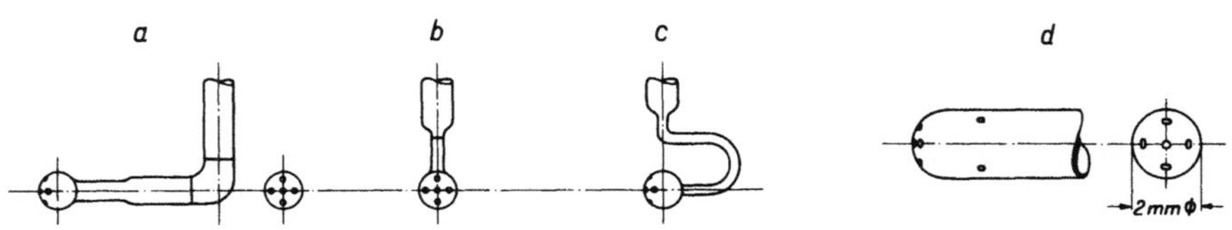

Bild 88. a – c Kugelsonden. a Taylorsche Richtstaukugel, b Kugelsonde nach Van der Hegge-Zijnen [184], c Schwanenhalskugelsonde, d Halbkugelkopfsonde (Laboratoire de Recherches de Saint-Louis.

durch die Anordnung des Haltestiels. Eine Taylorsche Richtstaukugel (Bild 88a) ist von *W. Stieß* [183] mit mechanischer Richtungseinstellung ausgerüstet und geeicht worden. Ein einfacheres, von *Van der Hegge-Zijnen* [184] entwickeltes Verfahren besteht darin, die Sonde nur in einer Richtung (nämlich um die Achse in Bild 88b) in die Windrichtung einzudrehen und in der anderen Richtung die Druckdifferenz an den Bohrungen zu ermitteln. Zur Messung in Strömungen mit starken Geschwindigkeitsgradienten sollte die Kugel möglichst klein sein. *K. Strauß* [185] verwendet eine Kugelsonde mit 3 mm Durchmesser. In der mechanischen Ausführung noch einfacher ist die Methode, die Strömungsrichtungen nur aus den Druckdifferenzen der beiden Lochpaare zu ermitteln, wobei die Eichkurven in Form von Kurvenscharen gegeben sein müssen [186]. Nach *Gutsche* [187] reduzieren sich diese Kurvenscharen auf zwei Kurven, d.h. die beiden Differenzdrücke sind voneinander unabhängig, wenn man die Richtungslöcher auf der Kugel unter einem Abstand von $\pm 30°$ von der Mittelache ausführt.

Halbkugelkopfsonden

Eine wesentlich einfacher herzustellende Sonde erhält man, wenn die Bohrungen auf einem Halbkugelkopf angeordnet werden [1], [188]. *H. Schäffer* [189] hat eine solche Sonde mit 3 mm Durchmesser für Nachlaufmessungen hinter Axialgittern verwendet. Eine gleichartige Sonde mit nur 2 mm Durchmesser ist am Deutsch-Französischen Institut Saint-Louis (Oberelsaß) entwickelt worden (Bild 88d). Das Verhalten solcher Sonden bei hohen Unterschallgeschwindigkeiten und im transsonischen Bereich hat *P. G. Hutton* [190] untersucht.

Sonden mit keil- oder kegelförmigem Kopf

Die bisher beschriebenen Sonden haben vielfach den Nachteil zu großer Abmessungen oder zu großen Abstandes der Bohrungen oder bei kleinen Abmessungen den Nachteil schwieriger Herstellung und enger Bohrungen. Eine günstigere Lösung ist von *O. Conrad* [177] mit dem Doppelrohr (Bild 89a) gefunden worden, das für räumliche Strömungen zum Vierfachrohr (Bild 89h) erweitert wurde. Das Vierfachrohr besitzt vier Bohrungen auf der Mantelfläche eines Kegels, in dessen Spitze zusätzlich eine zentrale Bohrung für den Gesamtdruck angebracht ist. Im zylindrischen Teil der Sonde befinden sich seitliche Bohrungen für den statischen Druck, wobei durch eine bei der Sondenherstellung verschiebbare Manschette der statische Druck einjustiert wird. In der Folgezeit sind eine Reihe ähnlicher Sondenformen entwickelt und getestet worden, von denen einige auf Bild 89 zu sehen sind. Die in Bild 89b dargestellte Doppelrohrsonde ist für mehrere Schneidenwinkel und mehrere Verhältnisse von Rohrinnen- zu Außendurchmesser ausprobiert worden [191]. Dabei stellte sich heraus, daß die Empfindlichkeit mit zunehmendem Schneidenwinkel abnimmt. Bezüglich der Vierlochsonden zeigte sich, daß bei den Pyramidensonden die gegenseitige Beeinflussung von Kippen und Gieren geringer ist als bei der Kegelsonde [191]. Kegelsonden sind bei Überschallgeschwindigkeiten von *M. Cooper* und *R. A. Webster* [192] untersucht worden.

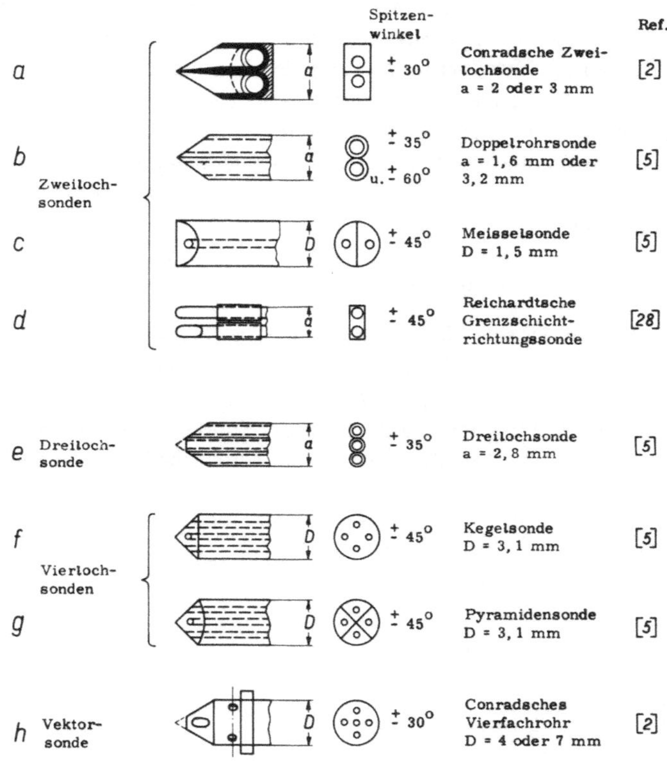

Bild 89. Richtungssonden mit Keil- und kegelförmigem Kopf.

Zur Messung der Richtung von Überschallströmungen verwendet *F. K. Moore* [193] einen Kegel, auf dessen Mantelfläche zwei Gesamtdruckröhrchen angebracht sind, die auf die Kegelspitze zeigen. Die Winkelempfindlichkeit ist auf Winkelabweichungen beschränkt, die kleiner als der halbe Kegelwinkel sind.

6.2.5.2. Sonden mit selbsttätiger Richtungseinstellung

Es ist zeitraubend und Fehlereinflüssen unterworfen, die Strömungsrichtung aus einer Druckdifferenz über eine Eichkurve zu ermitteln. Bequemer sind Nullverfahren, bei denen die Sonde in die Strömungsrichtung eingedreht wird. Es sind Geräte gebaut worden, bei denen diese Einstellung selbsttätig durch eine Servosteuerung vorgenommen wird.

Am Nat. Phys. Lab. in Teddington entwickelte *D. W. Bryer* [194] zur Richtungsmessung in dreidimensionalen Grenzschichten ein Gerät, das als Meßfühler eine Conradsche Zweilochsonde (Bild 89a) benutzt, die über eine Nachsteuereinrichtung um ihre Stielachse in die Strömungsrichtung eingedreht wird. Die Richtung wird fernangezeigt. Dieses Gerät ist mehrfach nachgebaut worden und in englischen Versuchsanstalten in Gebrauch. Eine Weiterentwicklung führte zu einer selbsttätig arbeitenden räumlichen Richtungssonde, die als Meßfühler ein Conradsches Vierfachrohr (Bild 89h) benutzt.

6.2.5.3. *Empfindlichkeit*

In Bild 90 sind die Kurven $\Delta p/q$ (Δp Druckdifferenz zwischen zwei Richtungsbohrungen, q Staudruck) über dem Anströmwinkel α für verschiedene Sondenausführungen aufgetragen. Die Neigung dieser Kurven, d.h. $d(\Delta p/q)/d\alpha$, bezeichnet man als Richtungsempfindlichkeit der Sonde. Die Empfindlichkeit nimmt im allgemeinen mit wachsender Machzahl im Unterschallbereich ab (Bild 91).

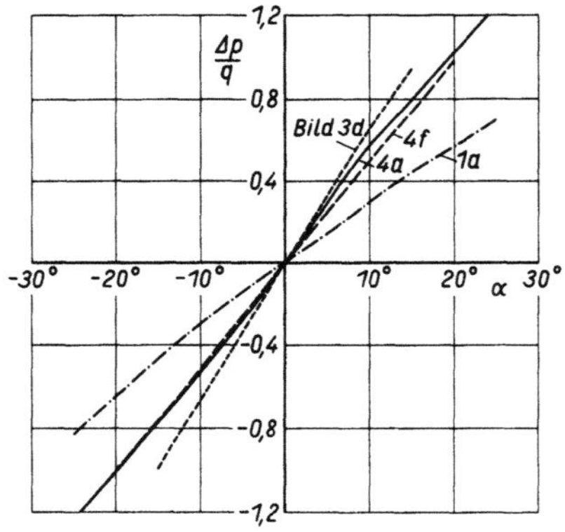

Bild 90

Druckunterschied p im Verhältnis zum Staudruck q in Abhängigkeit vom Anströmwinkel α bei verschiedenen Richtungssonden (bei räumlichen Sonden ist der Gierwinkel $\alpha = 0$).

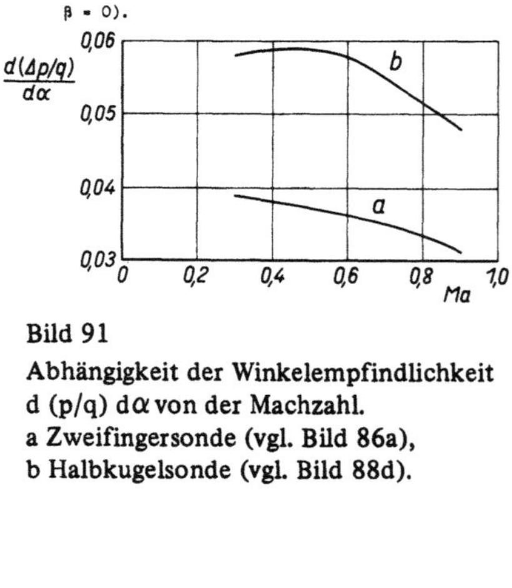

Bild 91

Abhängigkeit der Winkelempfindlichkeit d (p/q) dα von der Machzahl.
a Zweifingersonde (vgl. Bild 86a),
b Halbkugelsonde (vgl. Bild 88d).

6.2.5.4. *Meßfehler*

Gegenseitige Beeinflussung

Bei Vierlochsonden für räumliche Richtungsmessungen beeinflussen Drehungen um die Gierachse auch die Anstellwinkelbohrungen und umgekehrt Anstellwinkeländerungen die Gierwinkelbohrungen. Die gegenseitige Beeinflussung fällt weg, wenn die Sonde wenigstens in der einen Ebene in die Strömungsrichtung eingedreht wird, kann aber übrigens auch durch geeignete Lochanordnung klein gehalten werden.

Einfluß von Geschwindigkeitsgradienten

O. de Vries [180] hat verschiedene Richtungssonden in einem Feld mit starken Geschwindigkeitsgradienten untersucht und dabei gefunden, daß die Ausführungsform nach Bild 87d besonders geringen Gradienteneinfluß ($< 0{,}1^\circ$) aufweist. Allerdings scheint die Formgebung ziemlich kritisch zu sein, denn die ähnlich geformte Sonde nach Bild 87e weist unter gleichen Versuchsbedingungen einen Gradientenfehler von 2° auf.

Eine gegen den Geschwindigkeitsgradienten unempfindliche Abart der Conradschen Zweilochsonde hat *H. Reichardt* entwickelt (Bild 89d). Die beiden abgeschrägten Röhrchen liegen hierbei nicht nebeneinander, sondern übereinander. Die Sonde wird zunächst in eine Ebene konstanten Gesamtdruckes eingedreht, indem auf die Rohrenden gerade abgeschnittene Hülsen übergeschoben werden und auf Druckgleichheit eingestellt wird. Nach Wegschieben der Hülsen wird dann die Richtung bestimmt. *W. Wuest* [195] hat mit einer solchen Sonde Richtungsmessungen in Strömungsgrenzschichten im Bereich von Absaugeschlitzen durchgeführt.

Einfluß der Machschen Zahl

Im Unterschallbereich verringert sich die Winkelempfindlichkeit mit zunehmender Machscher Zahl. Im Überschallbereich liegen nur vereinzelte Messungen an Kegelsonden vor [192].

Einfluß von Erschütterungen

Den Einfluß von Erschütterungen untersuchte *F. A. L. Winternitz* [196] und fand dabei, daß Zylindersonden dagegen besonders empfindlich sind.

6.2.6. Massenflußsonden

Massenflußsonden ermitteln das Produkt $\rho_\infty V_\infty$. Wird gleichzeitig der Pitotdruck gemessen, so können leicht ρ_∞ und V_∞ getrennt bestimmt werden. Massenflußsonden sind auch als Pitotsonden verwendbar. Sie unterscheiden sich von diesen nur dadurch, daß nach der Öffnung eine konische Erweiterung folgt, um die Durchströmungsverluste gering zu halten. Die Öffnung selbst wird möglichst scharfkantig ausgeführt (Bild 92) [197], [198]. Bei hohen Ruhetemperaturen nimmt man gekühlte Massenflußsonden (Bild 93) [199].

Entsprechend der schematischen Darstellung von Bild 92 geht die Messung in der folgenden Weise vor sich: Die Sonde ist sowohl mit einer Absaugpumpe als auch

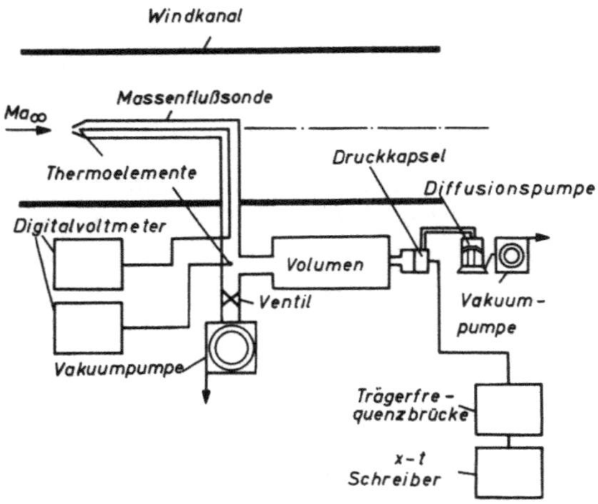

Bild 92
Messung des Massenflusses.

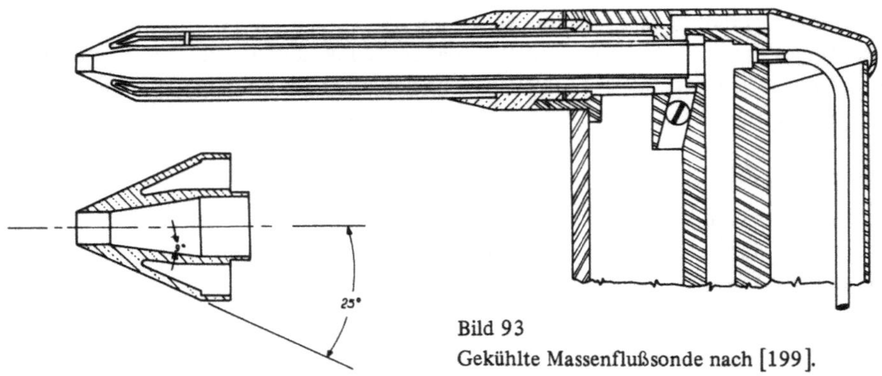

Bild 93
Gekühlte Massenflußsonde nach [199].

mit einem Behälter von bekanntem Volumen verbunden. Die Absaugemenge muß so groß sein, daß der Verdichtungsstoß vor der Sondenöffnung eingesaugt wird. Wenn nun plötzlich die Pumpe durch Betätigen eines Ventils abgeschaltet wird, steigt der Druck im Behälter zunächst linear an und erreicht dann einen Sättigungswert, der dem Pitotdruck entspricht. Aus dem Druckanstieg Δp je Zeitintervall Δt findet man den Massenfluß zu:

$$\rho_\infty V_\infty = \frac{1}{F_s} \cdot \frac{\Delta p}{\Delta t} \cdot \frac{\overline{V}}{RT} ,$$

wobei F_s die Öffnungsfläche der Sonde ist. Bei nichtgekühlten Sonden muß die Materialausdehnung berücksichtigt werden, weshalb in der Sondenspitze ein Thermoelement zur Temperaturbestimmung angeordnet wird. Auch die Gastemperatur beim Eintritt in den Behälter wird gemessen. Erfahrungsgemäß liegt sie nahe bei der Umgebungstemperatur (z.B. 20 °C). Ein Einfluß der Reynoldszahl besteht nach [197] erst für $\rho_\infty V_\infty r/\mu_2 < 5$, wenn r der Halbmesser der Sondenöffnung ist.

6.3. Elektrische und magnetische Meßverfahren

6.3.1. Hitzdrahtanemometer

Der an einem elektrisch beheizten Meßfühler verbeifließende Gas- oder Flüssigkeitsstrom kühlt diesen ab, so daß bei konstanter Heizleistung die Temperatur des Fühlers ein Maß für die Strömungsgeschwindigkeit ist. Als Meßfühler werden vorzugsweise dünne Drähte wegen der kurzen Ansprechzeit verwandt (Hitzdraht-Anemometer) [200]–[202]. Wo die kurze Ansprechzeit nicht erforderlich ist, sind auch robustere Meßfühler (Thermosonden) in Gebrauch.

Die Wärmeabgabe eines Hitzdrahtes folgt bei mäßigen Geschwindigkeiten hinreichend genau der Kingschen Formel [203], die man mit den Hitzdrahtdaten ausdrücken kann durch:

$$J^2 \frac{R_H}{R_H - R_0} = \frac{1}{R_0 \alpha} \left(\lambda_L + \sqrt{2\pi\, d \lambda_L\, \rho_L \cdot c_p\, V} \right).$$

Hierbei ist J der Hitzdrahtstrom, R_H Heißwiderstand, R_0 Kaltwiderstand, α Temperaturkoeffizient des Widerstandes, λ_L, ρ_L Wärmeleitfähigkeit und Dichte der Luft, d Hitzdrahtdurchmesser, V Windgeschwindigkeit.

Die Kingsche Formel ist nur für inkompressible Strömung bei genügend großer Reynoldszahl anwendbar. Allgemein gilt:

$$Nu = g(Ma) + B(Pr) \cdot f(Ma) \cdot Re^{1/2} \quad .$$

Im inkompressiblen Grenzfall $Ma = 0$ und für $Pr = 0{,}7$ (Luft) ist

$$Nu = 0{,}690\sqrt{Re} + 0{,}315 \quad .$$

Die Reynoldszahl wird hierbei mit dem Drahtdurchmesser d gebildet. Für die Nusseltsche Zahl Nu bekommt man:

$$Nu = \frac{J^2 R_H}{\pi l \lambda_L \Delta T} \quad .$$

Messungen im transsonischen und Überschallbereich liegen von *W. G. Spangenberg* [204], *H. H. Lowell* [205] und *L. S. G. Kovasznay* [206], [207] vor. Für Überschallmachzahlen $Ma > 1{,}2$ ergibt sich nach [201]:

$$Nu = 0{,}580\sqrt{Re} - 0{,}795 \quad ,$$

wobei alle Strömungsparameter nach dem senkrechten Stoß anzunehmen sind. Da negative Nusseltzahlen physikalisch keinen Sinn haben, gilt diese Formel nur für genügend große Reynoldszahlen. Über das Verhalten von Hitzdrähten bei kleinen Reynoldszahlen (geringer Gasdichte), aber hohen Machzahlen fehlen noch ausreichende Informationen.

Bei Schräganblasung eines sehr langen Drahtes sollte nur die Komponente normal zum Draht eingehen. Die endliche Drahtlänge führt jedoch bei Schräganblasung zu axialen Gradienten und damit zu Abweichungen vom cos-Gesetz [208].

Bezüglich der elektrischen Schaltung sind zwei Verfahren im Gebrauch:

a) Konstantspannungsverfahren. Die am Hitzdraht liegende Heizspannung ist konstant. Die Widerstandsänderung bewirkt eine Brückenverstimmung, die mit empfindlichen Galvanometern oder mit elektronischer Anzeigeverstärkung gemessen werden kann. Dieses Verfahren erlaubt die Ermittlung sehr kleiner Gasgeschwindigkeiten, hat aber den Nachteil, daß die Anzeigeempfindlichkeit mit wachsender Windgeschwindigkeit abnimmt. Der Hitzdraht wird nicht optimal ausgenutzt.

b) Die Hitzdrahttemperatur bzw. der Widerstand wird konstant gehalten. Die Änderung der Heizspannung oder des Heizstromes ist ein Maß für die Windgeschwindigkeit. Bei diesem Meßverfahren kann die Abnahme der Empfindlichkeit bei zunehmenden Strömungsgeschwindigkeiten weitgehend kompensiert werden. Handelsübliche Hitzdrahtanemometer arbeiten vorwiegend nach dieser Methode.

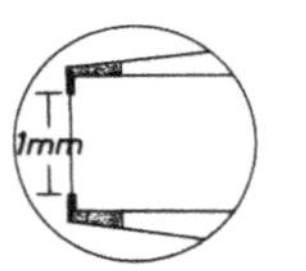

Bild 94
Hitzdrahtgeber (DISA).

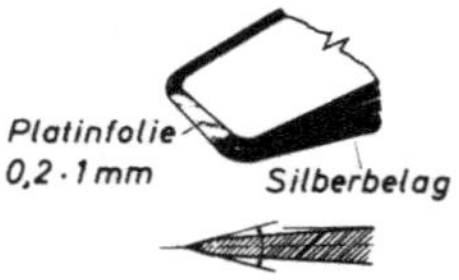

Bild 95
Heißfoliengeber (DISA).

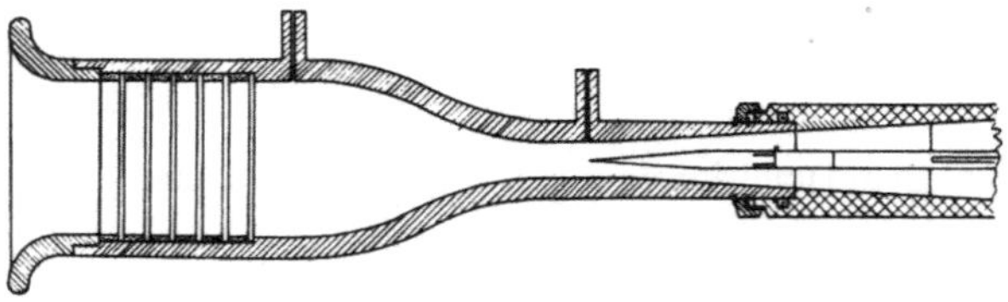

Bild 96
Eichkanal für Hitzdrahtsonden (DISA).

Für das Auflöten der sehr dünnen Hitzdrähte sind verschiedene Methoden vorgeschlagen worden. Handelsübliche Hitzdrahtgeber verwenden platinüberzogenen Wolframdraht von etwa 0,005 mm Durchmesser. Der dünne Wolfraumdraht ist mit seinen beiden Nickelhaltern (Bild 94) durch ein kombiniertes Aufschweiß- und Galvanoverfahren verbunden. Hitzdrähte sind sowohl gegen Erschütterungen als auch gegen Staub sehr empfindlich [209]. Bei schwierigen Umgebungsbedingungen sind daher Heißfoliengeber (Bild 95) günstiger [210]. Das Meßelement besteht dabei aus einer auf einen Pyrex-Glashalter aufgeschmolzenen Platinfolie von etwa 0,2 x 1 mm Ausdehnung. Beim Arbeiten mit Hitzdrähten und Heißfolien muß die statische Eichkurve regelmäßig nachgeprüft werden. Hierzu sind spezielle kleine Windkanäle entwickelt worden, die einen Luftstrom sehr geringer Turbulenz liefern und einen schnellen Einbau der Meßgeber gestatten (Bild 96). Um angenähert lineare Eichkurven zu erhalten, es zweckmäßig, die elektrische Leistung (Quadrat der Brückenspannung) über der Wurzel aus der Windgeschwindigkeit aufzutragen (Bild 97). Über die Verwendung von Hitzdrähten zur Turbulenzmessung siehe Abschnitt 10.2.

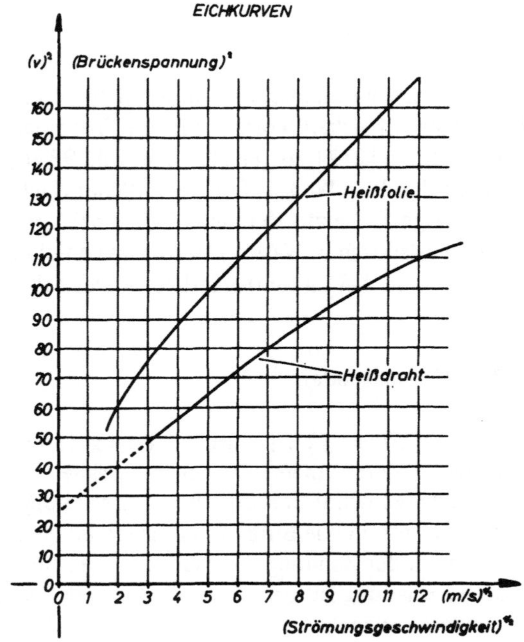

Bild 97
Eichkurven für Hitzdraht- und Heißfoliengeber bei kleinen Strömungsgeschwindigkeiten.

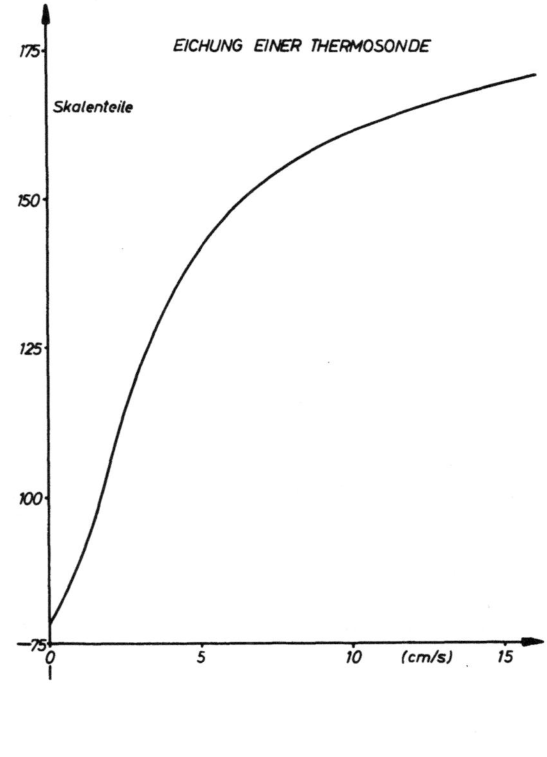

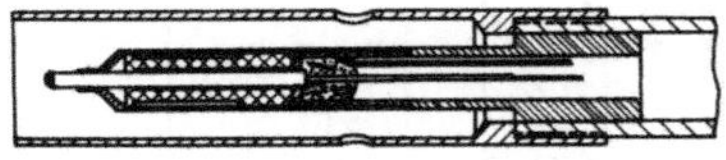

Bild 98
Eichkurve einer thermoelektrischen Sonde in Wasser.

6.3.2. Thermosonden

Wegen der mechanischen Empfindlichkeit von Hitzdrähten sind auch robustere Meßfühler entwickelt worden, die mit Thermoelementen [211], Thermosäulen oder Thermistoren [212] ausgerüstet sind. Bild 98 zeigt die Eichkurve einer thermoelektrischen Sonde in Wasser. Ein wesentlicher Nachteil ist die Temperaturabhängigkeit der Anzeige. Geheizte Meßfühler haben bei Verwendung in Wasser den weiteren Nachteil, daß sich in Wasser gelöste Gase abscheiden und die Wärmeabgabe beeinträchtigen, so daß unkontrollierbare Anzeigeabweichungen auftreten.

6.3.3. Koronasonden

Von *W. Fucks* [213] wurde erstmalig 1944 auf die Möglichkeit hingewiesen, elektrische Vorstromentladungen zur trägheits- und rückwirkungsfreien Messung der Windgeschwindigkeit und ihrer Schwankungen zu verwenden. Unter Vorstromentladungen sind alle Entladungsformen mit steigender Charakteristik zu verstehen, die sich vor der Zündung einer Glimm- oder Bogenentladung ausbilden können. Die Koronaentladung ist hierbei wegen ihrer relativ großen Stromstärke für Meßzwecke besonders geeignet. Aufgrund der Selbstständigkeit der Korona entfällt die Notwendigkeit einer Fremdionisierung, was den Bau einfacher Meßgeräte ermöglicht.

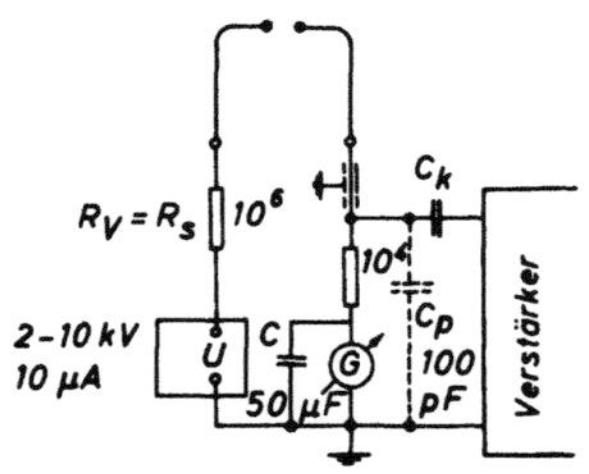

Bild 99
Zweikugel-Koronasonde.

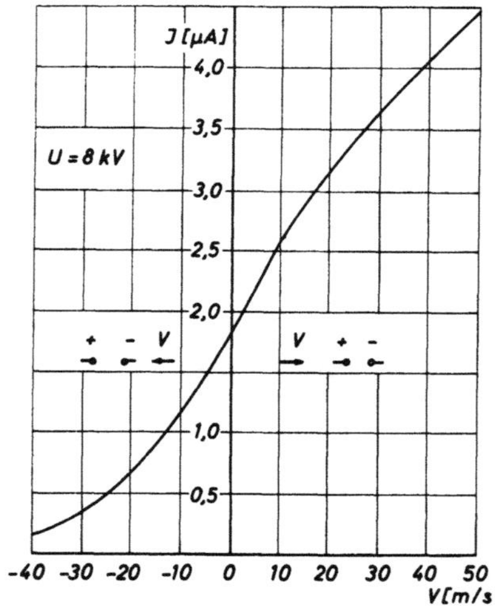

Bild 100
Statische Eichkurve einer Zweikugel-Koronasonde.

Bild 99 zeigt diese Anordnung mit zwei Platinkugeln von 0,8 mm Durchmesser als Elektroden [367], Bild 100 die statische Eichkurve der Zweikugelsonde für eine Spannung von 8 kV. Wird eine Vorionisierung mit Hilfe einer außerhalb der Entladungsstrecke angeordneten α-Strahlenquelle vorgenommen, kann der Arbeitsbereich zu kleineren Strömungsgeschwindigkeiten verlagert werden [214]. Die Hauptanwendung der Koronasonde liegt auf dem Gebiet der Messung turbulenter Schwankungen (Abschnitt 10.3).

6.3.4. Elektro-Akustische Meßverfahren

Akustische Verfahren sind bisher nur vereinzelt zur Messung von Strömungsgeschwindigkeiten im Bereich von 0,1 bis 100 cm/s benutzt worden [215]. Die etwa 10 cm voneinander entfernten Schallgeber und -empfänger wechseln dauernd ab, folglich geht nur die Phasendifferenz der stromauf und stromab laufenden Wellen in die Messung ein.

6.3.5. Magnetische Meßverfahren

Magnetische Strömungsmeßverfahren erfordern ein elektrisch leitendes Medium. Bei Flüssigkeiten (z.B. Wasser) genügt dabei die natürlicherweise vorhandene Ionenkonzentration. Magnetische Meßverfahren sind besonders geeignet, um den Durchfluß kleiner Mengen durch dünne Kapillaren zu messen, z.B. die Durchflußmenge von Blut durch feine Adern. Auf die Einzelheiten soll hier nicht eingegangen werden Sie können dem Buch von *J. A. Shercliff* [216] entnommen werden. Man hat versucht, nach dem gleichen Prinzip Strömungssonden zu bauen, wobei in der schiffchenartigen Sonde Magnetwicklungen angeordnet wurden [217].

7. Druckmessung

Bei strömungstechnischen Untersuchungen spielt die Messung der Druckverteilung an den Wänden der umströmten Körper eine wesentliche Rolle. Im folgenden sollen daher zunächst die durch Druckmeßbohrungen verursachten Meßfehler behandelt werden. Die durch Druckmeßbohrungen oder Drucksonden aufgenommenen Druckwerte werden durch Druckleitungen auf das Meßgerät übertragen. Hierbei können sowohl Meßfehler als auch Anzeigeverzögerungen entstehen. Schließlich ist auch die geeignete Auswahl des Druckmeßgerätes für die jweilige Aufgabe von wesentlicher Bedeutung.

7.1. Druckmeßbohrungen

Druckmeßbohrungen dienen zur Messung des statischen Druckes längs eines umströmten Körpers. Sie werden also ebenso wie die Bohrungen statischer Sonden tangential angeströmt. Auch hierbei sind Meßfehler möglich. Der durch Rauhigkeit [218] oder Gratbildung des Bohrlochrandes hervorgerufene Fehler kann durch sorgfältige Herstellung vermieden werden. Weitere Fehler können jedoch durch Sekundärströmungen im Bohrloch selbst entstehen und hängen von der Geometrie des Bohrloches und der Strömung in Wandnähe ab.

7.1.1. Einfluß der Bohrloch-Abmessungen auf die Anzeige des statischen Druckes

Kreisförmige Bohrungen sind von *G. Fuhrmann* [219], *R. E. Rayle* [220], *A. Miyadzu* [221] und *A. K. Ray* [222] untersucht worden. Im allgemeinen wurden dabei positive Fehler (statischer Druck im Bohrloch größer als der ungestörte statische Druck) gefunden, die annähernd linear mit dem Bohrungsdurchmesser ansteigen. Mit wachsendem Verhältnis von Bohrungstiefe zu Bohrungsdurchmesser nimmt die Abweichung zunächst ebenfalls zu, erreicht aber für $l/d > 1{,}5$ einen konstanten Wert [223]. Nur bei sehr kleiner Bohrungstiefe und einer Erweiterung hinter dem Bohrloch stieß man auf negative Abweichungen [219], [222]. Nach *R. Shaw* [223] ist die Druckabweichung Δp mit der Wandschubspannung τ_0 durch folgende Beziehung verknüpft:

$$\frac{\Delta p}{\tau_0} = f\left(\frac{d}{\nu}\sqrt{\frac{\tau_0}{\rho}}, \frac{l}{d}\right) \quad . \qquad (7.1)$$

Bild 101 zeigt das gemessene Verhalten von $\Delta p/\tau_0$ für verschiedene Verhältnisse l/d in Abhängigkeit von der Reynoldszahl $d/\nu\sqrt{\tau_0/\rho}$. Bild 102 erläutert den Einfluß eines Bohrgrates der Höhe ϵ. Die im Vergleich dazu gestrichelt eingezeichnete Kurve für ein geglättetes Bohrloch verdeutlicht die große Wirkung des Bohrgrats.

Ebenso können auch Staubteilchen einen wesentlichen Einfluß haben. Vom praktischen Standpunkt hat nicht unbedingt das kleinste Loch den geringsten Fehler, da für eine gegebene Größe des Staubkorns oder Bohrgrats der Fehler um so größer ist, je kleiner der Lochdurchmesser ist, und somit den mit kleinerem Lochdurchmesser sich verringernden Fehler durch Sekundärströmungen wohl aufwiegen kann.

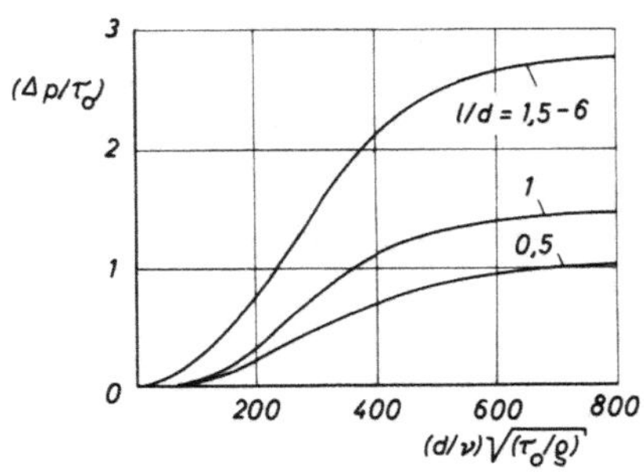

Bild 101

Verhältnis der Druckabweichung p zur Wandschubspannung ϵ_0, bei einer Wandanbohrung mit Durchmesser d und Länge l (nach Shaw [223]).

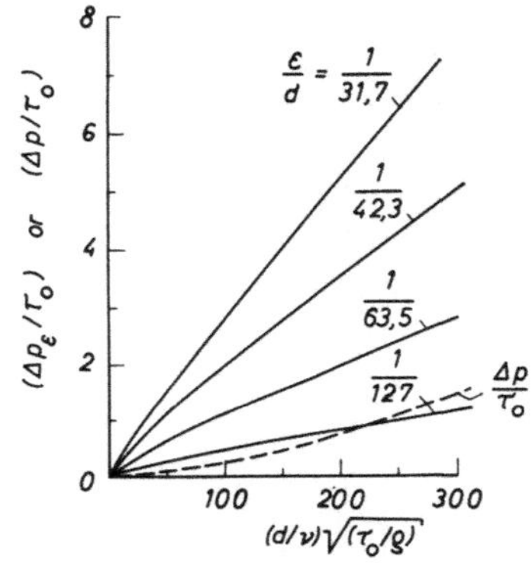

Bild 102

Einfluß eines Bohrgeräts der Höhe ϵ auf die Anzeige einer statischen Druckmeßbohrung des Durchmessers d und der Länge l = 4d. Die gestrichelte Kurve zeigt den Fehler bei einer beglätteten Bohrung. (nach Shaw [223]).

7.1.2. Einfluß der Form der Wandöffnung

Statt kreisförmiger Wandbohrungen benutzt man häufig auch Schlitze, die vorzugsweise quer zur Strömung verlaufen. Theoretisch ist von *A. Thom* und *C. J. Apelt* [225] gefunden worden, daß der Druck im Schlitz größer als der ungestörte Druck ist, wenn die Schlitztiefe mehr beträgt als die Schlitzbreite. Die Abweichung steigt mit zunehmender Reynoldszahl. Bei geringer Schlitztiefe wurde dagegen von *D. J. Kettle* [129] ein entgegengesetzter Fehler gemessen.

Die Strömung in einem in Strömungsrichtung verlaufenden Schlitz hat experimentell *F. Krause* [226] untersucht. Danach entspricht der im Schlitz gemessene Druck unabhängig von der Größe eines Druckgradienten in Schlitzrichtung dem Wert an der Stelle, die um 12 % der Schlitzlänge hinter dem Schlitzanfang liegt. (Gilt für $Re_b = Ub/\nu \leqslant 60$, wobei b die Schlitzbreite ist.) Auch der Einfluß der Öffnungsformen (scharfkantig und abgerundet) sowie der Machzahleinfluß wurde untersucht [220].

7.2. Druckmeßleitungen

Die Ansprechzeit von Druckmeßsystemen hängt sowohl von dem Volumen des Meßinstruments und der Druckmeßleitungen als auch vom Strömungswiderstand der Leitungen und der Druckmeßbohrung selbst ab. Mit abnehmender Gasdichte steigt der Strömungswiderstand und damit die Ansprechzeit.

Man betrachte ein vereinfachtes Druckmeßsystem, das nur aus einer Leitung kleinen Durchmessers und einem konstanten Volumen am Ende der Leitung besteht. Bei einer plötzlichen Druckänderung am offenen Anfang der Leitung (Druckmeßstelle) wird der Druck im Volumen am Ende der Leitung (Druckmeßinstrument) nur asymptotisch sich diesem Wert nähern. Die Zeit, bis 99 % (oder 99,9 %) der anfänglichen Druckdifferenz erreicht ist, nennt man „Ansprechzeit". Daneben kann man noch eine „Zeitkonstante" definieren, die der Zeit entspricht, die zum Ausgleich erforderlich wäre, wenn der Druck stets mit der Anfangssteigung anwächst (Bild 103).

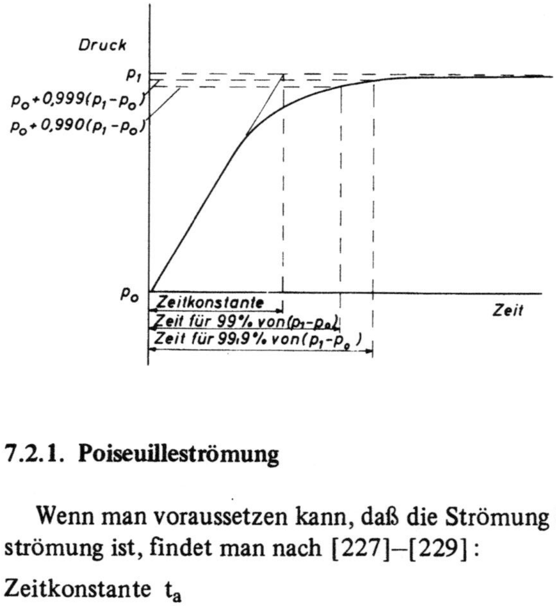

Bild 103
Zeitkonstante und Ansprechzeit von Druckmeßsystemen.

7.2.1. Poiseuilleströmung

Wenn man voraussetzen kann, daß die Strömung in der Leitung eine Poiseuilleströmung ist, findet man nach [227]–[229]:

Zeitkonstante t_a

$$t_a = \frac{p_1 - p_0}{(dp/dt)_{t=0}} = \frac{128\,\mu\,(V + kv)\,l}{\pi\, d^4\, p_m} , \tag{7.2}$$

Ansprechzeit t_p

$$t_p = \frac{128\,\mu\,(V + kv)\,l}{\pi\, d^4\, p_1} \left\{ \ln \frac{p_1 + p}{p_1 - p} - \ln \left(\frac{p_1 + p_0}{p_1 - p_0} \right) \right\} . \tag{7.3}$$

Hierbei ist V das Volumen des Behälters (Meßinstrument), kv wirksamer Anteil des Volumen der Leitungen, l, d Länge und Durchmesser der Leitung, p_0 anfänglicher Druck, p_1 Druck am offenen Leitungsende, $p = 0{,}999\, p_1 + 0{,}001\, p_0$ bzw. $p = 0{,}99\, p_1 + 0{,}01\, p_0$ je nach der Definition der Ansprechzeit.

Nach *Lilley* und *Morton* [229] tritt bei Berücksichtigung der endlichen Schallausbreitungsgeschwindigkeit auf der rechten Seite von Gl. (7.3) noch ein Glied $1/a_0$ hinzu, wobei a_0 die Schallgeschwindigkeit bezeichnet. Dieses Glied ist jedoch meist vernachlässigbar.

Die obigen Beziehungen können auch auf den Fall ausgedehnt werden, daß die Leitung Abschnitte verschiedenen Durchmessers enthält. Man betrachtet dann eine äquivalente Länge l_e einer Leitung konstanten Durchmessers d, die gegeben ist durch:

$$l_e = l + d^4 \sum_{i=1}^{n} \frac{l_i}{d_i^4} \quad . \tag{7.4}$$

Die Druckmeßbohrung wird dabei ebenfalls als Rohrstück berücksichtigt.

7.2.2. Gleitströmung

Bei sehr kleinen Gasdichten tritt Gleiten der zähen Strömung an der Wand ein. Nach *W. T. Davis* [230] erhält man dann für die Zeitkonstante

$$t'_a = \frac{128\,\mu\,(\overline{V} + k\overline{v})\,l}{\pi\, d^3 \left[p_m \cdot d + 2\left(\frac{2}{f} - 1\right) \mu \left(\frac{\pi p}{2\rho}\right)^{1/2}\right]} \quad , \tag{7.5}$$

wobei f den Anteil der diffus reflektierten Moleküle bezeichnet (bei technischen Oberflächen ist $f \approx 1$).

Nach *M. J. Larcombe* und *J. W. Peto* [231] bekommt man für die Ansprechzeit:

$$t'_p = \frac{128\,\mu\,(\overline{V} + k\overline{v})\,l}{\pi\, d^4\,(p_1 + p_c)} \left[\ln\left(\frac{p_1 + p}{p_1 - p}\right) - \ln \frac{p_1 + p_0}{p_1 - p_0} + \ln\left(\frac{1 + \frac{2p_c}{p_1 + p}}{1 + \frac{2p_c}{p_1 + p_0}}\right)\right], \tag{7.6}$$

wobei
$$p_c = 8\left(\frac{\pi}{1}\right)^{1/2} \left(\frac{2}{f} - 1\right) \frac{\mu}{d\left(\frac{\rho}{p}\right)^{1/2}}$$

die Dimension eines Druckes hat. Für $p_c \to 0$ geht $t'_p \to t_p$.

Nach [231] kann man diese Beziehungen auch auf Systeme mit abschnittsweise verschiedenen Rohrdurchmessern ausdehnen. Allerdings ist jetzt die äquivalente Länge l_e druckabhängig.

7.2.3. Freie Molekülströmung

Bei einem Rohr endlicher Länge gilt für die Zeitkonstante in freier Molekülströmung

$$t_a'' = \sqrt{\frac{2RT}{\pi}} \frac{4}{d^2} \frac{(\bar{V} + k\bar{v})}{C(l/d)} \quad ,$$

wobei die Funktion C(l/d) nach *P. Clausing* in Bild 104 aufgetragen ist. Für große Werte von l/d ist $C \sim (4/3)(d/l)$ und daher

$$t_a'' \approx \sqrt{\frac{RT}{2\pi}} \cdot \frac{61}{d^3} (\bar{V} + k\bar{v}) \quad .$$

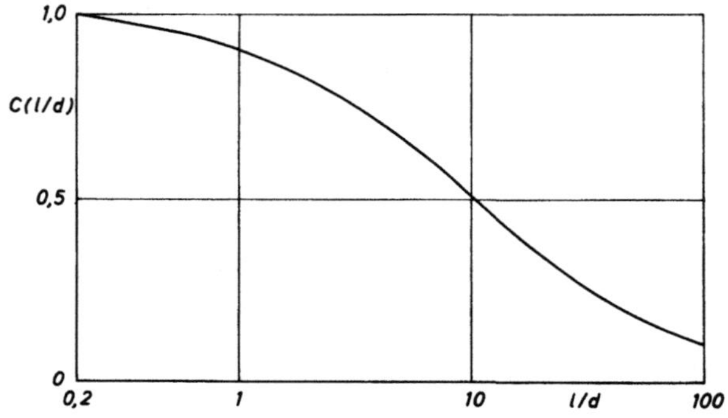

Bild 104
Hilfsfunktion zur Bestimmung der Zeitkonstanten von Rohren endlicher Länge in freier Molekülströmung.

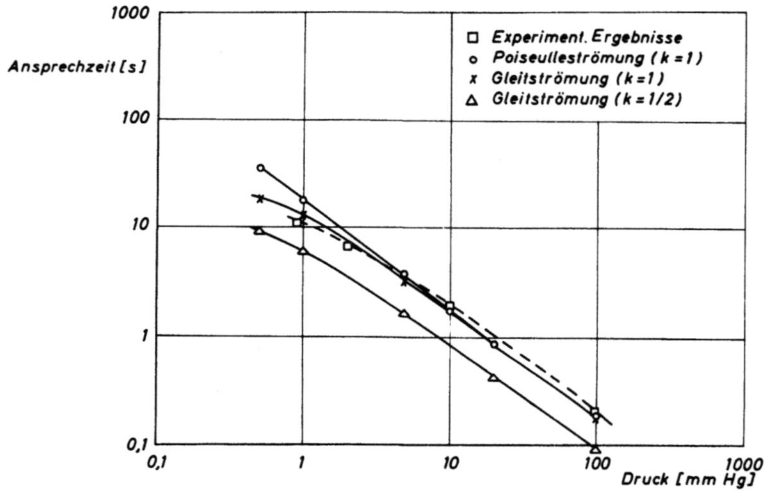

Bild 105. Vergleich von experimentellen und theoretischen Ergebnissen für die Ansprechzeit von Druckmeßsystemen.

7.2.4. Experimentelle Ergebnisse

Beonsere Unsicherheit besteht hinsichtlich des Faktors k. Während einige Autoren das Leitungsvolumen ganz vernachlässigen (k = 0) und andere dieses voll berücksichtigen (k = 1), wird von manchen ein Mittelwert k = 1/2 vorgeschlagen. Nach Messungen [231], von denen Bild 105 ein Beispiel wiedergibt, besteht für k = 1 die beste Übereinstimmung zwischen Theorie und Experiment. Dieses Bild läßt erkennen, daß in den meisten Fällen die für eine Poiseuilleströmung abgeleitete Form genau genug ist und erst bei Drücken unter 3 mm Hg Abweichungen merkbar werden.

7.3. Druckmeßgeräte

7.3.1. Allgemeines

Die technische Einheit des Druckes ist die „technische Atmosphäre" (1 at = 1 kp/cm^2), die physikalische Druckeinheit ist das Bar (1 Bar = 1,019 72 at). In der Strömungsmeßtechnik werden vorwiegend die Einheiten mm Wassersäule (1 mm WS = 10^{-4} at) oder mm Hg (1 mm Hg = 1 Torr = 1,359 · 10^{-3} at) benutzt. Tabelle XII gibt eine vergleichende Übersicht für die Umrechnung der verschiedenen Druckeinheiten.

Die Druckmessung umspannt einen sehr weiten Bereich von etwa 10^{-12} bis 10^5 at wobei allerdings für die Strömungsmeßtechnik vorwiegend der von 10^{-6} bis 10^3 at von Interesse ist. Im folgenden werden die verschiedenartigen Druckmeßgeräte nach ihrer Wirkungsweise unterteilt. Vakuum-Druckmeßgeräte sowie Vielfach-Druckmesser werden besonders behandelt.

7.3.2. Flüssigkeits-Feindruckmesser

Die Ausgangsform des Flüssigkeits-Feindruckmessers ist das U-Rohr mit zwei gleichen Schenkeln. Bei einem Druckunterschied stellt sich ein Spiegelunterschied ein, der nach Multiplikation mit der Flüssigkeitsdichte gleich der Druckdifferenz ist. Diese Grundform hat jedoch den Nachteil, daß zwei Flüssigkeitskuppen beobachtet werden müssen. Die Beobachtung nur eines Meniskus ist im allgemeinen nicht genau genug, weil z.B. Meßfehler durch Hängenbleiben der Flüssigkeit an der Rohrwand entstehen können. Macht man aber den einen Schenkel sehr viel weiter als den anderen, so haben hängenbleibende Tropfen keinen erheblichen Einfluß auf die Spiegelhöhe im weiten Schenkel mehr. Es genügt dann, nur einen Flüssigkeitsspiegel abzulesen. Bei der Ermittlung der wahren Spiegeldifferenz muß man allerdings die Absenkung des weiten Gefäßes beachten, sofern sie nicht schon durch die Teilung des Ablesemaßstabes berücksichtigt ist.

Über die Sperrflüssigkeiten und deren Temperaturkorrekturen berichtet eingehend *E. Nickel* [232]. Wasser hat einen geringen Temperaturgang, aber schlechte Kapillareigenschaften, während Alkohol und Toluol ihr spezifisches Gewicht um etwa 0,1 % je grd ändern. Flüssigkeiten, deren spezifisches Gewicht 2...4 g/cm^3 beträgt und die daher die zwischen Wasser und Quecksilber bestehende Lücke ausfüllen könnten, sind zwar bekannt, werden aber selten angewandt. Dagegen greift man zu Silikon DC 200 (Dow Corning Corporation) als manometrische Flüssigkeit, weil es im Gegensatz zu Äthylalkohol kein Wasser aufnimmt. Vergleichende Versuche haben *Smith* und *Murphy* [233] durchgeführt.

Bei senkrechtem Flüssigkeitsschenkel kann eine Verbesserung der Ablesegenauigkeit durch optische oder elektrische Hilfsmittel erreicht werden (Vertikalrohrmanometer). Es läßt sich aber auch durch Neigen des Rohres eine mechanische Vergrößerung der Meniskusbewegung erzielen (Schrägrohrmanometer).

Tabelle XII. Umrechnung der Druckeinheiten

	kp/cm^2 at	kp/m^2 mmWS	Atm (760 Torr)	Torr	Bar
1 kp/cm^2 = 1 at	1	10^4	0,967 84	735,56	0,980 665
1 kp/m^2 = 1 mmWS	10^{-4}	1	$0{,}967\,84 \cdot 10^{-4}$	0,073 556	$0{,}980\,665 \cdot 10^{-4}$
1 Atm	1,033 23	$1{,}033\,23 \cdot 10^4$	1	760	1,013 25
1 Torr	$1{,}359\,51 \cdot 10^{-3}$	13,591	$1{,}315\,79 \cdot 10^{-3}$	1	$1{,}333\,22 \cdot 10^{-3}$
1 Bar = 10^3 mb = 10^6 μb	1,019 72	$1{,}019\,72 \cdot 10^4$	0,986 42	750,05	1

7.3.2.1. Vertikalrohrmanometer

Geräte mit einfacher Ablesevorrichtung

Einfache ein- und zweischenklige U-Rohr-Manometer werden in vielen Ausführungsformen hergestellt. Hochwertigere Geräte dieser Art besitzen Einrichtungen zum Vermeiden der Parallaxe und Ableseschieber mit Noniusteilung.

Geräte mit optischer Vergrößerung des Meniskus

Optische Zusatzeinrichtungen zum Ablesen der Flüssigkeitskuppen sind vielfach angewandt worden. Beim Steilrohrmanometer nach *Prandtl* (Bild 106) wird der Meniskus an einem Hohlspiegel gespiegelt und durch eine Lupe vergrößert abgelesen.

Bei richtiger Einstellung müssen sich wirklicher und gespiegelter Meniskus gerade berühren. Das Gerät weist noch eine Besonderheit auf: Um auch bei schwankenden Drücken bequem richtige Mittelwerte ablesen zu können, lassen sich die in Verbindung zwischen dem weiten und dem engen Schenkel Kapillaren verschiedener Länge in den Flüssigkeitsweg einschalten. Zur Erhöhung der Ablesegenauigkeit kann die Lupe durch einen Mikroskopvorsatz ersetzt werden, wobei man für geringe Differenzdrücke (bis 30 mm Alkoholsäure) die Verschiebung des Mikroskopträgers durch eine Meßuhr ermittelt.

Im Guggenheim Aeronautical Laboratory ist noch eine andere Anordnung [234] entwickelt worden, bei welcher der Meniskus auf eine Mattscheibe projiziert wird. Projektionseinrichtung und Mattscheibe sind auf einem mittels Schraubenspindel beweglichen Schlitten befestigt. Die Spindel wird solange gedreht, bis der projizierte Meniskus mit einer Indexlinie auf der Mattscheibe zur Deckung kommt. Die Drehung der Spindel und damit die Druckhöhe kann an einem mechanischen Zählwerk abgelesen werden. Als Sperrflüssigkeit verwendet man blau gefärbtes Silikon DC 200. Die Genauigkeit wird mit 0,005 mm Flüssigkeitssäule bei einem Meßbereich von 30 mm angegeben. Auf der gleichen Grundlage ist auch ein Differentialmanometer konstruiert worden [235].

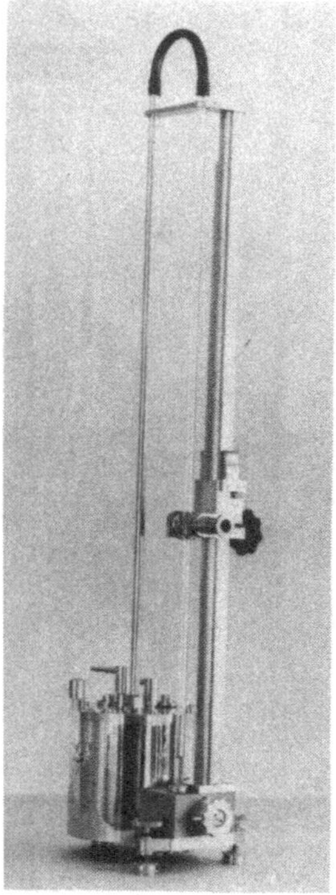

Bild 106
Steilrohrmanometer nach Prandtl.

Mechanische Abtastung des Meniskus durch einen Schwimmer

a) *Projektionsmanometer.* Beim Projektionsmanometer nach *Betz* [236] (Bild 107) trägt ein Schwimmer C eine Glasskala, die in 20facher Vergrößerung auf einer Mattscheibe abgebildet wird. Auf der Glasskala sind bezifferte Marken angebracht, die jeweils einem Druckunterschied von 1 mmWS entsprechen. Auf der Mattscheibe ist dieses Intervall durch eine feststehende Skala noch feiner unterteilt. In Bild 107 ist das Mattscheibenbild dargestellt, das einer Druckdifferenz von 327,37 kg/m^2 entspricht. Die Meßunsicherheit des Projektionsmanometers ist im wesentlichen durch die ungünstigen Kapillareigenschaften des Wassers gegeben und beträgt etwa 0,1 kg/m^2. Bei Verwendung einer anderen Sperrflüssigkeit könnte also eine höhere Genauigkeit gewonnen werden. An das normale Gerät mit einem Meßbereich von 400 mmWS kann noch ein Zusatzgerät angeschlossen werden, das den

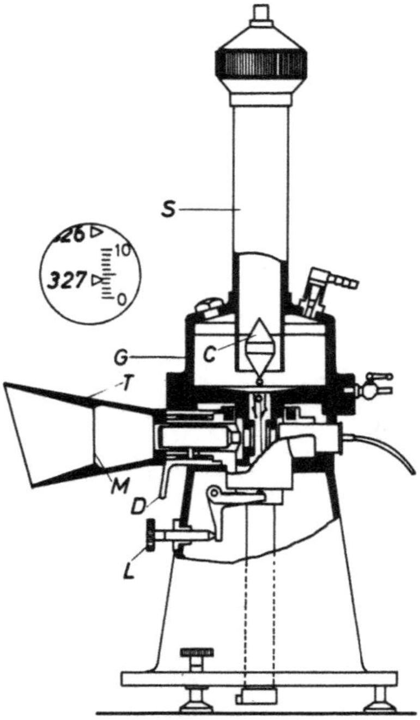

Bild 107
Projektionsmanometer nach Betz.

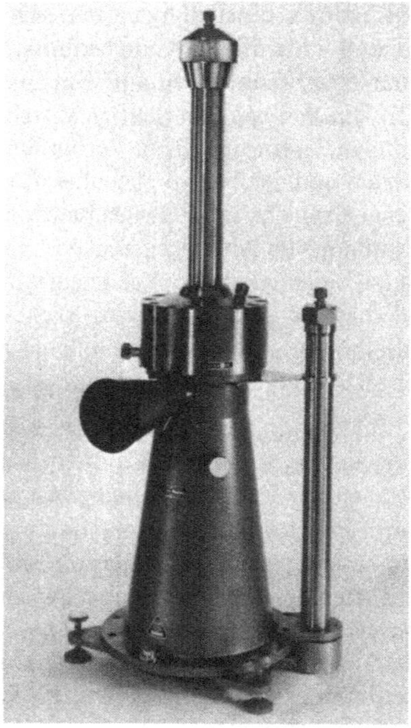

Bild 108
Projektionsmanometer nach Betz mit Meßbereichsverdoppler.

Meßbereich auf 800 mmWS verdoppelt (Bild 108). Die Wirkung der Zusatzeinrichtung ist grundsätzlich vergleichbar mit einer Umschaltung von einem U-Rohr mit ungleichen Schenkeln auf ein solches mit gleichen Schenkeln. Registrierende Projektionsmanometer wurden mehrfach gebaut [237], [238]; bei ihnen wird die Flüssigkeitssäule unmittelbar auf das Registrierpapier projiziert.

b) *Lichtzeigermanometer.* Für kleine Druckmeßbereiche kann man die Schwimmerbewegung auf einen Drehspiegel übertragen und durch eine Lichtzeigeranordnung vergrößert aufzeichnen. Verschiedene Ausführungsformen hat *D. B. Spalding* [239] untersucht, wobei Ablesegenauigkeiten von etwa 2 μWS erreicht wurden.

c) *Magnetschwimmermanometer.* Der Schwimmer wird in diesem Fall als starker Hohlmagnet ausgebildet, so daß als Sperrflüssigkeit wegen des hohen Schwimmergewichtes nur Quecksilber in Betracht kommt. Bei einer speziellen Ausführung [240] wird das nichtmagnetische Steigrohr vom magnetischen Ende eines Waagebalkens umfaßt, dessen Bewegung seinerseits auf das Anzeige- oder Schreibwerk übertragen wird.

Geräte mit elektrischer Abtastung des Meniskus

a) *Widerstandsabtastung.* Eine schon 1903 vorgeschlagene Methode [241] zur Abtastung der Quecksilbersäule besteht darin, in das Rohr einen Widerstandsdraht einzulegen, der durch das vordringende Quecksilber kurzgeschlossen wird [242]. Verwandt damit ist das Verfahren, eine größere Anzahl von Kontakten anzubringen, die durch das vordringende Quecksilber kurzgeschlossen werden [240]. Durch geeignete Wahl der Widerstandsstufen zwischen den einzelnen Kontakten kann eine gewünschte Charakteristik der Anzeige erreicht werden. Man macht davon vor allem zur Radizierung der Druckwerte bei der Mengenmessung Gebrauch. Zur Abtastung feiner Spiegelunterschiede kann man auch zwei Elektroden in die Flüssigkeit eintauchen; der Strom ist dann abhängig von der Eintauchtiefe der Elektroden.

b) *Induktive Abtastung.* Induktive Verfahren zur Abtastung einer Flüssigkeitssäule sind bisher nur wenig angewandt worden. Man kann über einem Quecksilberspiegel zwei Spulen anbringen und die eine mit einer konstanten Frequenz beaufschlagen; die in der zweiten Spule erzeugte Spannung ist vom Abstand der Spulen vom Flüssigkeitsspiegel abhängig. Bei einem Meßbereich von 1 mmHg ist eine Empfindlichkeit von 0,01 mmHg zu erzielen. Ein Gerät dieser Art ist als Nullinstrument entwickelt worden [243].

c) *Kapazitive Abtastung.* Auch die kapazitive Abtastung ist bisher nur für Quecksilber als Sperrflüssigkeit angewandt worden. Im wesentlichen sind dabei zwei Bauarten zu unterscheiden:

1. Kleiner Meßbereich, Meniskus als Plattenkondensator. Eine oberhalb des Flüssigkeitsspiegels angebrachte Platte bildet mit der Quecksilberkuppe zusammen einen Plattenkondensator veränderlicher Kapazität. Die Kapazitätsänderungen werden in Frequenzänderungen umgeformt [244]. Bei einem Meßbereich von 2,5 mmHg ist eine Genauigkeit von 0,1 ... 0,2 μHg zu erlangen.
2. Großer Meßbereich. Flüssigkeitssäule als Zylinderkondensator. Das Manometerrohr wird außen mit einer Metallfolie umkleidet, die mit der Quecksilbersäule einen Zylinderkondensator veränderlicher Kapazität bildet. Bei einem Meßbereich von 180 mmHg ist eine Genauigkeit von 0,4 mmHg erzielt worden.

Geräte mit photoelektrischer Abtastung

Zur Abtastung des Meniskus einer durchsichtigen Flüssigkeit (Wasser oder Alkohol) kann eine Anordnung benutzt werden, bei der das von einem Kondensor gesammelte Licht das Glasrohr durchdringt und auf die Schlitzblende einer Photozelle fällt. Ist das Glasrohr im Bereich des Lichtstrahles mit Flüssigkeit gefüllt, so wirkt es als Zylinderlinse, in deren Brennpunkt die Schlitzblende angeordnet ist. Die Photozelle erhält also viel Licht, während bei flüssigkeitsfreiem Glasrohr nur wenig Licht in die Photozelle dringt [245].

7.3.2.2. Schrägrohrmanometer

Die Empfindlichkeit eines U-Rohrmanometers, also die Bewegung des Meniskus für eine gegebene Druckänderung, kann durch Schrägstellen umgekehrt zum Sinus des Neigungswinkels gesteigert werden. Meist wählt man ein ungleichschenkliges U-Rohr und neigt nur den engen Schenkel. Die Empfindlichkeit wird dann umgekehrt zu $(f/F + \sin\beta)$ erhöht, wenn f und F die Querschnittsflächen des engen und des weiten Schenkels sind.

Einfache Schrägrohrmanometer (Ausschlaggeräte)

Einfache Schrägrohrmanometer werden von einer Anzahl von Firmen industriell hergestellt und insbesondere zur Überwachung von Feuerungen und Öfen benutzt. Bei geringen Neigungswinkeln sind sie allerdings nicht sehr genau, weil z.B. Fehler wegen nicht gerader Rohrachse auftreten können. Man unterscheidet Geräte mit fester Schräglage („Krellmanometer") von solchen mit stufenweise veränderlicher Schräglage („Recknagelmanometer").

Kompensations-Schrägrohrmanometer

Bei Geräten dieser Art wird der Meniskus im geneigten Rohr stets wieder in die gleiche Lage zurückgeführt. Dies kann entweder dadurch geschehen, daß der eine der beiden Schenkel des U-Rohres vertikal bewegt wird oder der Neigungswinkel des Schrägrohres geändert wird oder das U-Rohr in zwei Ebenen geneigt wird.

a) *Vertikalbewegung des einen Schenkels.* Die vielen ausgeführten Lösungen sehen entweder vor, daß das Reservoir [233] oder die geneigte Kapillare gehoben bzw. gesenkt wird. Die Nachsteuerung kann entweder von Hand oder selbsttätig durch einen Servomotor erfolgen. *Patterson* und *Seymour* [246] beschreiben ein Registriermanometer, bei dem im Schrägrohr zwei nahe beieinander gelegene Kontakte angebracht sind, die durch Quecksilber kurzgeschlossen oder geöffnet werden und dadurch einen Servomotor in Bewegung setzen, der das Ausgleichsgefäß hebt oder senkt. Die Nachsteuerbewegung wird unmittelbar auf das Registriergerät übertragen. Der Einfluß der Temperatur auf die Lage des Nullpunktes wurde von *MacMillan* [247] ausführlich untersucht. Durch geeignete Wahl der Abmessungen kann der Temperaturfehler zum Verschwinden gebracht werden.

b) *Nullstellen durch Neigungsänderung.* Wenn man den Meniskus im Schrägrohr durch Ändern der Neigung wieder in die Ausgangslage zurückführt, hat man den Vorteil, daß die Empfindlichkeit dem jeweiligen Druck angepaßt wird. Dieser bereits von *Rosenmüller* eingeführte Konstruktionsgedanke ist neuerdings wieder aufgegriffen worden [248].

c) *Nullstellen durch Neigungsänderung in der Querebene (Hebelmanometer).* Zur Messung kleiner Drücke (bis 2,5 kg/m²) dient das von *A. Betz* angegebene Hebelmikromanometer (Bild 109), dessen Grundelement ein kleines, fast waagerecht liegendes U-Rohr ist, das um zwei senkrecht aufeinander stehende Achsen x und y geneigt werden kann. Die Neigung um die x-Achse wird durch die Stellschrauben der Bodenplatte bewirkt. Sie dient der Empfindlichkeitseinstellung. Bei Druckungleichheit wandern die beiden Menisken aus und werden durch Neigen um die y-Achse, also durch Verstellen des Hebels mit dem Trieb, wieder zum Gleichstand gebracht. Ist a der Abstand der beiden Röhrchen, so ist die Druckdifferenz a sinα, und die Skala ist unmittelbar nach dieser Größe teilbar.

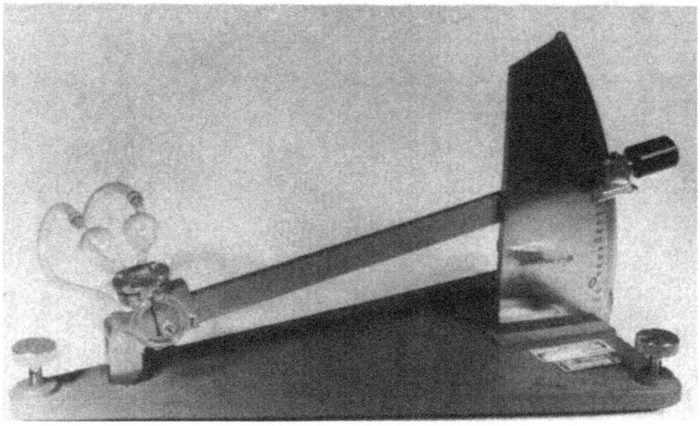

Bild 109
Hebelmikromanometer nach Betz.

7.3.3. Feindruckwaagen

Der Druck ist als eine auf die Flächeneinheit wirkende Kraft definiert. Diese Erklärung liegt unmittelbar den Meßverfahren zugrunde, bei denen der auf einen Kolben oder eine Meßkammer wirkende Druck durch eine Gegenkraft ausgewogen wird. „Druckwaagen" oder „Kolbenmanometer" werden in der Technik vielfach als Eich- oder Betriebsinstrumente bei hohen Drücken angewandt [249], [250]. Aber auch bei niedrigen Drücken, wie sie in der Strömungstechnik vorkommen, werden Druckwaagen in verschiedenen Ausführungsformen benutzt. Sie sollen hier unter der Bezeichnung „Feindruckwaagen" zusammengefaßt werden. Wegen der Kleinheit der Kräfte kommen nur unabgedichtete Kolben in Betracht oder Meßkammern, die durch eine Sperrflüssigkeit abgedichtet werden.

7.3.3.1. Geräte mit freiem Kolben

Zwischen Kolben und Zylinder oder Trennwand ist stets ein Spalt und damit eine mit der Druckdifferenz anwachsende Spaltströmung vorhanden. Bei der angestrebten Kleinheit des Spaltes besteht eine lineare Abhängigkeit zwischen der durchströmenden Menge und dem Druckunterschied, und man definiert als „Spaltstrommenge" Q_1 die Menge in mm^3/s je kg/m^2 Druckunterschied. Als Folge des Spaltstromes fließt auch durch die Sonden oder Druckbohrungen, mit denen das Meßgerät verbunden ist, Luft oder Flüssigkeit und ruft dort einen Druckabfall p_0 hervor, der als Meßfehler in Erscheinung tritt. Die Angabe des Meßgerätes ist also mit einem Korrekturfaktor zu versehen, der von den Abmessungen der Meßbohrung abhängt. Es ist zweckmäßig, für Instrumente mit Spaltstrom einen „Normalkorrekturfaktor" f_0 anzugeben, der sich auf einen Strömungswiderstand mit festgelegten Abmessungen bezieht. Bei der unten beschriebenen Kleindruckwaage wird z.B. f_0 auf eine Bohrung von 3 mm Durchmesser und 200 mm Länge bezogen. Für Meßbohrungen mit dem Durchmesser d in mm und der Länge l in mm errechnet sich dann der Korrekturfaktor f zu:

$$\frac{f-1}{f_0-1} = \frac{l/200}{(d/3)^4}$$

a) *Axialkolbengeräte.* Der geradlinig bewegte Kolben kann entweder durch Federgelenke gehaltert, durch in Schneiden gelagerte Hebel geführt, durch Drehbewegung zentriert oder durch Luftstützquellen reibungslos gehalten werden. Unter Luftstützquellen sind dabei gleichmäßig über den Umfang des zu führenden Kolbens verteilte Drucköffnungen zu verstehen, durch die in radialer Richtung Luft eingepreßt wird, die gewissermaßen ein Polster bildet und den Kolben zentriert.

Die reibungslose Kolbenführung durch Federhalterung wird beim Drucknullindikator nach *J. Schoen* [251] angewandt. Bei diesem Gerät wirkt die Differenz der beiden zu vergleichenden Drücke auf ein von zwei Quarzfäden getragenes leichtes Kölbchen, das sich in einer durchsichtigen Plexiglaskammer befindet. Die Auslenkung des Kölbchens wird lichtelektrisch in ein Wechselstromsignal umgewandelt, indem durch eine rotierende Blende moduliertes Licht die Meßkammer durchdringt und auf eine Fotozelle fällt. Nach entsprechender Verstärkung wird das Wechselstromsignal einer Nachsteuereinrichtung zugeführt, die bestrebt ist, auf beiden Seiten des Kölbchens Druckgleichheit herbeizuführen. Dies kann z.B. dadurch geschehen, daß der Vergleichsdruck einem Druckpotentiometer entnommen wird und nach erfolgtem Abgleich die Stellung des Potentiometers ein Maß für den zu messenden Druck ist. Im abgeglichenen Zustand ist keine Spaltströmung vorhanden. Die Empfindlichkeit wird etwa mit 0,001 kg/m^2 Druckdifferenz angegeben.

Schneidengelagerte Druckluftwaagen [252] werden vor allem zum Konstanthalten von Drücken benutzt. Hierbei strömt Druckluft über ein Drosselventil in einen kleinen Windkessel, der durch einen aufgeschliffenen und am Waagebalken befestigten Deckel abgeschlossen wird. Die Druckluft hebt den Deckel ab und es strömt soviel Luft ab, bis Gleichgewicht mit der auf den Deckel drückenden Kraft besteht. In Großausführung werden derartige Druckluftwaagen zum Konstanthalten des Vorkammerdruckes in Windkanälen in Form der sogenannten Schrenkschen Regler benutzt.

Eichgeräte mit während der Messung frei rotierendem, gewichtsbelastetem Kolben wurden zur Messung in Luft für einen kleinsten Bereich von 200 mm WS entwickelt [253]. Die Lagerung des Kolbens durch Luftstützquellen wurde beim Druckverstärker nach *H. Ludwieg* [254] angewandt. Als Gegenkraft wirkt hier ein vergrößerter Druck auf die kleinen Flächen des Differentialkolbens, und zwar ist das Verhältnis der Kolbenflächen etwa wie 1 : 100. Die Meßunsicherheit beträgt etwa 0,001 kg/cm² und die Spaltstrommenge etwa 20 mm³/s je kg/m² Meßdruckdifferenz (Bild 110).

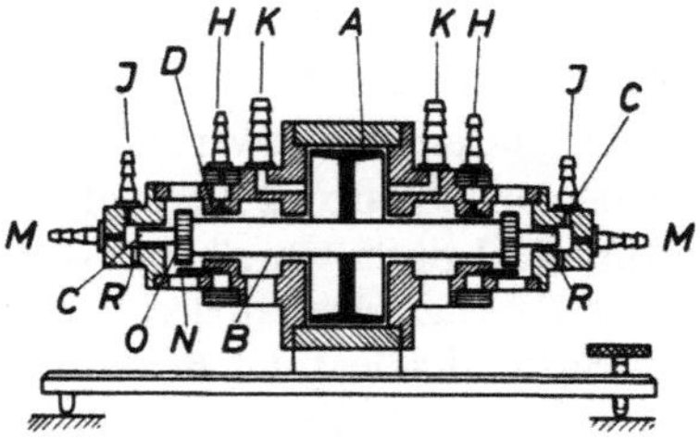

Bild 110. Druckverstärker nach Ludwieg

A Hauptkolben
B Kolbenstange
C Nebenkolben
D Stützquelle
H Anschluß für Stützquellendruck
J Anschluß für Nebenkolbendruck
K Anschluß der Meßdrücke
M Abnahme der verstärkten Drücke
N Düse
O Antriebsrad des Kolbens
R Abgleichbohrungen

b) *Ringkolbengeräte.* Bei der Kleindruckwaage nach *H. Reichardt* [255] wird die auf den Ringkolben wirkende Kraft mit einer Drehwaage reibungslos gewogen. Das Meßgerätegehäuse (Bild 111) ist durch eine Trennwand in zwei Druckkammern eingeteilt. Der an einem Platin-Iridium-Draht in seinem Schwerpunkt aufgehängte Ringkolben bewegt sich bei Druckungleichheit mit geringem Spiel (etwa 0,1 mm) durch ein Loch in der Trennwand, bis die auf den Kolben wirkende Druckkraft im Gleichgewicht mit der Torsionskraft des Aufhängedrahtes steht. Die Auslenkung wird mit Zeiger und Spiegelskala abgelesen. Der normale Meßbereich beträgt für den Vollausschlag des Zeigers 0,1 kg/m². Durch Verwendung eines schwächeren oder stärkeren Torsionsfadens können Meßbereiche zwischen 0,01 und 3 kg/m² erzielt werden. Im empfindlichsten Falle ist die Ablesegenauigkeit 10^{-5} kg/m². Die Spaltstrommenge ist etwa 100–200 mm³/s je kg/m² und macht daher verhältnismäßig

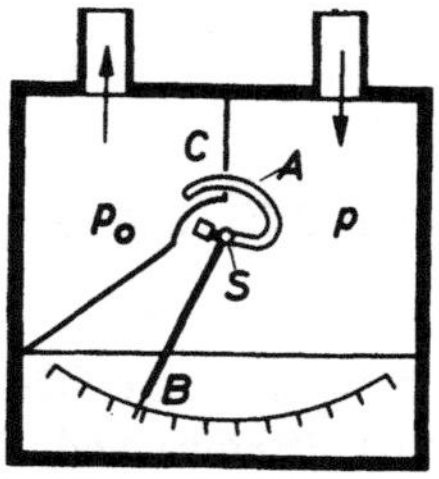

Bild 111. Kleindruckwaage nach Reichhardt

A Drehkolben
B Zeiger
C Bohrung
S Schwerpunkt und Torsionsfadenaufhängung

große Druckbohrungen und Drucksonden erforderlich. Der oben erläuterte „Normalkorrekturfaktor" f_0 wird für jedes Gerät einzeln gemessen und angegeben und liegt zwischen 1,02 und 1,05 je nach Größe des Spaltes. Der Meßfehler ist also praktisch vernachlässigbar, wenn man beispielsweise die Kleindruckwaage in Verbindung mit Prandtlschen Staurohren von 12 mm Außendruckmesser benutzt.

7.3.3.2 Geräte mit Sperrflüssigkeit

Feindruckwaagen, bei denen die Abdichtung des beweglichen Druckraumes durch eine Sperrflüssigkeit bewerkstelligt wird, sind vor allem als Tauchglocken und Ringwaagen bekannt. Bei den Glockenmessern hat das Meßorgan die Form einer Tauchglocke, unter die der Meßdruck geleitet wird. Bei einer Druckänderung bewegt sich die Tauchglocke so lange vertikal, bis das Eigengewicht weniger Auftrieb wieder gleich der Druckkraft ist. Wegen der großen Verstellkräfte nimmt man Glockenmesser hauptsächlich für schreibende Geräte bei niedrigen Drücken. Unter Verwendung von zwei Tauchglocken, in deren Inneres die Meßdrücke eingeleitet werden, sind auch Drucknullindikatoren hoher Empfindlichkeit gebaut worden [256]. Die Tauchglocken sind dabei an einem gemeinsamen Waagebalken befestigt, der an einem waagerechten Torsionsdraht reibungsfrei gelagert ist. Die Auslenkung des Waagebalkens wird über eine Fotozelle in ein elektrisches Signal umgewandelt, das auf das Stellglied einwirkt. Bei den Ringwaagen wird ein Ringrohr teilweise mit der Sperrflüssigkeit gefüllt. Im flüssigkeitsfreien Raum ist eine Trennwand angeordnet, so daß zwei Kammern entstehen, in die über biegsame Schläuche die beiden Drücke eingeleitet werden, deren Differenz zu messen ist (Bild 112). Auf die Ringwaage wirken folgende Drehmomente: Moment a) des Differenzdrucks auf die Scheidewand, b) der Drücke auf die Flüssigkeitsoberflächen, c) der verschobenen Sperrflüssigkeit, d) der Rückstellkraft (Schwere oder Federkraft). Alle vier Anteile sind gleich groß, jedoch haben a, c entgegengesetztes Vorzeichen wie b, d.

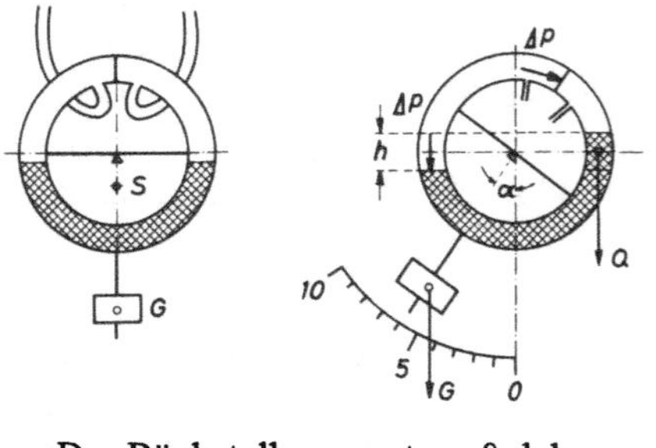

Bild 112
Ringwaage (rechts: wirksame Kräfte im ausgelenkten Zustand.)

Das Rückstellmoment muß daher

$$M = F \cdot R \cdot \Delta p$$

sein, wenn F die Fläche der Scheidewand, R der mittlere Halbmesser und Δp die Druckdifferenz sind. Die Sperrflüssigkeit begrenzt durch ihre maximale Auslenkung den Meßbereich, ist aber sonst ohne Einfluß.

7.3.4. Federdruckmesser [257]

Federdruckmesser nutzen die elastische Formänderung von geeignet gestalteten Meßorganen aus, die einseitig dem zu messenden Druck ausgesetzt werden, während auf der anderen Seite ein Vergleichsdruck wirkt. Gebräuchliche Meßorgane sind Röhrenfedern (Bourdonfedern), Membranfedern, Kapselfedern und Wellrohrfedern. Im Vergleich zu elektrischen Meßgeräten besitzen Federdruckmesser ein verhältnismäßig großes Arbeitsvermögen (Kraftweg-Integral für Höchstausschlag), so daß robuste Übertragungsmechanismen verwendbar sind. Die Genauigkeit wird jedoch durch die immer vorhandenen Abweichungen vom ideal elastischen Verhalten beeinträchtigt. Hierzu zählen vor allem das Kriechen (zusätzliche Formänderung bei gleichbleibender Last in Abhängigkeit von der Zeit), die elastische Nachwirkung (verzögerte Einstellung des Endwertes), die elastische Hysterese (Unterschied zwischen Belastungs- und Entlastungskurve) und die Alterung (Veränderung der fertig verformten Feder bei längerem Lagern). Durch günstige Wahl des Werkstoffes und Vorbehandlung der Feder können diese Einflüsse niedrig gehalten werden. Eine weitere Verminderung ist dadurch möglich, daß man die Formänderungen klein hält und elektrische Hilfsmittel zur Abnahme des Federweges wählt.

Der Temperaturfehler der Federmanometer beruht auf der Änderung des Elastizitätsmoduls mit der Temperatur und auf der Längenänderung der Bauteile durch die Wärmedehnung. Der letzte Fehler ist durch zweckmäßige Konstruktion vermeidbar. Die Änderung des E-Moduls beträgt bei Cu-Legierungen etwa 1 % je 25°, bei Fe-Legierungen etwa 1 % je 40° Temperaturänderung. Spezielle Nickellegierungen (Nivarox, Ni-Span) haben keinen Temperaturfehler.

7.3.4.1. Röhrenfederdruckmesser [258]

Eine ausführliche Darstellung der Röhrenfederdruckmesser und ihrer Theorie hat *W. Wuest* [259]–[261] gegeben. Die gebräuchlichste Grundform ist das in Bild 113 dargestellte Röhrenfedermanometer mit einem Übertragungsmechanismus bestehend aus Zahnsegment und Ritzel. Die Wirkungsweise der Feder verdeutlicht Bild 114.

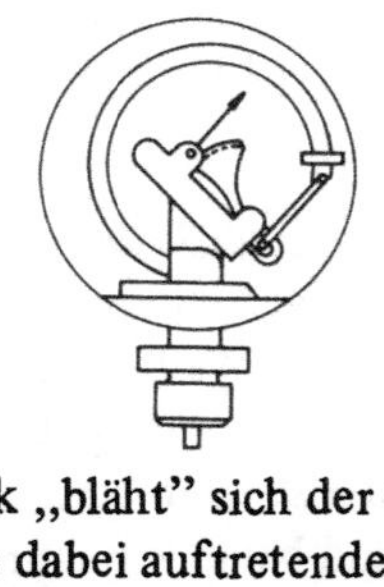

Bild 113
Röhrenfedermanometer

Bild 114
Wirkungsweise eines Röhrenfedermanometers.

Durch den Innendruck „bläht" sich der Ovalquerschnitt auf und sucht sich der Kreisform anzunähern. Die dabei auftretenden Ringspannungen rufen ein Aufbiegen der Feder hervor, also eine Vergrößerung des Krümmungshalbmessers. Röhrenfedermanometer werden mit Meßbereichen zwischen 0–0,6 kp/cm² und 0–8 000 kp/cm² industriell gefertigt, wobei die wesentlichen Unterschiede in der Wandstärke und Werkstoffwahl bestehen. Unter Verwendung empfindlicher elektrischer Wegaufnehmer läßt sich die Röhrenfeder auch noch für wesentlich kleinere Druckbereiche benutzen. Obwohl auch Röhrenfeder-Differenzdruckmesser gebaut werden, sind für solche Aufgaben Membranfedern zu bevorzugen.

7.3.4.2. Membran-Druckmesser

Membran-Druckmesser, auch Plattenfedermanometer genannt, enthalten als Meßorgan eine meist gewellte Membran [262]. Die Durchbiegung dieser Membran unter der Wirkung eines einseitig wirkenden Druckes bzw. einer Druckdifferenz dient als Meßgröße. Industriell gefertigte Plattenfedermanometer mit mechanischem Anzeigewerk werden für Meßbereiche von 0–63 mm WS bis 0–40 at hergestellt. Durch Verwendung empfindlicher elektrischer Wegaufnehmer können auch hier wesentlich kleinere Druckbereiche erzielt werden. Die Eigenschaften gerillter Membranfedern hat *W. Wuest* [263] behandelt. Durch geeignete Formgebung der Rillen ist auch bei relativ großem Hub (bis 2,5 % des Durchmessers) eine mit dem Druck lineare Kennlinie erreichbar. Bei nur geringem Hub ist eine Rillung nicht erforderlich, wodurch die Empfindlichkeit gesteigert werden kann.

Membran-Druckaufnehmer mit elektrischer Übertragung

a) *Druckgeber mit Dehnungsmeßstreifen.* Besonders kleine Abmessungen ergeben sich, wenn der Dehnungsmeßstreifen unmittelbar auf die Membran geklebt ist. Bild 115 zeigt einen Druckgeber, der als Kapsel mit eingelöteter Membran ausgebildet

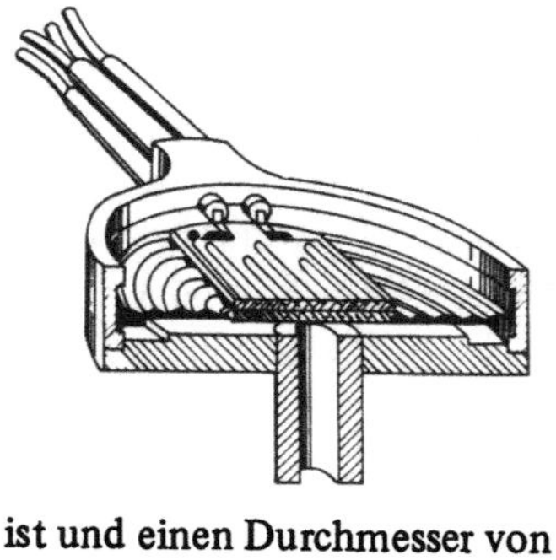

Bild 115
Druckgeber mit aufgeklebtem Dehnungsmeßstreifen (Durchmesser 10 mm) ONERA Frankreich.

ist und einen Durchmesser von nur 10 mm hat, so daß ein Einbau in Windkanalmodelle möglich ist [264]. Die Meßbereiche liegen zwischen 100 bis 600 mb bei einer Empfindlichkeit von $3 \cdot 10^{-6}$ $\Delta R/R$ je mb. Weitere derartige Druckgeber beschreiben *S. C. Redshaw* [265] und *H. D. Warshaw* [266]. Über Anwendungsbeispiele mit nicht auf die Membran geklebten Meßstreifen berichtet *R. D. Meyer* [267]. Handelsübliche Druckaufnehmer dieser Art sind bei einem Durchmesser von 16 mm für Druckbereiche zwischen 7 und 350 at lieferbar.

b) *Druckgeber mit induktiver Abtastung.* Derartige Druckgeber haben eine gute Nullpunktskonstanz und liefern verhältnismäßig große elektrische Ausgangswerte, die nur geringer Verstärkung bedürfen. Bei der Ausführung in Bild 116 stellt die Eisen-Nickelmembran selbst den Anker zwischen den beiden Gegenspulen dar, welche die eine Hälfte einer Brücke bilden. Auf Bild 117 sieht man eine andere Anordnung, bei der die Membran mit dem Tauchanker einer Differentialdrossel verbunden ist [269], [270].

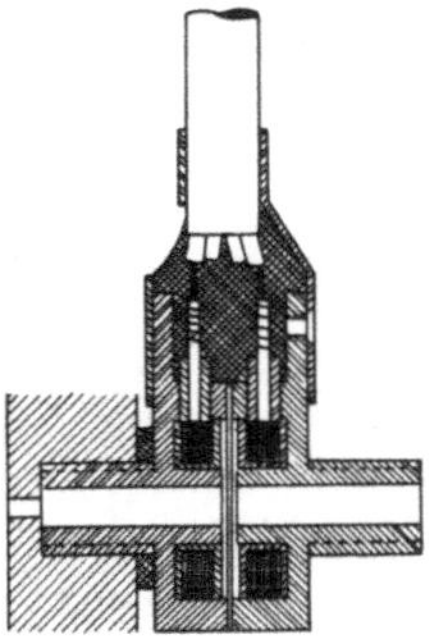

Bild 116
Induktiver Membran-Druckaufnehmer.

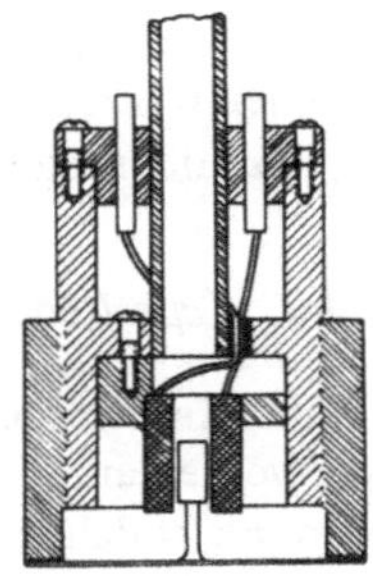

Bild 117
Induktiver Membran-Druckaufnehmer mit einem Schaevitz-Differentialübertrager.

c) *Druckgeber mit kapazitivem Abgriff.* Bild 118 zeigt den Meßkopf des „Baratrons" [272]. In der empfindlichsten Ausführung hat das Gerät umschaltbare Meßbereiche von 10^{-4} Torr bis 1 Torr, wobei die Meßgenauigkeit an der oberen Grenze 0,1 %, an der unteren Grenze 5 % beträgt. Ein einfaches Mikromanometer mit kapa-

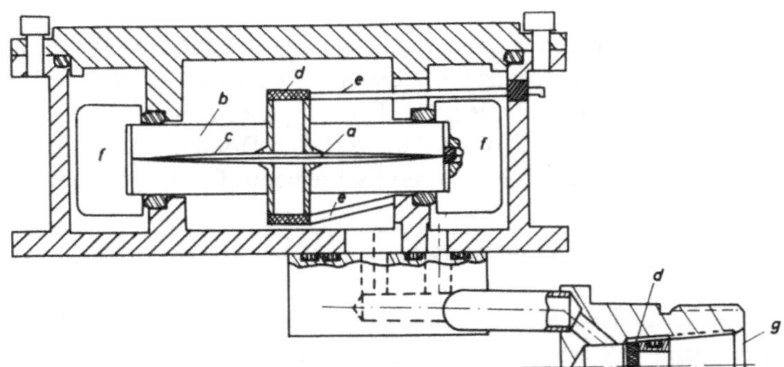

Bild 118
Membrandruckgeber mit kapazitivem Abgriff. (Baratron-Druckgeber) MKS-Instruments Inc. a Membran, b Keramik, c Nickelelektrode, d Filter (gesinterter Edelstahl), c elektr. Leitung, f von Temperaturspannungen freie Klammer, g Druckanschluß.

zitivem Abgriff wurde dadurch hergestellt, daß eine Membran aus Terylene mit aufgedampftem Aluminium die eine Kondensatorplatte bildet [272]. Membranmanometer mit kapazitver Abtastung sind mehrfach beschrieben worden [273], [274], darunter auch solche mit Wasserkühlung zur Messung bei hohen Gastemperaturen [275]

d) *Druckgeber mit sonstigem elektrischen Abgriff.* Einen Diodendruckmesser, bei dem durch eine Membran die Anode einer Doppeldiode bewegt wird und sich damit der Anodenstrom ändert, hat *G. Day* [276] beschrieben. Auch die Änderung der Eigenschwingungszahl der sich unter der Wirkung eines Differenzdruckes durchbiegenden Kristallmembran nutzte man aus, wobei eine Empfindlichkeit von 0,014% Frequenzänderung je at erreicht wurde [277].

7.3.4.3. Kapselfeder-Druckmesser

Unter Kapselfedern [278] versteht man Druckmeßorgane, die aus zwei runden, feingewellten am Rande miteinander verlöteten oder verschweißten Membranen bestehen. Es ist daher auch die Bezeichnung „Membrandose" üblich. Kapselfedern haben bei gleichem Durchmesser einen größeren Hub als Plattenfedern. Ist der Federhub einer einzelnen Dose nicht ausreichend, so lassen sich zwei oder mehrere aneinander reihen. Hiervon wird besonders bei Schreibgeräten oder anzeigenden Geräten mit mehrfachem Zeigerumlauf (z.B. Grob-Fein-Höhenmesser) Gebrauch gemacht. Kapselfeder-Druckmesser werden vorwiegend in meteorologischen Geräten oder Höhenmessern benutzt und sind häufig temperaturkompensiert [279], in diesem Fall auch als „Aneroidbarometer" bezeichnet [a neros (griech.) = nicht feucht im Gegensatz zu den Flüssigkeitsbarometern].

7.3.4.4. Wellrohr-Druckmesser

Wellrohre werden aus einem dünnwandigen, nahtlosen Metallrohr durch Einwalzen von tiefen, ringförmig geschlossenen Wellen hergestellt [280]. Die Verwendung als Druckmeßorgan setzt günstige Federungseigenschaften voraus, die jedoch erreichbar sind. Der besondere Vorteil der Wellrohr-Druckmesser ist das große Arbeitsvermögen, das sie besonders für direkt schreibende Geräte geeignet macht.

7.3.5. Elektrische Druckmesser

Widerstandsmanometer, meist aus Manganindraht, werden fast ausschließlich in der Hochdrucktechnik benutzt [281], [282]. Magnetostriktive Druckmesser haben neuerdings wieder zur Messung des Felsdruckes in Bergwerken Bedeutung gewonnen [283]. Für die Strömungsmeßtechnik sind piezoelektrische und elektrokinetische Druckmesser von besonderem Interesse.

7.3.5.1. Piezoelektrische Druckmesser

Zur Messung des Druckverlaufs in Stoßwellenrohren kommen wegen der kurzen Meßzeiten nur piezoelektrische Druckmesser in Betracht [284], [285]. Sie werden vorwiegend aus Barium-Titanat hergestellt und gestatten extrem kleine Abmessungen. Zur Messung kleiner Drücke sind allerdings piezoelektrische Druckmesser nicht geeignet, da auch bei guter Isolierung die Nullpunktsinstabilität sehr störend wirkt. Über einen piezoelektrischen Druckmesser für die Plasmaforschung berichten *M. O. Stern* und *E. N. Dacus* [286]. Er besteht aus einem Quarzstab von 7 mm Durchmesser und 300 mm Länge, der in der Mitte durch eine piezoelektrische Scheibe von gleichem Durchmesser unterbrochen ist. Ein Drucksignal wandert im Stab mehrmals hin und her und erzeugt jedesmal in der Scheibe eine Spannungsdifferenz. Die Druckempfindlichkeit beläuft sich auf 0,01 at.

7.3.5.2. Elektrokinetische Druckgeber [287]

Wenn eine polare Flüssigkeit, wie z.B. Acetonitril, durch eine mikroporöse Platte gedrückt wird, entsteht eine elektrische Spannung, die proportional dem Druckunterschied zu beiden Seiten der Platte ist. Dies kann zur Konstruktion eines hochempfindlichen dynamischen Druckaufnehmers mit einem Frequenzbereich von 4 bis 15 000 Hz benutzt werden, wobei Druckbereiche zwischen 0,07 mm WS und 7 at erzielbar sind (Bild 119).

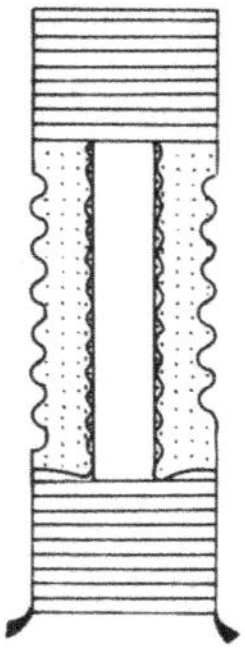

Bild 119
Elektrokinetisches Manometer

7.3.6. Vakuumdruck-Meßgeräte

Mit dem wachsenden Interesse an Hyperschallströmungen und Raumfahrtproblemen hat auch die Messung niedriger Gasdrücke an Bedeutung gewonnen. Im folgenden soll kein vollständiger Überblick über die Vakuumdruck-Messung gegeben werden, es werden nur einige Geräte beschrieben, die für Strömungsversuche bei niedrigen Gasdichten häufig Verwendung finden. Weitere Angaben können z.B. dem Vakuum-Taschenbuch von *K. Diels* und *R. Jaeckel* [288] entnommen werden.

7.3.6.1. Flüssigkeitsvakuummeter

Flüssigkeitsmanometer sind auch zur Differenzdruckmessung im Vakuum gut geeignet. Nur müssen Konstruktion und Sperrflüssigkeit diesen Bedingungen angepaßt sein. Bild 120 zeigt ein U-Rohr-Manometer mit Silikonöl-Füllung [289]. Nach Art

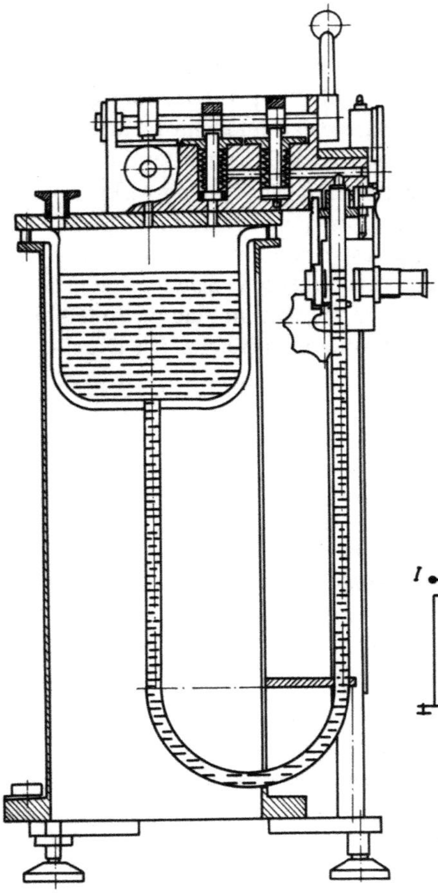

des Prandtl-Manometers (Bild 106) ist der eine Schenkel sehr weit gegenüber dem anderen. Im Grobbereich läßt sich mit einer Lupe auf 0,05 mm genau ablesen, wobei der Meßbereich 250 mm und das spezifische Gewicht 0,96 q/cm^3 beträgt. Unter Verwendung von Mikroskop und Meßuhr kann auf 0,01 mr in einem Bereich von 10 mm ablesen werden. Zur Absolutdruckmessung wird der weite Schenkel auf 10^{-3} Torr evakuiert, was unterhalb der Genauigkeitsgrenze des Instruments liegt.

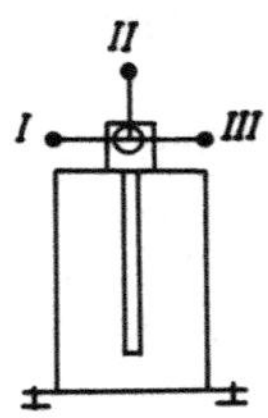

7.3.6.2. Federvakuummeter

Zur Differenzdruckmessung sind Membran-Druckmesser Besonders geeignet (vgl. Abschnitt 7.3.4.2. und Bild 118).

Bild 120
Flüssigkeitsmanometer für Vakuum.
(Aerodynamische Versuchsanstalt Göttingen.)

7.3.6.3. Kompressionsvakuummeter nach McLeod

Die Druckmessung erfolgt in der Weise, daß eine bestimmte Gasmenge durch Heben eines Quecksilberspiegels auf ein kleineres Volumen zusammengedrückt wird. Der dadurch erhöhte Druck kann gemessen und der ursprüngliche Druck berechnet werden. Bild 121 zeigt ein Kompressionsmanometer mit zwei Meßbereichen von 0–270 μm Hg und 0–800 μm Hg [289]. Zur Druckmessung läßt man über das Dreiwegeventil Luft einströmen, so daß das Quecksilber zunächst bis A steigt und die Öffnung abschließt. Durch weiteren Lufteinlaß steigt das Quecksilber bis I, wodurch das Gavolumen V_1 auf das Volumen V_2 kompensiert wird. Der Kompressionsdruck ist aus der Höhe h_I in der rechten Kapillare bestimmbar (Meßbereich I, linear). Durch weiteren Lufteinlaß kann man das Quecksilber in der rechten Kapillare bis II hochsteigen lassen, wodurch in der Mitte auch das Volumen der kleinen Kugel ausgefüllt wird und dort die Stelle h_{II} erreicht, daß ein Maß für den Druck ist (Meßbereich II, quadratisch).

7.3.6.4. Wärmeleitungs-Vakummeter

Während die Wärmeleitung bei hohen Drücken druckunabhängig ist, beginnt bei Drücken unterhalb von einigen Torr sich ein Druckeinfluß bemerkbar zu machen, der zum Bau von Wärmeleitungs-Vakuummetern ausgenutzt wird. Je nach der Ausführung des Temperaturfühlers unterscheidet man Piranivakuummeter, thermoelektrische Vakuummeter und Halbleitervakuummeter (Thermistore). In allen Fällen hängt die Druckmessung von der Gasart ab.

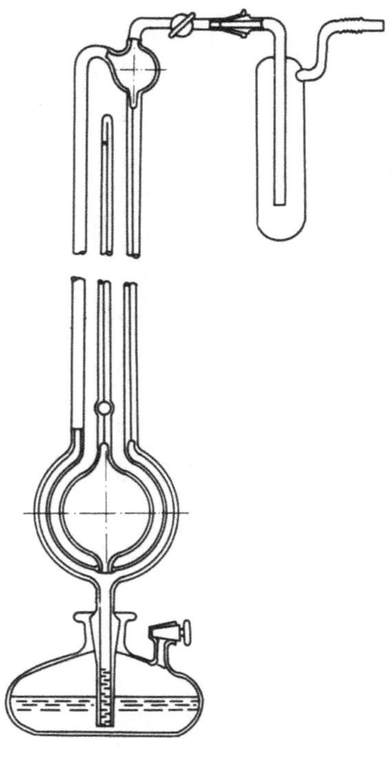

Bild 121
Kompressionsmanometer (McLeod-Manometer mit zwei Meßbereichen). Aerodynamische Versuchsanstalt Göttingen.

Bei den Pirani-Vakuummetern bildet ein durch Stromdurchgang beheizter Widerstandsdraht den einen Zweig einer Wheatstoneschen Brücke. Mit Hilfe einer Konstant-Temperaturregelung kann der Meßbereich nach höheren Drücken erweitert werden. Er liegt bei 10^{-1} bis 10^{-3} Torr. Bei den thermoelektrischen Vakuummetern werden ein oder mehrere Thermoelemente durch konstante Energiezufuhr geheizt. Der Meßbereich geht von einigen Torr bis 10^{-3} Torr.

Bei den Halbleiter-Vakuummetern verwendet man statt des Widerstandsdrahtes einen Halbleiter. Wegen des viel größeren Temperaturkoeffizienten des elektrischen Widerstandes ist bei Temperaturkonstant-Schaltung ein Meßbereich von 50 bis 10^{-3} Torr erzielbar; bei erzwungener Konvektion kann sogar bis Atmosphärendruck gemessen werden.

7.3.6.5. Ionisations-Vakuummeter

Die Gasionisation durch Elektronenstoß ist in einer Elektronenröhre vom Gasdruck abhängig. Daher ist das Verhältnis des Ionenstroms zum Elektronenstrom ein Maß für den oruck. Der Meßbereich liegt bei 10^{-2} bis 10^{-7} Torr. Die Anzeige ist

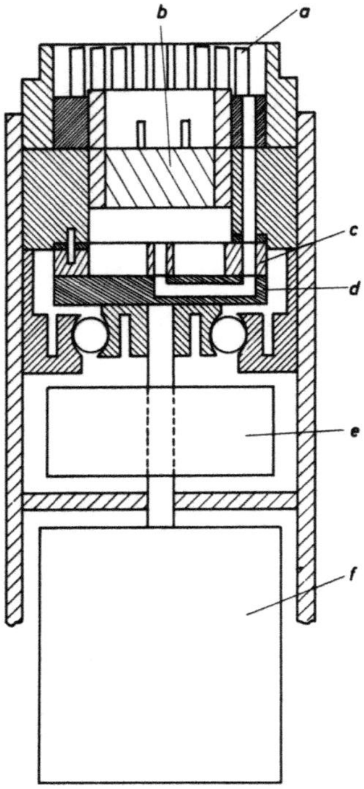

Bild 123
Vakuum-Druckmeßstellenumschalter
(Aerodynamische Versuchsanstalt Göttingen.)

Bild 122. Druckmeßstellenumschalter für 48 Meßstellen (Scanivalve Co., San Diego, Cal.)
a Druckzuführung, b Druckmesser, c Stator, d Rotor, e Stellungsanzeiger, f Antrieb.

von der Gasart abhängig. Wenn man die Auslösung von Röntgenstrahlen vermeidet, wie es beim Ionisations-Vakuummeter nach *Alpert* durch konstruktive Maßnahmen geschieht, kann der Meßbereich bis 10^{-11} Torr ausgedehnt werden.

7.4. Vielfachdruckmesser

In der Strömungsmeßtechnik liegt oft die Aufgabe vor, eine größere Anzahl von Druckmeßstellen gleichzeitig zu verfolgen. Beispiele hierfür zeigt die Messung der Druckverteilung an Tragflügelprofilen oder die Nachlaufmessung mit dem „Impulsrechen" (vgl. Abschnitt 9.4). Man kann in diesen Fällen entweder eine entsprechende Anzahl von Druckmessern aneinanderreihen oder die Druckmeßstellen der Reihe nach mit einem einzigen Druckmesser „abfragen". Das letztere ist nur dann sinnvoll, wenn nicht der zeitliche Verlauf des Druckes registriert, sondern nur ein Augenblickswert erfaßt werden soll, wobei die Druckwerte bis zum Abfragen sich speichern lassen oder während der Abfragezeit konstant sind.

7.4.1. Druckmeßstellen-Umschalter

Druckmeßstellen-Umschalter (Scanivalve) sind für Drücke bis zu 200 at und Abtastfrequenzen von 48 Meßstellen in drei Sekunden gebaut worden (Bild 122). Hierbei werden die Druckmeßstellen über eine rotierenden druckentlastete Steuerscheibe geschaltet. Jeder Meßdruck wirkt gleichzeitig auf die Steuerscheibe und einen kleinen Entlastungskolben, der über einen Hebel und ein Kugellager auf die Rückseite der Steuerscheibe drückt. Nur eine verhältnismäßig schwache Feder drückt den Rotor gegen den Stator und gewährleistet die Dichtigkeit. Alle bewegten Teile laufen im Ölbad. Der Druckgeber (Membranmanometer nach Bild 117) ist in den Umschalter eingebaut.

Ein Druckmeßstellen-Umschalter für niedrige Gasdrücke ist in Bild 123 dargestellt. Die Ventilkolben, welche die einzelnen Meßstellen mit einer Meßdose verbinden, sitzen im Vakuum und werden stopfbuchsenlos durch außerhalb des Vakuums liegende Magnetspulen betätigt. Zur Erzielung kleiner Druckeinstellzeiten wurde das innere Volumen des Umschalters zwischen den Ventilsitzen und der Meßdose möglichst gering gehalten (4 cm^3). Der Umschalter hat sechs externe Druckanschlüsse. Der oberste Ventil dient zur Kontrolle des Nullpunktes und ermöglicht einen Druckausgleich zwischen beiden Seiten der Meßdose.

Zur Verwendung im Vakuum sind ausheizbare Meßstellenumschalter vorzuziehen. Bild 124 zeigt eine Konstruktion, bei der aus diesem Grund Silberdichtungen genommen wurden. Außerdem ist der Umschalter so aufgebaut, daß die Ventile wahlweise von Hand oder durch Magnet betätigt werden können.

Bild 124. Vakuum-Druckmeßstelleumschalter (Aerodynamische Versuchsanstalt Göttingen

7.4.2. Vielfachmanometer [290]

Sehr gebräuchlich sind auch Vielfachmanometer mit einer Anzahl von nebeneinander angeordneten Flüssigkeitssäulen, die der Beobachter bei stationären Meßbedingungen nacheinander abliest (Bild 125). Die zweiten Schenkel der Glasröhren werden gewöhnlich miteinander zu einem Ausgleichgefäß verbunden, so daß alle Säulen den gleichen Nullpunkt haben, der durch Heben und Senken des Ausgleichsgefäßes in der Höhe sich ändern läßt.

Bild 125
Vielfachmanometer mit Summenrohr (Integrierendes Vielfachmanometer) AVA Göttingen.

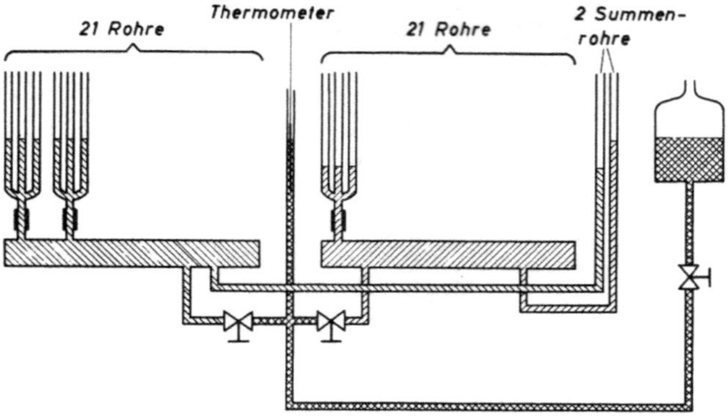

Bild 126
Schema des Vielfachmanometers mit Summenrohr.

Das in Bild 125 wiedergegebene Vielfachmanometer weist noch eine Besonderheit auf. Entsprechend dem Schema von Bild 126 ist nämlich durch Betätigen eines Hahns das Ausgleichsgefäß abschaltbar. Jede Manometerhälfte ist dann mit einem Summenrohr verbunden, das mit einer Meßlupe abgelesen werden kann. Wenn N die Zahl der Manometerrohre (N = 21 in Bild 126) und $M \leqslant N$ die Zahl der Druckmeßstellen ist, so erhält man den Mittelwert $\bar{p}$ der M Drücke durch:

$$\bar{p} - p_0 = \gamma \left(\frac{M}{N} + \frac{f}{MF} \right) h_s \quad .$$

Hierbei bedeutet h_s die Höhenänderung des Meniskus im Ausgleichsrohr, F und f sind die Querschnittsflächen der Manometerrohre und des Ausgleichsrohres. Diese Zusatzeinrichtung wird vor allem für Nachlaufmessungen (Abschnitt 9.4) benutzt.

Gewisse Konstruktionen sehen auch eine Neigung des Manometers vor, um die Empfindlichkeit variabel zu machen. Der Gewinn an Empfindlichkeit wird allerdings durch größere Kapillarfehler bei geneigten Röhren wieder in Frage gestellt.

Bei nichtstationären Meßbedingungen kann man die Druckleitungen durch eine mechanische Vorrichtung (Bild 129) [291], [292] oder durch Magnetventile [293] plötzlich abriegeln und damit die Druckwerte für die Ablesung speichern. Zur Erleichterung der Ablesung wird meist vor den Meßrohren eine Strichplatte angeordnet, was auch für eine fotografische Erfassung vorteilhaft ist.

Auf Bild 127 ist eine andere Anordnung zu sehen, bei der die 26 Röhrchen des Vielfachmanometers mit Hilfe eines Querarms aus Plexiglas parallaxfrei abgelesen werden. Die Skala ist auf ein endloses Metallband geritzt. Der Nullpunkt der Skala ist auf den jeweiligen Bezugsdruck des Nullrohres einstellbar, was die Auswertung der Messungen erleichtert. In jedes Röhrchen ist ein Bündel von Dämpfungskapillaren eingebaut, so daß der Fall der aperiodischen Grenzdämpfung erzielt wird und die Einstellzeit nur etwa 1 s beträgt.

Bild 128 zeigt ein Vielfachmanometer, das speziell zur Messung kleiner Drücke unter Vakuumbedingungen entwickelt wurde. Eine Feinablesung der Menisken erfolgt mit Lupenmikroskopen. Es gibt auch Einrichtungen, um die Fotos nachträglich durch einen fotoelektrischen Abtaster unmittelbar digital auszuwerten. Um den Umweg über die Fotografie zu vermeiden, sind verschiedenartige Einrichtungen konstruiert worden, um die Flüssigkeitssäulen elektromechanisch oder fotoelektrisch abzutasten [290], [294].

Automatisch registrierende Vielfachmanometer mit Druckkomparatoren werden in verschiedenen Windkanälen in den USA benutzt [295]. Bei dieser Bauart sind an einen gemeinsamen Druckbehälter eine Vielzahl von „Druckkomparatoren" angeschlossen. Dies sind Membrandruckmesser, die einen Kontakt öffnen, sobald der Druck im Behälter den außen auf die Membran wirkenden Druck überschreitet. Zu Beginn der Messung wird der Druckbehälter leergepumpt. Die Luft strömt dann mit konstanter Geschwindigkeit in den Behälter ein, wobei nacheinander alle Komparatoren reagieren. Die entsprechenden Druckwerte werden digital auf eine Magnettrommel oder auf kapazitive Speicher geschrieben.

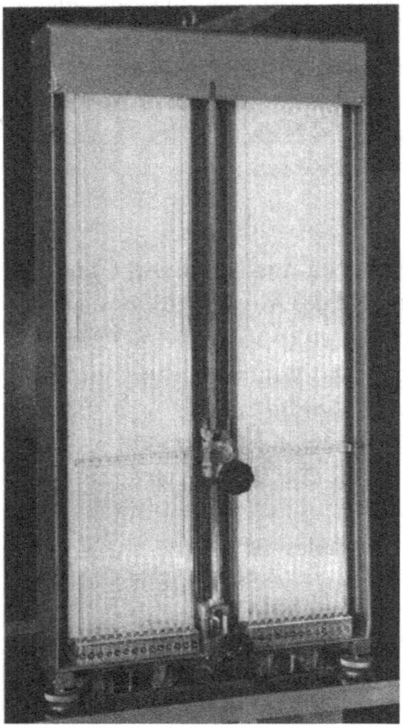

Bild 127
Quecksilbervielfachmanometer
AVA Göttingen.

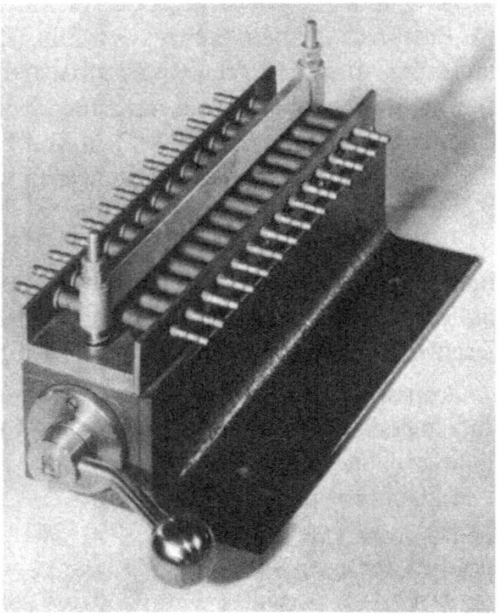

Bild 129
Schlauchklemmpult AVA Göttingen.

Bild 128
Vielfachmanometer
für Vakuum.
AVA Göttingen.

8. Temperaturmessung in strömenden Gasen

8.1. Aero-Thermodynamische Grundlagen

Bei ruhenden oder langsam strömenden Gasen rufen die kleinen Wärmeübergangszahlen zwischen dem Gas und dem Temperaturfühler beachtliche Fehler durch Wärmeableitung im Thermometer und durch Abstrahlung an die Umgebung hervor. Mit wachsender Geschwindigkeit nehmen zwar Wärmeübergang zu und somit die genannten Fehler ab, aber es treten neue Schwierigkeiten infolge der Temperaturerhöhung beim Abbremsen eines schnellen Gasstroms auf. Eine unmittelbare Messung der wirklichen Gastemperatur könnte nur durch einen mitbewegten Fühler durchgeführt werden, was aber technisch kaum möglich ist. Bei Temperaturfühlern, die gegenüber der Strömung ruhen, stellt sich je nach Ausführung entweder die Temperatur des Gases bei adiabatischem Aufstau oder die Eigentemperatur einer längs angeströmten Wand (Recoverytemperatur) ein.

Bei adiabatischem Aufstau ist die Staupunkttemperatur T_0 gegeben durch:

$$T_0 = T + \frac{v^2 A}{2g\, c_p} \quad , \qquad (8.1)$$

wobei T die ungestörte Temperatur ist, v die Strömungsgeschwindigkeit in m/s, c_p die spezifische Wärme bei konstantem Druck in kcal/kggrd, $A = 1/426{,}8$ kcal/kgm das mechanische Wärmeäquivalent und $g = 9{,}81\ \mathrm{m/s^2}$ die Erdbeschleunigung.

Für Luft mit $c_p = 0{,}24$ kcal/kg grd ist

$$T_0 = T + \frac{v^2}{2012} \qquad (8.2)$$

Bei der Strömung längs einer ebenen Wand stellt sich eine Gleichgewichtstemperatur ein, die man erhält aus

$$T_e = T + r\, \frac{A v^2}{2g\, c_p} \qquad (8.3)$$

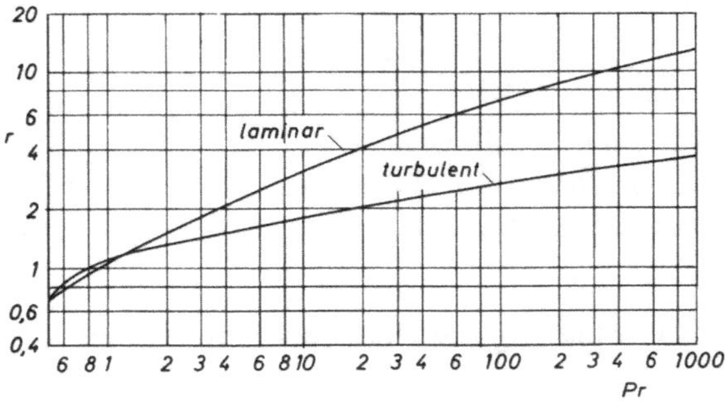

Bild 130. Recoveryfaktor an einer ebenen Platte für laminare und turbulente Grenzschichten.

Der Faktor r wird „Recoveryfaktor" genannt. Er hängt nur von der Prandtlzahl Pr ab und ist für laminare und turbulente Grenzschicht verschieden und aus Bild 130 zu entnehmen. Näherungsweise ist für Prandtlzahlen in der Umgebung von $Pr = 1$ $r_{lam} = \sqrt{Pr}$ und $r_{turb.} = \sqrt[3]{Pr}$. Bei sehr hohen Strömungsgeschwindigkeiten muß man die Änderung von c_p mit der Temperatur berücksichtigen.

8.2. Messung der Stautemperatur

Bild 131 zeigt ein von *A. Franz* [296] entwickeltes Thermometer zur Messung der Stautemperatur. Die heiße Lötstelle eines Thermoelementes befindet sich im Innern eines Hohlraumes. Durch kleine seitliche Wandöffnungen kann die aufgestaute Luft wieder austreten. Hierdurch soll erreicht werden, daß die Sonde Temperatur- oder Geschwindigkeitsänderungen der umgebenden Luft schneller folgt. Macht man allerdings die Öffnungen zu groß, so mißt man eine Temperatur, die kleiner als die Stautemperatur ist. Aus theoretischen Überlegungen folgt für die gemessene Temperatur

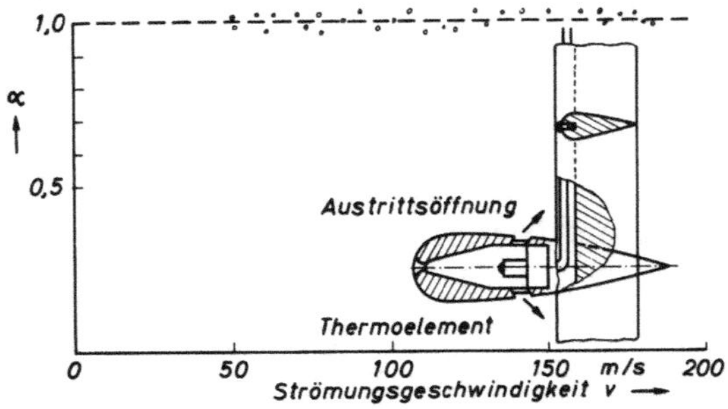

Bild 131
Stauthermometer nach A. Franz [296].

$$T_m = T + \alpha \frac{v^2 A}{2g\, c_p} \tag{8.4}$$

wobei

$$\alpha = 1 - \frac{(nf/F)^2}{(1 + 0{,}2\, Ma^2)^5} \quad . \tag{8.5}$$

Hierbei ist nf die Gesamtfläche der seitlichen Bohrungen und F der Querschnitt des Stauraums. Es wird ein Wert nf/F = 0,1 empfohlen. Die Anzeige dieses Durchflußthermometers hängt vom Turbulenzgrad der Luft nicht ab.

8.3. Messung der Recoverytemperatur

Das von *E. Eckert* [297] angegebene Hakenrohrthermometer mißt die Recoverytemperatur einer längsangeströmten Wand (Bild 132). Die vordere Kuppe ist aus schlecht wärmeleitendem Material und der Schaft aus dünnem Stahlrohr gefertigt. Die Lötstelle des Thermoelementes ist in einen massiven Kupferklotz eingelassen, der sich etwa im ersten Drittel des Hakenrohrs befindet. Wie die Eichkurve zeigt, ist bei Messung in turbulenter Rohrströmung der Beiwert $\alpha = r_{turb.} \approx 0{,}89$. Bei Eichung in einem Freistrahl steigt dagegen der Beiwert α von $\alpha = r_{lam} = 0{,}83$ mit wachsender Strömungsgeschwindigkeit auf den turbulenten Wert an, d.h. der Umschlag von

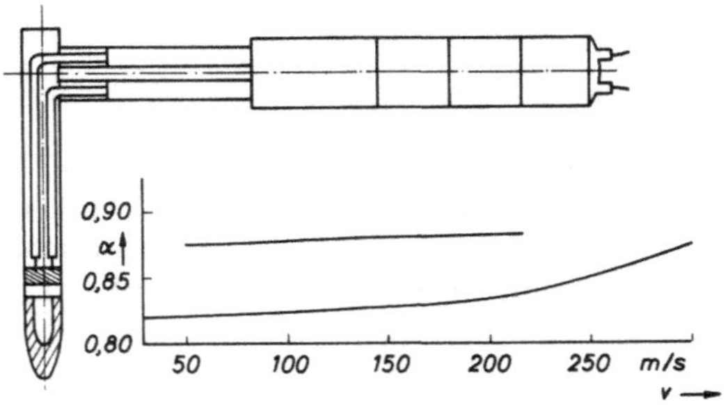

Bild 132
Hakenrohrthermometer nach E. Eckert.

laminarer zu turbulenter Grenzschicht wandert mit zunehmender Geschwindigkeit in Richtung zur Sondenspitze. Diese Angaben gelten für den Unterschallbereich. Eine Sonde ähnlicher Art, jedoch mit einer Widerstandswicklung an der Stelle des Kupferklotzes mit dem Thermoelement, haben *E. Eckert* und *W. Weise* [298] gebaut. Die Wicklung wurde zur Glättung und als Strahlungsschutz mit einem weißen Bakelitlack bestrichen.

Auch quer zur Strömung frei ausgespannte Thermodrähte [297], [299] werden zur Temperaturmessung genommen, wobei man allerdings geschwindigkeitsunabhängige Beiwerte $\alpha = 0{,}7$ nur für Drahtstärken von weniger als 0,2 mm erreicht.

Nach *J. Schoen* [299] kann der Beiwert α leicht experimentell ermittelt werden. Zur Eichung benutzt man zwei gleichartige Thermometer. Entsprechend Bild 133 befestigt man das eine im großen, das andere im kleinen Querschnitt einer Windkanaldüse. Wenn das Querschnittsverhältnis in der Düse groß genug gewählt wird, ist mit guter Näherung

$$\alpha_2 = 1 - \frac{T_{e1} - T_{e2}}{v_2^2} \cdot 2012 \qquad (8.6)$$

und es ist also nur nötig, die Temperaturdifferenz der beiden Thermometer zu messen und die Geschwindigkeit v_2 zu kennen.

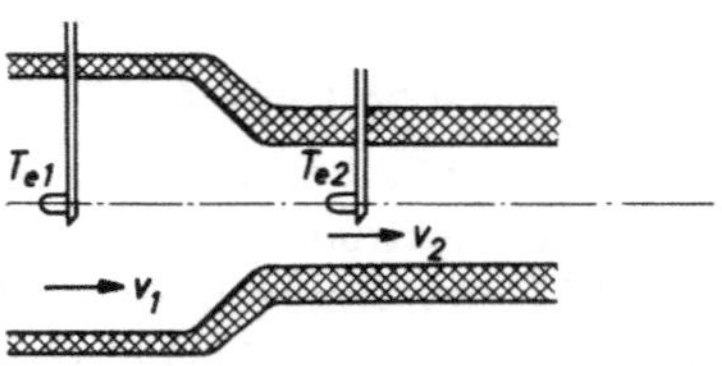

Bild 133. Experimentelle Bestimmung des Beiwertes α in einem Eichkanal.

8.4. Messung der Schwingungs- und Rotationstemperatur

Beim zweiatomigen Gas wird die Gesamtenthalpie $h_0(T)$ durch Anregung von Rotations- und Schwingungszuständen des Moleküls vergrößert. Es ist dann

$$h_0(T) = RT + e_T + e_R + e_V + \frac{\rho}{2} v^2 \qquad (8.7)$$

mit R = Gaskonstante, e_T = Translationsenergie, e_R = Rotationsenergie, e_V = Schwingungsenergie.

Translations- und Rotationsenergie können durch

$$e_T = \frac{3}{2} R T_T \; ; \qquad e_R = R T_R \tag{8.7a,8.7b}$$

ersetzt werden, wobei T_T und T_R die Translations- bzw. Rotationstemperatur bedeuten. Beide Temperaturen folgen schnellen Änderungen der Strömungsgeschwindigkeit (z.B. in Stößen und bei Expansionsströmungen) fast verzögerungsfrei und sind daher im allgemeinen gleich der statischen Temperatur T. Die Schwingungsenergie läßt sich ausdrücken durch

$$e_V = \frac{R\Theta}{e^{\Theta/T_V} - 1} \quad , \tag{8.7c}$$

wobei T_V die Schwingungstemperatur ist und Θ eine charakteristische Temperatur, die für N_2 den Wert $\Theta = 3\,374\ ^\circ K$ hat. Im Gleichgewicht ist $T_V = T$. Dagegen kann die Schwingungstemperatur schnellen Änderungen der Strömungsgeschwindigkeit nicht folgen, vor allem nicht bei starker Gasverdünnung, da zur Herstellung des Gleichgewichts immer eine gewisse Anzahl von Stößen erforderlich ist. In Strömungen hoher Enthalpie benötigt man zur vollständigen Beschreibung die getrennte Messung der statischen bzw. der Rotationstemperatur und der Schwingungstemperatur. Die verschiedenen möglichen Verfahren zur Messung der Schwingungstemperatur (Spektralumkehrverfahren, Ultraviolett-Absorptionsverfahren, Raman-Spektroskopie, Ionisationsverfahren, Elektronenstrahltechnik) hat *K. Bütefisch* [300] kritisch verglichen. Die spektroskopische Bestimmung der Schwingungstemperatur aus den durch Elektronenstoß erzwungenen Emmissionsspektren scheint am geeignetsten zu sein. Das Verfahren ist zuerst von *Grün* [301], später auch ausführlich von *Herzberg* [302], *Muntz* [303] und *K. Bütefisch* [304] beschrieben worden.

Bild 134 gibt die Gesamtapparatur zur Bestimmung der Schwingungstemperatur wieder. Der Elektronenstrahl wird in einer Elektronenkanone bei einem Druck von etwa 10^{-4} Torr erzeugt und auf 20–50 keV beschleunigt. In einem Blenden- und Druckstufensystem wird der Gasdruck auf den Druck der Windkanalmeßstrecke angehoben und der Elektronenstrahl schließlich in einem Faradaykäfig aufgefangen. Die durch Elektronenstoß elektrisch angeregten Stickstoff-Moleküle ergeben einen leuchtenden Kanal von 1 bis 2 mm Durchmesser. Das Licht wird von einer Quarzlinse durch das Quarzfenster der optischen Meßkammer gesammelt und auf den Eingangsspalt eines Spektrographen fokussiert. Mit einem verfahrbaren Fotovervielfacher fragt man die Intensitäten zweier Schwingungsübergänge des Stickstoffspektrums ab, und nach vorheriger Eichung ist aus diesen Angaben die Schwingungstemperatur bestimmbar.

Der Spektrum des Schwingungsübergangs wird vom Rotationsspektrum überlagert. Dieses besteht im Fall des Stickstoffs aus einem schmalen „R-Zweig" und einem breiten „P-Zweig". Beide Zweige haben Maxima, deren Abstand ein Maß für die Rotationstemperatur ist [304].

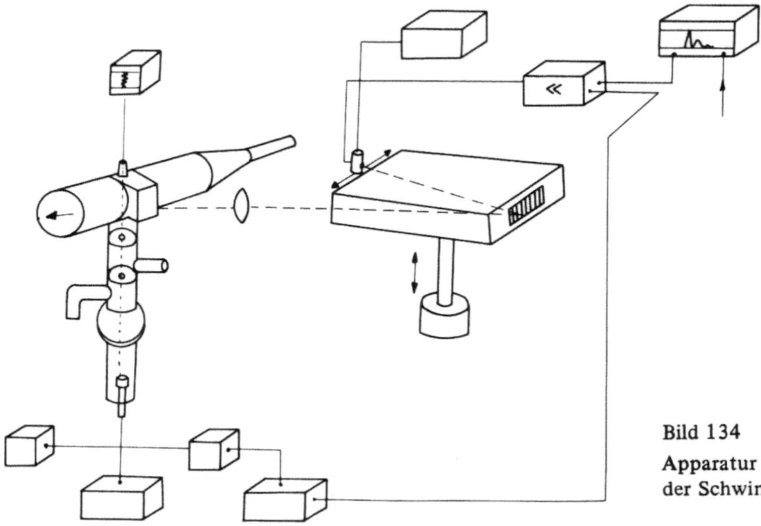

Bild 134
Apparatur zur Messung
der Schwingungstemperatur.

8.5. Messung der Elektronentemperatur

Für die Messung der Elektronentemperatur in Plasmen kommen vor allem die Langmuirsonde, die Mikrowellentechnik und spektroskopische Verfahren in Frage.

8.5.1. Langmuirsonden

Die klassische Theorie der Langmuirsonde stammt von *I. Langmuir* und *H. Mott-Smith* [305]. Wenn man eine Sonde in ein Plasma eintaucht, so kann man bei Anlegen einer Spannung drei Bereiche unterscheiden (Bild 135). Im Bereich I werden die positiven Ionen eingefangen und die Elektronen abgestoßen. Im Bereich III verhält es sich umgekehrt. Die beiden Sättigungsströme sind ein Maß für die Ionendichte bzw. Elektronendichte. Im mittleren Bereich II gilt dagegen

$$\frac{d \operatorname{lolg} I_e}{dV} = - \frac{e}{k T_e} \quad . \tag{8.8}$$

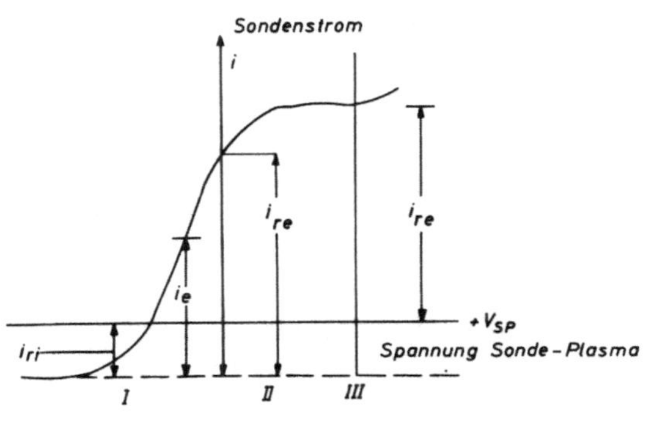

Bild 135
Strom-Spannungs-Charakteristik einer Langmuirsonde.
i_e Elektronenstrom, i_i Ionenstrom, V_{sp} Spannung Sonde – Plasma.

Bei logarithmischer Auftragung des gemessenen Elektronenstroms kann man also aus der Steigung unmittelbar die Elektronentemperatur bestimmen [306], [307]. Gewisse Nachteile, die der einfachen Langmuirsonden besonders bei Messungen in einem zerfallenden Plasma und bei Anwesenheit eines starken magnetischen Feldes anhaften, sind durch die Doppelsondenschaltung (Bild 136) [308]–[310], oder noch besser durch die Dreifachsonde [311] vermeidbar.

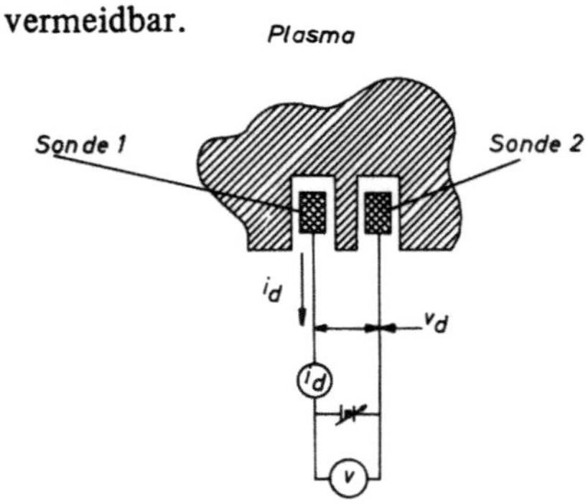

Bild 136
Doppelsondenschaltung zur Messung der Elektronentemperatur.

8.5.2. Mikrowellentechnik

Fällt eine elektromagnetische Welle in ein Plasma ein, dann wird ein Teil der Energie reflektiert, ein anderer absorbiert. Wenn das Plasma in einen Wellenleiter eingeschlossen ist, kann durch spezielle Anpassung der Impedanz des Wellenleiters eine nahezu vollständige Absorption erreicht werden und das Plasma verhält sich wie ein schwarzer Körper, dessen ausgesandte Strahlung ein Maß der Elektronentemperatur ist [308]. Durch Verwendung fokussierter Mikrowellen [312] läßt sich die räumliche Auflösung wesentlich verbessern.

8.6. Wärmeübergangsmessung

Der Wärmeübergang von einer Gasströmung auf einen Körper und umgekehrt kann entweder im stationären Gleichgewicht oder instationär gemessen werden.

8.6.1. Stationäre Wärmeübergangsmessung

In diesem Fall wird der Körper kontinuierlich geheizt oder gekühlt, wobei die Wand eine konstante Temperatur annimmt. Der Wärmeübergang wird entweder aus der Temperaturdifferenz von Zulauf und Ablauf des Kühlmittels, aus der notwendigen Heizleistung oder mit Hilfe eines in die Wand eingebauten Wärmeübergangsmessers gemessen. Zur Messung der Oberflächentemperatur in einem Körper aus plastischem Material ist es zweckmäßig, die Thermodrähte entsprechend Bild 137 an einer Kupfer- oder Silberscheibe von etwa 3 mm Durchmesser und 0,25 mm Dicke zu befestigen, die in eine entsprechende Wandhöhlung eingeklebt wird.

Eine andere Methode besteht darin, auf die Wand zwei dünne sich überlappende Filme aus thermoelektrischen Materialien aufzudampfen oder galvanisch aufzubringen. Die Zuführungsdrähte werden dann an Stellen aufgelötet, wo sie die Strömung am Meßpunkt nicht stören.

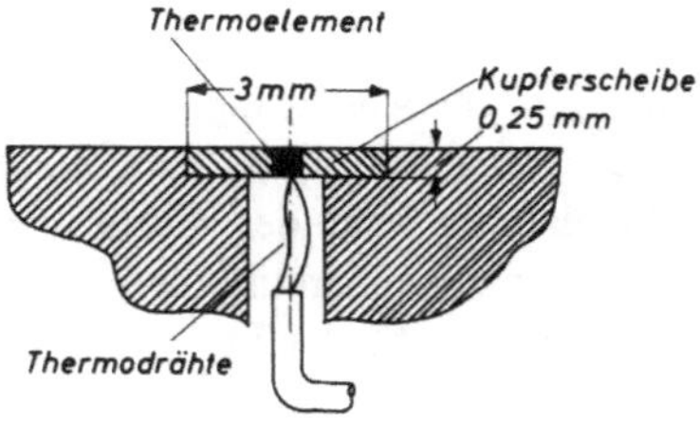

Bild 137
Messung der Oberflächentemperatur.

8.6.2. Instationäre Wärmeübergangsmessung

Bei der instationären Wärmeübergangsmessung wird die Wandtemperatur als Funktion der Zeit gemessen. Dabei muß die Wärmekapazität der Wand bekannt sein. Hinsichtlich der Ausbildung der Wand sind zwei Techniken möglich:

a) *Dünnwandige Körper.* In diesem Fall kann man näherungsweise annehmen, daß über die Wanddicke konstante Temperatur herrscht und die seitliche Wärmeableitung vernachlässigbar ist.

Es gilt dann für den Wärmeübergang

$$\dot{q} = m\,c\,\frac{d\,T_W}{dt} = \alpha\,F(T_r - T_w) \qquad \text{oder} \tag{8.9}$$

$$\alpha = \frac{m}{F}\cdot c\,\frac{d\,T_w/dt}{T_r - T_w} \quad . \tag{8.10}$$

α ist der gesuchte Wärmeübergangskoeffizient, m/F die Masse eines Wandelements der Fläche F, c die spezifische Wärme des Wandmaterials, T_r die Recoverytemperatur und T_w die Wandtemperatur. Dünnwandige Modelle werden zweckmäßigerweise galvanoplastisch hergestellt, soweit es sich nicht um einfache Körperformen handelt [316].

b) *Dickwandige Körper.* Hierbei wird ein schlecht wärmeleitendes Material wie z.B. Pyrex oder Nylon benutzt. Für die Messung der Oberflächentemperatur wird ein dünner Film (z.B. Platinlegierung) als Widerstandsthermometer aufgedampft [317], [318]. Der Wärmeübergang an der Wand erfolgt näherungsweise wie bei einer Halbebene. Für den Wärmeübergang bekommt man

$$\dot{q} = \sqrt{\frac{\lambda\rho c}{\pi t}}\cdot\Delta T \quad . \tag{8.11}$$

λ ist die Wärmeleitfähigkeit, ρ die Dichte und c die spezifische Wärme des Wandmaterials und ΔT die Änderung der Oberflächentemperatur. Eine genauere Theorie hat *V. Kmonicek* [319] entwickelt. Er gibt Gleichungen für den Fall an, daß die Änderung der Oberflächentemperatur der Wand als Potenzreihe nach der Zeit ausgedrückt werden kann.

Eine Variante dieses Verfahrens besteht darin, daß auf den Grundkörper (aus schwarzem Nylon) ein Lack mit eindeutig definiertem Schmelzpunkt aufgespritzt wird. Es sind Lackmaterialien erhältlich, die im Bereich von 38 °C bis 1 750 °C mehr als 100 Abstufungen des Schmelzpunktes haben. Die plötzlich dem Gasstrom hoher Enthalpie ausgesetzten Modelle werden gefilmt. Aus dem Fortschreiten der Schmelzlinien kann der Wärmeübergang berechnet werden. Das Verfahren ist sehr einfach anzuwenden und besonders für industrielle Erprobungen geeignet, da es einen schnellen Überblick gibt.

Bei hohen Ruhetemperaturen des Gases ist die instationäre Technik allein anwendbar. Die Modelle werden dabei durch gekühlte Hitzeschilde abgeschirmt, die nur kurzzeitig entfernt werden. Auf Bild 138 sieht man eine Versuchskammer für Wärmeübergangsmessungen, die mit pneumatisch gesteuerten Hitzeschilden ausgerüstet ist.

Bild 138. Versuchskammer zur Wärmeübergangsmessung mit pneumatisch gesteuerten Hitzeschilden (AVA Göttingen).

8.7. Gesamtenthalpiesonden

Bei Gasströmungen hoher Geschwindigkeit ist es nützlich, die Gesamtenthalpie direkt zu messen, weil der Dissoziations- und Ionisationsgrad sowie die katalytischen Eigenschaften der Wandfläche nicht bekannt sind. Die Temperaturen sind jedoch zu hoch, um mit konventionellen Meßverfahren zu arbeiten. Bild 139 zeigt das Schema einer Gesamtenthalpiesonde, bei der der eintretende Gasstrom abgekühlt wird [319]. Die Eintrittsenthalpie des Gases H_{g1} ist dann gleich der niedrigeren Austrittsenthalpie H_{g2} und der abgeführten Wärmemenge. Da die vom Kühlwasser abgeführte Wärmemenge auch zur Kühlung der Außenwand dient, wird noch eine Vergleichsmessung mit geschlossenem Ventil D, also ohne innere Strömung durchgeführt.

Es gilt dann:

$$H_{g1} = \frac{Q_k \cdot c_k \cdot (\Delta T_k - \Delta T_{k0})}{Q_g} + H_{g2} \quad . \tag{8.12}$$

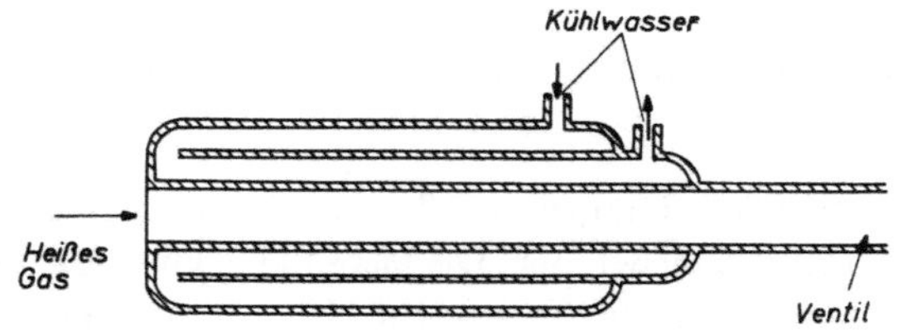

Bild 139
Schema einer Gesamtenthalpiesonde [319].

Hierbei ist Q_k die Kühlwassermenge je Zeiteinheit, c_k die spezifische Wärme des Kühlwassers, ΔT_k und ΔT_{k0} die Kühlwasser-Temperaturzunahme mit und ohne Durchströmung und Q_g die durchströmende Gasmenge je Zeiteinheit. Eine Verbesserung erhält man, wenn für die Kühlung der Außenwand ein gesonderter Kühlkreis benutzt wird (Bild 140). Allerdings werden hierdurch die Abmessungen vergrößert. Kleinere Abmessungen sind nach *F. C. Haas* [320] bei Übergang zu Filmkühlung möglich: Durch ein poröses Stück der Innenwand tritt das Kühlmittel aus und verdampft. Eine andere Form der Miniaturisierung hat *Vassallo* [321] vorgeschlagen

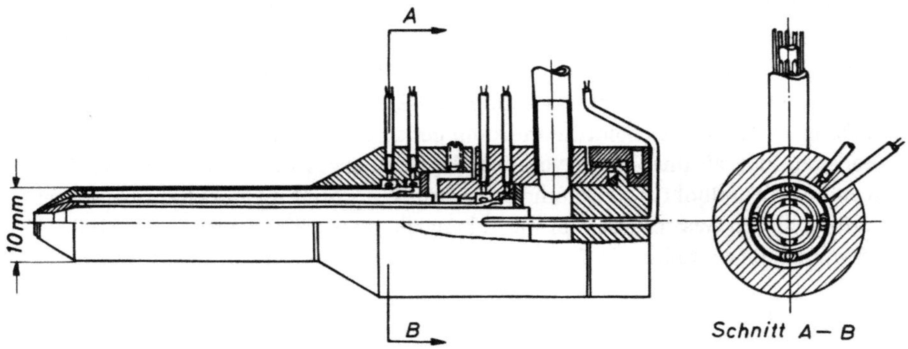

Bild 140. Gesamtenthalpiesonde mit doppeltem Kühlkreislauf, Aerodynamische Versuchsanstalt Göttingen.

(Bild 141). Dabei ist ein Rohr durch ein isolierendes Hitzeschild nach außen abgeschirmt. Die Messung wird instationär vorgenommen, wobei die Rohrwand sich schnell erhitzt und der Temperaturanstieg gemessen wird. Am Ende des Rohres befindet sich eine Schalldüse, so daß aus dem Druck vor der Düse die Durchflußmenge bestimmt werden kann.

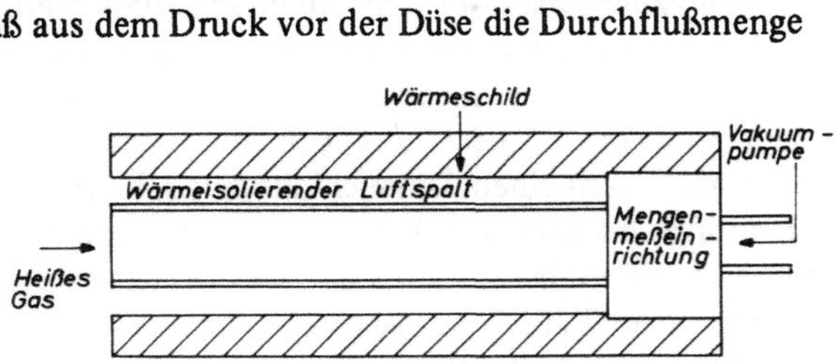

Bild 141. Instationäre Messung der Gesamtenthalpie [321].

9. Grenzschicht- und Nachlaufmessungen

In den Strömungs- und Temperaturgrenzschichten ändern sich in Wandnähe schnell die Meßgrößen. Die Meßsonden müssen daher besonders kleine Abmessungen haben. Häufig interessiert man sich weniger für das ganze Geschwindigkeitsprofil in der Grenzschicht, sondern nur für den Anstieg an der Wand, also für die Wandschubspannung. Ähnliche Probleme tauchen auch bei Messungen im Nachlauf eines Körpers auf. Bei Gasgemischen, wie sie z.B. durch Injektion eines Fremdgases an der Wand auftreten, interessiert auch die Konzentrationsverteilung in der Grenzschicht.

9.1. Grenzschichten

Das Verhalten von angeströmten Körpern wird wesentlich durch die Entwicklung der Grenzschichten beeinflußt [322], [323]. Eine Kenntnis des Verlaufs von Geschwindigkeit und Temperatur in der Grenzschicht ist daher häufig erwünscht, zumal daraus auch die Wandreibung (Abschnitt 9.2.3) bestimmbar ist. Nach den Vereinfachungen der Grenzschichttheorie kann der statische Druck in der Grenzschicht als konstant, d.h. als unabhängig vom Wandabstand angesehen werden und ist gleich dem an einer Wandbohrung entnommenen Druck p_s. Mißt man noch durch ein feines Pitotrohr den Gesamtdruck p_g in Abhängigkeit vom Wandabstand, so ist die Geschwindigkeitsverteilung in der Grenzschicht gegeben durch

$$\frac{v}{V} = \sqrt{\frac{p_g - p_s}{p_{ga} - p_s}} \quad , \qquad (9.1)$$

wenn p_{ga} den Gesamtdruck am Außenrand der Grenzschicht bezeichnet.

Grenzschichten sind laminar oder turbulent. Welcher Zustand herrscht, ist schon am Geschwindigkeitsprofil ablesbar, das bei turbulenten Grenzschichten einen steilen Anstieg in Wandnähe aufweist. Der Zustand der Grenzschicht kann ferner durch Turbulenzmessung mit einem Hitzdraht erfaßt werden (Abschnitt 10.2). Es gibt auch Verfahren, um den Umschlag zur Turbulenz sichtbar zu machen (Abschnitt 11.1.6). Für einen schnellen Überblick ist ferner auch das Stethoskop (Hörrohr) geeignet. Man verbindet hierbei eine Pitotsonde, die man in die Grenzschicht eingeführt hat, durch einen Schlauch mit einem Hörrohr (wie es Ärzte zum Abhören von Herztönen benutzen). Solange die Grenzschicht laminar ist, vernimmt man nur ein leises Geräusch, bei turbulenter Grenzschicht dagegen ein starkes Rauschen. Der Übergang zur Turbulenz macht sich durch knackende Geräusche bemerkbar, die von einzelnen Wirbeln herrühren. Unter geeigneten Bedingungen hört man sogar den Einsatz von Tollmien-Schlichting-Wellen.

Bei bekannter Geschwindigkeitsverteilung kann die Dicke der Grenzschicht charakterisiert werden durch die

Verdrängungsdicke $$\delta_1 = \int_0^\delta \left(1 - \frac{v}{V}\right) dy \tag{9.2}$$

und die

Impulsverlustdicke $$\delta_2 = \int_0^\delta \frac{v}{V}\left(1 - \frac{v}{V}\right) dy \, . \tag{9.3}$$

Hierbei entspricht $y = \delta$ dem Außenrand der Grenzschicht. Das Verhältnis $H = \delta_1/\delta_2$ bezeichnet man als „Formparameter" des Grenzschichtprofils.

Es liegt auf der Hand, daß Pitotsonden für Grenzschichtmessungen wesentlich kleinere Abmessungen haben müssen, als es der Grenzschichtdicke entspricht. Für einige einfache Strömungsfälle kann die Grenzschichtdicke angegeben werden, was für eine Abschätzung der Sondenabmessungen nützlich ist.

Bei laminarer Strömung ist für die Strömung längs einer ebenen Wand

$$\delta \approx 5\sqrt{\frac{\nu x}{V_\infty}} \quad ; \quad \delta_1 = 1{,}7208\sqrt{\frac{\nu x}{V_\infty}} \quad ; \quad \delta_2 = 0{,}664\sqrt{\frac{\nu x}{V_\infty}} \quad .$$

Dabei rechnet die Länge x von der Plattenvorderkante an. Für eine laminare Staupunktströmung mit $V = ax$ ist

eben: $$\delta \approx 2{,}4\sqrt{\frac{\nu}{a}} \quad ; \quad \delta_1 = 0{,}648\sqrt{\frac{\nu}{a}} \quad ; \quad \delta_2 = 0{,}292\sqrt{\frac{\nu}{a}}$$

rot.symm. $$\delta \approx 2{,}76\sqrt{\frac{\nu}{a}} \quad ; \quad \delta_1 = 0{,}574\sqrt{\frac{\nu}{a}} \quad ; \quad \delta_2 = 0{,}247\sqrt{\frac{\nu}{a}} \quad .$$

Für turbulente Plattengrenzschichten findet man bei Annahme des 1/7-Potenzgesetzes für die Geschwindigkeitsverteilung

$$\delta = 0{,}37\, x \left(\frac{V_\infty x}{\nu}\right)^{-1/5} \quad ; \quad \delta_1 = \frac{\delta}{8} \; ; \quad \delta_2 = \frac{7}{72}\delta \; .$$

9.2. Messung der Wandschubspannung

9.2.1. Einführung

Die Reibung an der Oberfläche von Flugzeugen und Schiffen liefert einen wesentlichen Anteil des Widerstandes. Die Kenntnis der Oberflächenreibung oder der „Wandschubspannung" ist daher für eine Verbesserung der Eigenschaften dieser Körper von wesentlicher Bedeutung. Leider ist jedoch die Reibungsmessung im allgemeinen recht schwierig. Lediglich bei der Strömung in Rohren kann die Reibung leicht aus dem Druckabfall bestimmt werden. Für allgemeinere Fälle gibt es verschiedene Meßverfahren. Soweit diese nicht selbst absolute Verfahren sind, benutzt man zur Eichung der entsprechenden Meßgeräte gewöhnlich die Rohrströmung.

9.2.2. Unmittelbare Meßverfahren

Die Wandschubspannung ist als die auf ein Flächenelement wirkende Tangentialkraft definiert. Bei den unmittelbaren Meßverfahren wird die auf ein herausgeschnittenes Wandelement wirkende Tangentialkraft durch Wägung gemessen. Diese Verfahren sind jedoch sehr aufwendig und werden daher nur für grundlegende Messungen angewandt.

9.2.2.1. Schleppkörper im Wasserkanal

G. Kempf [324] hat mit einem Meßponton von 77 m Länge und 1,6 m Breite, der in einem Wasserkanal geschleppt wurde, extrem hohe Reynoldszahlen in der Größenordnung von $Re \sim 5 \cdot 10^8$ erreicht. An verschiedenen Stellen des Meßpontons waren Wandelemente ausgeschnitten, an denen die tangentiale Schubkraft direkt gemessen wurde. *L. Prandtl* [325] hat aus diesen gemessenen örtlichen Widerstandszahlen durch Integration Gesamtwiderstandsbeiwerte ermittelt, die ausgezeichnet mit den theoretischen Kurven übereinstimmen.

9.2.2.2. Windkanalversuche

Entsprechende Versuche sind auch in Windkanälen durchgeführt worden, wobei ebenfalls an den Meßwänden ein Element herausgeschnitten war, das mit einer Waage zur Ermittlung der Tangentialkraft verbunden war. Die ersten Versuche an glatten Wänden stammen von *F. Schultz-Grunow* [326]. Ähnliche Messungen hat *S. Dhawan* [327] in einem mittleren Reynoldszahlbereich und für verschiedene Machzahlen sowohl bei laminaren als auch turbulenten Grenzschichten durchgeführt. Bild 142 zeigt eine Anordnung von *F. Schwarz*, die auch zur Messung bei Druckgradienten längs der Wand geeignet ist. Durch die Behälter B wird dafür gesorgt, daß die Kanten der Meßplatte nicht umströmt werden, da unterhalb der Spalte der gleiche Druck herrscht. Die bei einem Druckgradienten auf die Seitenflächen der Meßplatte (wobei noch der halbe Spalt unterhalb der Meßplatte hinzuzufügen ist) wirkende Kraft wird durch eine entgegengesetzte Kraft auf den starr verbundenen Kolben K kompensiert, der die gleiche Stirnfläche hat. Die Meßplatte M ist parallelogrammartig über insgesamt acht Federgelenke mit den Seitenwänden S_1 und S_2 und den Auflagern A verbunden. Durch ein mit S_1 und S_2 fest verknüpftes Trimmgewicht Tr kann die

Empfindlichkeit der Waagenanordnung eingestellt werden. An der Wand S_1 ist ein Torsionsfaden befestigt, der aus der Bildebene von Bild 142 herausführt. Durch Nachdrehen des Torsionsfadens kann die Meßplatte immer wieder in die alte Lage zurückgebracht werden und aus der Verdrehung die Schubkraft der Meßplatte bestimmt werden.

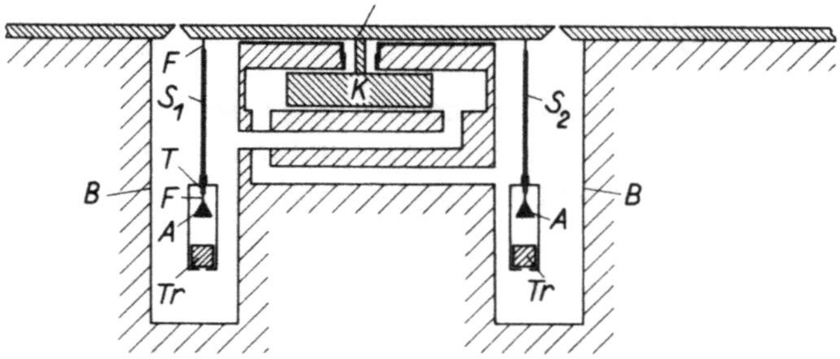

Bild 142. Messung der Wandschubspannung mit Kompensation des Druckgradienteneinflußes nach F. Schwarz. A Auflager, B Behalter, F Federgelenke (8), K Kolben, M Meßplatte, S_1, S_2 Seitenwände, T Torsionsfaden, Tr Trimmgewicht für Empfindlichkeitseinstellung.

9.2.2.3. Einbauwaagen

Für den unmittelbaren Einbau in Modelle sind piezoelektrische Meßgeber konstruiert worden [328]. Hierbei wird die von einer runden Scheibe aufgenommene Schubkraft von piezoelektrischen Kristallen aus Zirkontitanat in Biegung umgesetzt. Die Elemente müssen so gestaltet sein, daß sie möglichst unempfindlich gegen Druck und Beschleunigungen sind. Das letztere geschieht durch Anordnung einer gleichartigen zweiten Scheibe. Der Schubspannungs-Meßbereich liegt etwa von 0,1 bis 20 kp/m^2, die Druckempfindlichkeit wurde auf 1/1000 der Schubspannungsempfindlichkeit herabgesetzt.

9.2.3. Ermittlung aus dem Impulsverlust der Wandgrenzschicht

Ein anderes Verfahren zur Ermittlung der Wandschubspannung beruht darauf, daß man mit einem Pitotrohr den Verlauf des Gesamtdruckes p_g in der Grenzschicht ausmißt. Für den Wandschub-Spannungskoeffizienten c_f erhält man dann

$$2\,c_f = \frac{\tau_0}{\rho V^2} = \frac{d\vartheta_2}{dx} - \left(\vartheta_2 + \frac{\vartheta_1}{2}\right)\frac{1}{q_0}\cdot\frac{dp_s}{dx} + \left(-\frac{v_0}{V}\right) \quad . \tag{9.4}$$

v_0 ist die Ausblasegeschwindigkeit bei einer porösen Wand ($v_0 = 0$ bei undurchlässiger Wand). Dieses Verfahren erfordert jedoch einen verhältnismäßig großen Arbeitsaufwand und die Genauigkeit ist unbefriedigend. In der Nähe einer Ablösestelle versagt das Verfahren vollständig.

9.2.4. Ermittlung aus dem Geschwindigkeitsgradienten

Die Wandschubspannung τ_0 ist mit dem Geschwindigkeitsgradienten $\partial v/\partial y$ normal zur Wand verknüpft. Denn es gilt:

$$\tau_0 = \mu \left(\frac{\partial v}{\partial y}\right)_{y=0}$$

Zur Messung des Geschwindigkeitsanstiegs an der Wand wurden verschiedene Verfahren vorgeschlagen, die teilweise darauf beruhen, daß durch eine scharfe Schneide die wandnahe Strömung abgeschnitten wird.

9.2.4.1. Schneidensonden

In Bild 143a ist eine Anordnung von *T. E. Stanton* und Mitarbeitern [329] dargestellt. Eine einfachere Ausführung (Bild 143b), die aus einer dünnen Klinge besteht, die am oberen Ende eines zylindrischen Bolzens von 5 mm ϕ angebracht ist, beschreiben *A. Fage* und *V. M. Falkner* [330]. Eine Verbesserung erzielten *L. A. Wyatt* und *L. F. East* [331], indem auf der Modelloberfläche kleine Magnete eingelassen werden, welche die statische Bohrung enthalten. Die Rasierklingenteile werden aufgesetzt und magnetisch festgehalten.

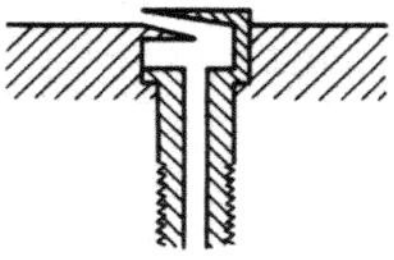

Bild 143a
Schneidensonde nach T.E. Stanton [329].

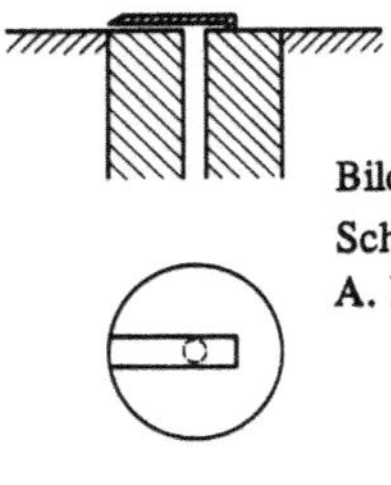

Bild 143b
Schneidensonde nach A. Fage und V.M. Falkner [330]

Bild 143c
Halbkreissonde nach A. Fage und R.F. Sargent [332].

9.2.4.2. Halbkreissonden

Eine andere Ausführungsform kam von *A. Fage* und *R. F. Sargent* [332] (Bild 143c). Das Schubspannungs-Meßelement besteht aus einem Bolzen von 2,5 mm Außendruchmesser mit einer Bohrung von 0,8 mm Durchmesser. Am oberen Ende des Bolzens ist eine Schrägbohrung von 1 mm Durchmesser angebracht, die entsprechend Bild 143c durch einen Pfropfen wieder halb verschlossen ist. Der Bolzen wird so weit abgedreht, bis sich eine scharfe Schneide bildet. Die Höhe der Oberkante über der Wandfläche wird durch Eichung festgelegt und mit einer Mikrometerschraube eingestellt. Das Meßelement ist zur Untersuchung der gegenseitigen Wirkung einer Grenzschicht und Stoßwelle in einer Überschallströmung angewandt worden.

9.2.4.3. Prestonrohr

Die bisher beschriebenen Meßelemente erfordern recht genauen Einbau in die Wand. *A. V. Stephens* und *J. A. G. Haslam* [333] haben den Übergang von der laminaren zur turbulenten Grenzschicht an einem Flügel dadurch bestimmt, daß sie ein Pitotröhrchen längs der Wand bewegten. *J. H. Preston* [334] hat diesen Gedanken aufgegriffen und in ein Verfahren zur Messung der Wandreibung ausgearbeitet. *Preston* benutzte dabei Röhrchen mit einem Außendruchmesser d von 0,4 bis 3 mm, wobei der Innendurchmesser durchweg das 0,6fache des Außendurchmessers betrug. Bezeichnet man den Gesamtdruck in dem an der Wand aufliegenden Röhrchen mit p_g, den statischen Druck mit p_s, so fand *Preston* einen eindeutigen Zusammenhang mit der Wandschubspannung τ_0 in der Form:

$$\frac{(p_g - p_s)}{\rho V^2}\, d^2 = F\left(\frac{\tau_0\, d^2}{\rho V^2}\right) \quad . \tag{9.5}$$

Dieser aus den Messungen ermittelte Zusammenhang ist in Bild 144 in logarithmischem Maßstab aufgetragen, die verschiedenen verwendeten Röhrchen sind durch unterschiedliche Symbole dargestellt. Für die Anwendbarkeit des Verfahrens ist nicht Bedingung, daß sich die Sonde noch vollkommen in der laminaren Unterschicht befindet, die ja nur einen geringen Bruchteil der gesamten Grenzschichtdicke ausmacht.

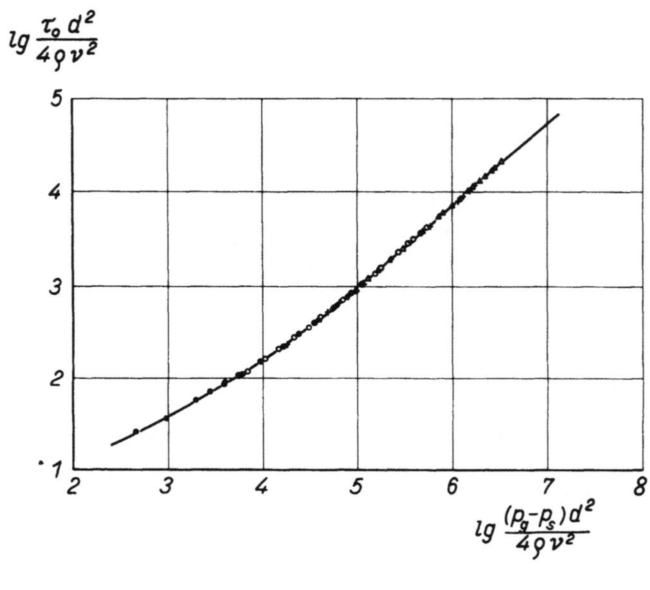

Bild 144
Eichkurve eines Prestonrohr [334].

E. Y. Hsu [335] zeigte sowohl theoretisch als auch experimentell, daß das Prestonrohr nicht nur für die Messung der Wandschubspannung, sondern auch der örtlichen Schubspannung in äußeren Grenzschichten (z.B. Strahlrändern) brauchbar ist. Auch bestätigte er Prestons Beobachtung, daß die Wandstärke des Pitotrohres keinen merklichen Einfluß hat. *F. W. Fenster* und *C. J. Stalmach* [336] haben die Technik des Prestonrohres auf kompressible Grenzschichten ausgedehnt. Für wärmeisolierte Wände fanden sie einen Zusammenhang in der Form:

$$\left[f_1(Ma_1)/\sqrt{\sigma}\right] Re_d \arcsin\left[\sqrt{\sigma}\,(V_s/V_1)\right] = f\left(f_2(Ma_1)\,Re_d^2\,c_f\right) \quad . \tag{9.6}$$

Dabei ist

$$\sigma = (\kappa - 1)/2 \;\; Ma_1^2 / \left\{1 + (\kappa - 1)/2 \;\; Ma_1^2\right\}$$

$$f_1(Ma_1) = \left\{1 + (\kappa - 1)/2 \;\; r\,Ma_1^2\right\}^{-(\omega+2)}$$

$$f_2(Ma_1) = \left\{1 + (\kappa - 1)/2 \;\; r\,Ma_1^2\right\}^{-(2\omega+1)} \quad .$$

Der Index 1 bezieht sich auf die Außenströmung, Re_d ist die mit dem Sondendurchmesser gebildete Reynoldszahl, ω der Exponent der Zähigkeits-Temperaturfunktion, r der Recoveryfaktor und V_s die von der Sonde angezeigte Geschwindigkeit. Der aus den Messungen ermittelte Zusammenhang ist in Bild 145 wiedergegeben.

B. M. Leadon und *E. R. Bartle* [337] haben das Prestonrohr auch auf die poröse Wand mit Ausblasen angewandt und den Einfluß des Ausblasens bei verschiedenen Rohrdurchmessern untersucht. Bei sehr kleinen Rohrdurchmessern ist es erforderlich, einen vorgegebenen Abstand von der Wand einzuhalten. Untersuchungen von *I. Rechenberg* [338] bewiesen, daß das Prestonrohr genau arbeitet und früher beobachtete Unregelmäßigkeiten bei der Eichung in der Rohrströmung durch Längswirbel verursacht wurden. Bild 146 zeigt eine Zweilochsonde nach *I. Rechenberg* mit gleichzeitiger Messung des statischen Druckes.

9.2.4.4. Oberflächenzaun

Bei dem von *N. I. Konstantinov* und *G. L. Dragnysh* [339] eingeführten Oberflächenzaun (Bild 147) wird die Druckdifferenz vor und hinter einer aus der Oberfläche herausragenden, senkrecht zur Strömung stehenden Schneide der Wandschubspannung zugeordnet. Eine besondere statische Bohrung kann wegfallen. Die Druckdifferenz ist bei gleicher Höhe etwa doppelt so groß wie bei Schneidensonden.

9.2.4.5. Hitzdrahtmessung

Der Geschwindigkeitsgradient an der Wand ist mit Hilfe eines Hitzdrahtes direkt meßbar [340]. Wegen der unbekannten Wärmeableitung zur Wand ist allerdings eine Eichung erforderlich.

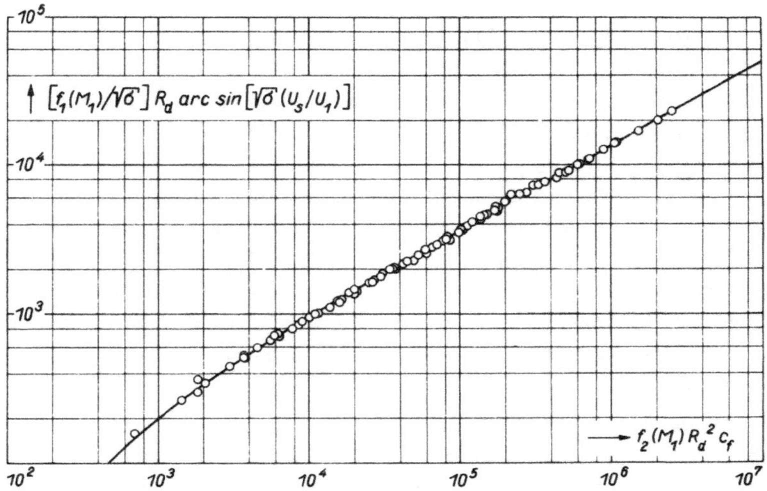

Bild 145. Eichkurve eines Prestonrohrs für kompressible Strömung bei wärmeisolierter Wand nach F.W. Fenter und C.J. Stalmach [336].

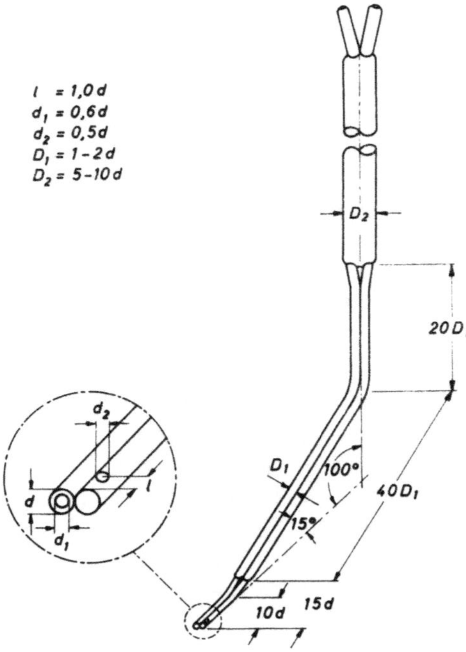

Bild 146

Zweilochsonde nach I. Rechenberg.

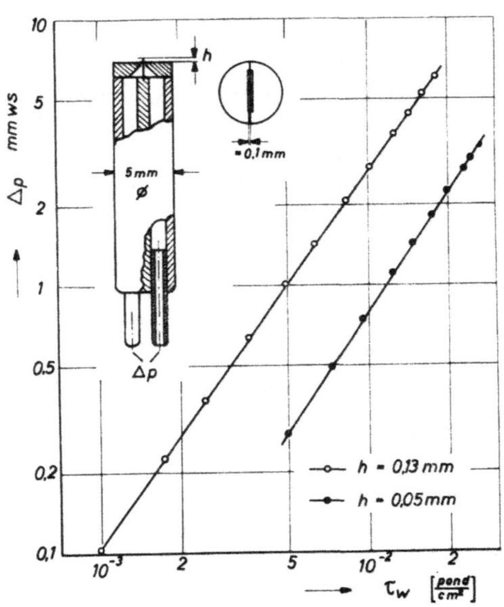

Bild 147

Aufbau und Eichkurve eines Oberflächenzauns zur Wandschubspannungsmessung.

9.2.5. Ermittlung aus der Wärmeabgabe eines geheizten Wandelements

Bei einer turbulenten Reibungsschicht an einer glatten Wand hängt das Geschwindigkeitsprofil in unmittelbarer Wandnähe auch bei Druckanstieg und Druckabfall außer von den Stoffkonstanten des strömenden Mediums nur von der an die Wand übertragenen Schubspannung ab. Daher ist die Wärmeabgabe eines kleinen in die Wand eingebauten geheizten Elementes ein Maß für die übertragene Wandschubspannung. Dieser Tatsache sind wohl erstmalig *A. Fage* und *V. M. Falkner* [341] nachgegangen. *H. Ludwieg* [342] hat durch theoretische Betrachtungen die Möglichkeit aufgezeigt, bei Einhaltung bestimmter konstruktiv geeigneter Abmessungen einen eindeutigen Zusammenhang zwischen Wärmeabgabe und Wandschubspannung zu finden, der zweckmäßigerweise durch eine Eichmessung bestimmt wird.

Die von *H. Ludwieg* [342] auf dieser Grundlage entwickelten Meßelemente enthalten im Prinzip einen elektrisch geheizten Metallklotz, der gegen seine Umgebung möglichst gut wärmeisoliert ist. Er wird glatt abschließend in die Wand eingebaut, so daß die Strömung nicht gestört wird. Der Metallklotz muß in Strömungsrichtung kurz sein, damit die sich von der Vorderkante an ausbildende Temperaturgrenzschicht im Bereich des Klotzes möglichst dünn bleibt.

Das Meßelement in Bild 148 besteht aus dem Messinggehäuse B, in dessen Bohrung das Kupferklötzchen A durch eine angekittete dünne Zelluloidmembran E gehalten wird. Um eine Wölbung der Membran durch einen Druckunterschied zwischen Innen- und Außenraum zu vermeiden, ist in die Wand des Gehäuses noch die Druckausgleichsbohrung H angebracht. Die Temperatur des Klötzchens wird durch ein Thermoelement gemessen, dessen Lötstelle sich in der Nähe der wärmeabgebenden Oberfläche befindet. An dem Schutzrohr G ist noch der Zeiger D angebracht, der sich über der mit Winkelteilung versehenen Scheibe C bewegt. Dadurch kann die Richtung abgelesen werden, unter der das Klötzchen eingebaut ist. Das Meßelement ist für eine Vielzahl von Meßstellen verwendbar, wobei die nicht benutzten durch entsprechende Blindstöpsel verschlossen werden. Bild 149 zeigt eine Eichkurve, die bei konstanter Heizleistung erhalten wurde. Wegen der unvermeidlichen Wärmeableitung durch die Wand geht die Eichkurve nicht durch den Nullpunkt, sondern ist parallel verschoben. Bis zu Winkeln von $\pm 15^\circ$ ist das Meßelement richtungsempfindlich. Bei einem Winkel von 90° erhält man ein ausgeprägtes Maximum. Man kann diese Eigenschaft dazu benutzen, die Richtung der Schubspannung ziemlich genau zu ermitteln. Bei der Schubspannungsmessung in Flüssigkeiten ist der Wärmeübergang vom Meßelement auf das strömende Medium wesentlich größer als bei Gasen. Die Wärmeisolierung des Klotzes braucht nicht so vollkommen zu sein, wodurch eine robustere Bauart möglich ist.

Über die Anwendung des Ludwiegschen Meßelementes bei hohen Geschwindigkeiten berichten *H. W. Liepmann* und *G. T. Skinner* [343].

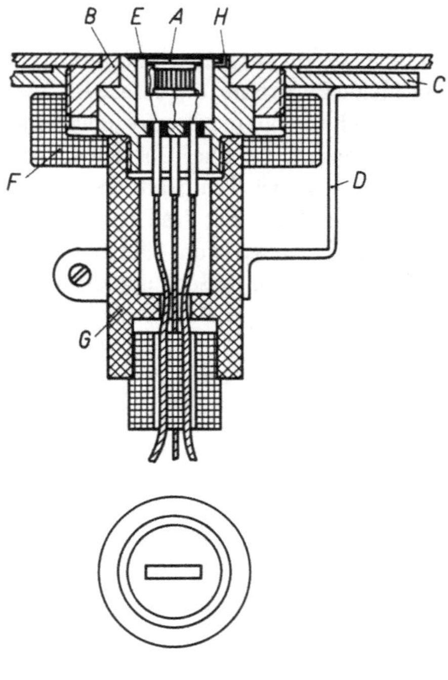

Bild 148
Wandschubspannungsmeßgerät für Gase nach H. Ludwieg [342].
A Kupferklötzchen, B Messinggehäuse, C Winkelteilung, D Zeiger, E Zelluloidmembran, F Haltemutter, G Schutzrohr, H Druckausgleichsbohrung.

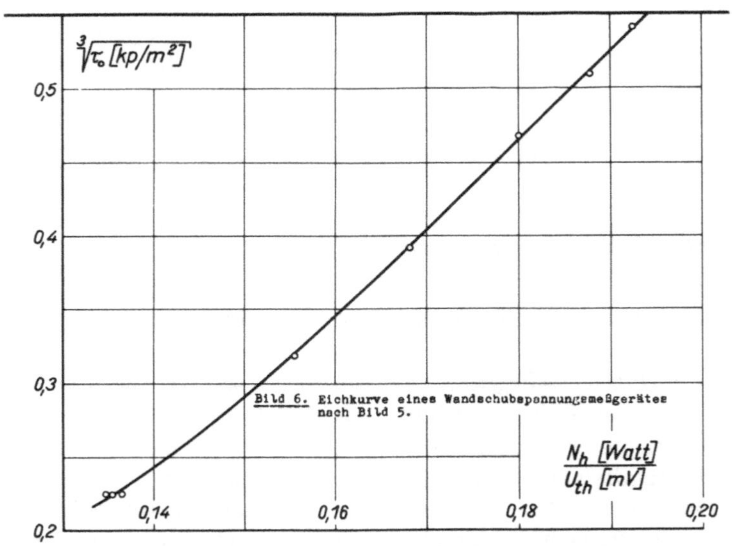

Bild 149. Eichkurve eines Wandschubspannungsmeßgerätes nach Bild 148.

9.3. Sonden für Grenzschichtmessungen

Zur Untersuchung der Geschwindigkeitsverteilung in Grenzschichten nimmt man sehr kleine Pitotrohre, die bereits im Abschnitt 6.2.2 ausführlich behandelt wurden. Soll jedoch sowohl die Geschwindigkeitsverteilung als auch die Temperaturverteilung in der Grenzschicht einer Überschallströmung ermittelt werden, ist es zweckmäßig, kombinierte Druck-Temperatur-Sonden zu verwenden. Bei der in Bild 150 dargestellten Anordnung hat das Pitotrohr eine konisch zugeschärfte Spitze mit einem Eingangsdurchmesser von 0,48 mm. Im Inneren befindet sich ein Mantelthermoelement mit einem Außendurchmesser von 0,25 mm [344].

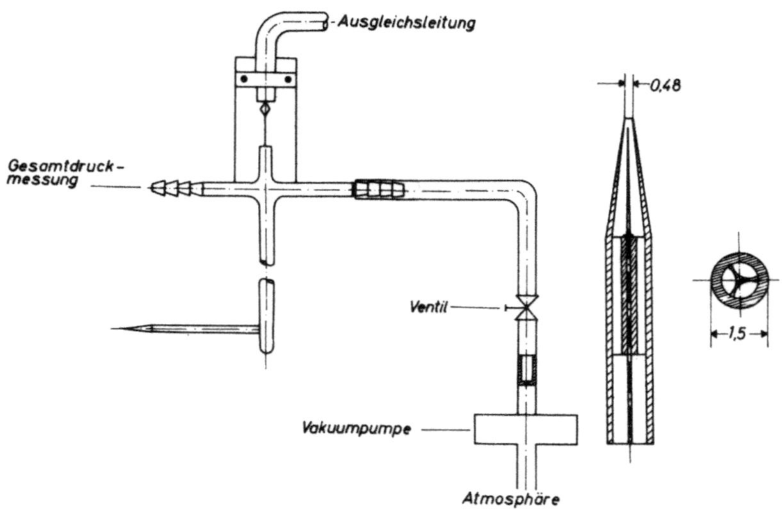

Bild 150. Kombinierte Druck- und Temperatursonde (nach U. Meier [344]).

9.4. Nachlaufmessungen

9.4.1. Messung des Profilwiderstandes von Tragflügeln aus Impulsverlustmessungen

Nach der Tragflügeltheorie entsteht ein großer Teil des Widerstandes eines Flügels durch die in Strömungsrichtung abgehenden Wirbelfäden. Dieser als „induzierte Widerstand" bezeichnete Anteil läßt sich ebenso wie der „Wellenwiderstand" bei Überschallgeschwindigkeiten in vielen Fällen ziemlich genau rechnerisch ermitteln. Ein anderer Teil des Widerstandes, der sogenannte „Profilwiderstand", wird durch die Oberflächenreibung und durch Strömungsablösungen hervorgerufen. Man kann diesen Widerstandsanteil durch bestimmen, daß man von dem durch Kraftmessungen gefundenen Gesamtwiderstand den induzierten Widerstand abzieht. Diese Methode ist aber recht ungenau. Auf Anregung von *J. Ackeret* hat *A. Betz* [345] bereits 1925 ein Verfahren ausgearbeitet, den Profilwiderstand unmittelbar aus dem Energieverlust der Strömung zu berechnen. Neben der größeren Genauigkeit hat dieses Verfahren noch den Vorteil, daß man den Profilwiderstand für jeden Flügelquerschnitt einzeln bestimmen kann. Dabei sind allerdings Stellen längs der Spannweite auszuschließen, an denen eine plötzliche Auftriebsänderung stattfindet (z.B. an den Enden von Landeklappen). Außerdem ist das Verfahren auch im Flugversuch anwendbar. In der Folgezeit hat es daher weite Verbreitung gefunden, und zur Erleichterung der Messung sind spezielle Einrichtungen entwickelt worden.

9.4.2. Grundlagen des Meßverfahrens

9.4.2.1. Formeln von Betz-Jones

Um den Widerstand eines Körpers mit Hilfe des Impulssatzes zu ermitteln, denken wir uns vor und hinter dem Körper eine Kontrollfläche (Bild 151), die sich nach oben und unten ins Unendliche erstrecken soll. Auf einen Flügelabschnitt wirkt dann je Längeneinheit in Spannweitenrichtung die Kraft:

$$W_p = \int_{-\infty}^{\infty} \left[(p_0 - p) + \rho\,(v_0^2 - v^2)\right] dy$$

$$= \int_{-\infty}^{\infty} \left[(g_0 - g) + \frac{\rho}{2}\,(v_0^2 - v_2)\right] dy \quad . \qquad (9.7)$$

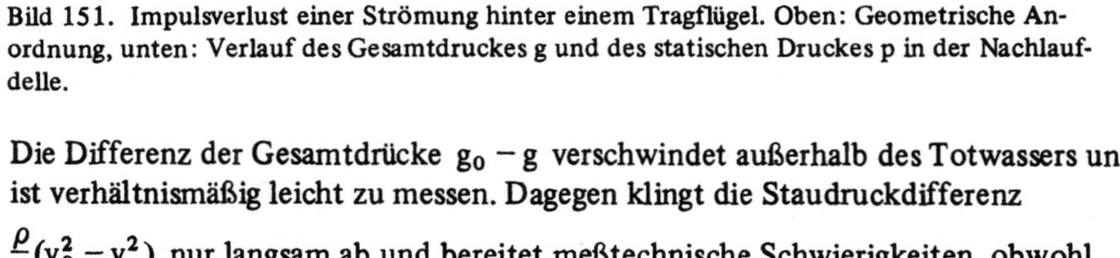

Bild 151. Impulsverlust einer Strömung hinter einem Tragflügel. Oben: Geometrische Anordnung, unten: Verlauf des Gesamtdruckes g und des statischen Druckes p in der Nachlaufdelle.

Die Differenz der Gesamtdrücke $g_0 - g$ verschwindet außerhalb des Totwassers und ist verhältnismäßig leicht zu messen. Dagegen klingt die Staudruckdifferenz $\frac{\rho}{2}(v_0^2 - v^2)$ nur langsam ab und bereitet meßtechnische Schwierigkeiten, obwohl dies nur einen geringen Teil des ersten Summanden ausmacht. *A. Betz* hat daher noch eine Umformung vorgenommen, bei welcher der zweite Summand ebenfalls außerhalb des Totwassers verschwindet. Mehr eingebürgert hat sich eine einfachere Formel von *M. Jones* [346], die sich für praktische Zwecke zahlenmäßig nur geringfügig von der Betzschen Formel unterscheidet und (mit c_{wp} als Koeffizienten des Profilwiderstandes und l als Profiltiefe) lautet:

$$W_p/l \cdot q_0 = c_{wp} = \int 2\sqrt{\frac{g-p}{q_0}}\left(1-\sqrt{\frac{g-p_0}{q_0}}\right) d\frac{y}{l} \quad . \qquad (9.8)$$

Die Integration ist dabei über die Breite des Totwassers vorzunehmen.

Eine andere Schreibweise der Formel stammt von *B. Regenscheit:*

$$c_{wp} = \int \sqrt{1-\frac{p}{g}}\left[\left(1-\frac{g}{g_0}\right) - \left(1-\sqrt{\frac{g}{g_0}}\right)^2\right] d\frac{y}{l} \quad , \qquad (9.9)$$

wobei das Druckniveau $p_0 = 0$ gesetzt ist.

Die Messung des Profilwiderstandes wird also nach diesen Formeln auf eine Messung der Verteilung des Gesamtdruckes g und des statischen Druckes p im Nachlauf hinter dem Flügel zurückgeführt.

9.4.2.2. Näherungsformeln

Bleibt man mit der Meßstelle mindestens eine Flügeltiefe von der Profilhinterkante entfernt, so ist der statische Druck p nur noch wenig von Null verschieden. Der Faktor $\sqrt{1-p/g}$ ist also fast Eins. Daneben ist wenigstens bei kleinen c_{wp}-Werten (bis etwa $c_{wp} = 0{,}015$) das quadratische Glied in der eckigen Klammer von Gl. (3) klein. Näherungsweise kann man demnach setzen

$$c_{wp} = k \int \left(1-\frac{g}{g_0}\right) d\frac{y}{l} \quad , \qquad (9.10)$$

wobei der Korrekturfaktor etwa den Wert 0,96 hat [347]. Die Messung des statischen Druckes erübrigt sich also.

Einen etwas genaueren Wert für den Korrekturfaktor k liefert folgende Formel, die aus dem Verfahren von *A. Silverstein* und *S. Katzoff* [348] abgeleitet ist:

$$k = 1-\frac{h}{4}-h^2(0{,}127+0{,}038h+0{,}162h^2)-\varphi(0{,}455+0{,}4h+0{,}22h^2+0{,}83h^2) \; , \qquad (9.11)$$

wobei $h = \frac{3}{4}\left(\frac{g_0-g}{q_0}\right)_{max}$ ist. Die Größe $\varphi = \left(1-\frac{p_1-p_0}{q_0}\right)\frac{p_1-p_0}{q_0}$, welche der Abweichung $p_1 - p_0$ des statischen Druckes zugeordnet ist, hängt vom Abstand des Rechens von der Flügelhinterkante ab. In Bild 152 ist eine von *B. Reistad* [349] aufgestellte Kurventafel zur Ermittlung von k wiedergegeben, die nur geringfügig von der Gl. (9.11) abweicht. Ein ähnliches Kurvenblatt hat auch *W. Pfenniger* [350] erarbeitet.

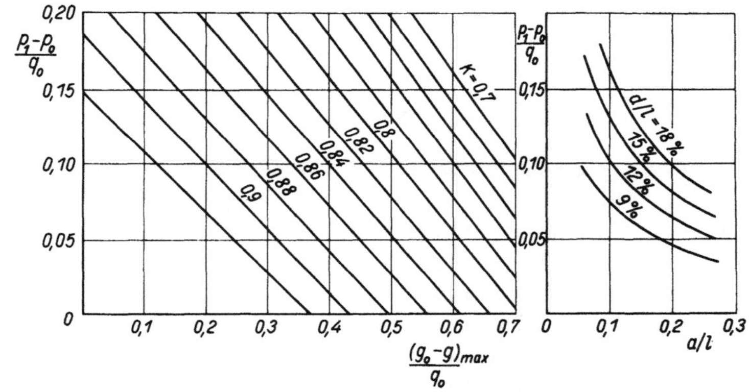

Bild 152. Korrekturfaktor k zur näherungsweisen Bestimmung des Profilwiderstandes nach Formel (9.10) (nach B. Reistad [349]). Man bestimmt zunächst rechts bei gegebener Rücklage a des Rechens hinter der Profilhinterkante und bei gegebenem Verhältnis der Profildicke h zur Profiltiefe l die relative Abweichung des statischen Druckes $p_1 - p_0/q_0$. In der linken Tabelle findet man dann zu einer gemessenen maximalen Abweichung $g_0 - g$ des Gesamtdruckes den Korrekturfaktor k.

9.4.2.3. Erweiterung auf Unterschallströmungen

Entsprechende Formeln für die Nachlaufdelle bei kompressiblen Unterschallströmungen sind verschiedentlich tabelliert worden. Etwas einfachere halbempirische Formeln stammen von *J. S. Thompson, R. C. Pankhurst* und *D. W. Holder* [1] haben sie in Form von Tabellen und Nomogrammen wiedergegeben.

9.4.3. Integrationsverfahren

Da Auswertungen der Gln. (9.8) bis (9.10) in der Windkanal-Meßtechnik häufig vorkommen, wurden besondere Verfahren zur Erleichterung dieser Arbeit entwickelt.

9.4.3.1. Maschinelle Integration

Falls die Druckmeßdaten auf Magnetband, Lochstreifen oder Lochkarten gespeichert vorliegen, kann zur Auswertung eine elektronische Rechenmaschine herangezogen werden.

9.4.3.2. Durchlaufendes Pitotrohr

B. Reistad [349] läßt ein Pitotrohr mit konstanter Geschwindigkeit durch die Nachlaufdelle hin und herfahren, wobei sich in dem angeschlossenen Druckbehälter ein konstanter Mittelwert einstellt, der mit dem ungestörten Gesamtdruck von zwei feststehenden Röhrchen verglichen wird, die zu beiden Seiten der Nachlaufdelle angeordnet sind.

9.4.3.3. Integrierender Druckmeßrechen

Der integrierende Rechen von *M. Kramer* [347], [351], [352] ist so ausgebildet, daß der Mittelwert der Drücke unmittelbar angezeigt wird. Nach Bild 153 geht dies dadurch, daß die Gesamtdruckröhrchen der Nachlaufdelle über Kapillarröhrchen (0,55 mm Innendurchmesser) an ein gemeinsames Rohr angeschlossen sind. Der ungestörte Druck beiderseits der Nachlaufdelle wird durch zwei Sondengruppen gemessen, die durch Kapillaren auf ein zweites Rohr geschaltet sind. Durch diese Anordnung werden Unregelmäßigkeiten in der Gesamtdruckverteilung des Luftstromes ausgemittelt. Die Möglichkeit einer Verstopfung der Kapillaren durch Staub muß durch konstruktive Maßnahmen weitgehend ausgeschlossen werden. (Ausbildung des Sondenkopfes mit einer Erweiterung, die als Staubfangkammer wirkt.)

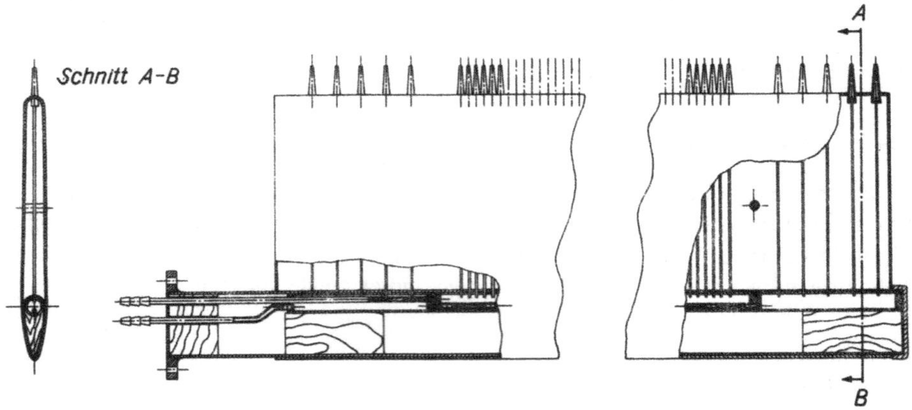

Bild 153. Integrierender Impulsrechen (nach [351]). Die Gesamtdruckröhrchen sind durch Kapillaren auf einen Behälter geschaltet, und zwar die inneren und die äußeren getrennt für sich.

9.4.3.4. Integrierende Manometer

Der integrierende Rechen hat sich nicht allgemein für Impulsverlustmessungen durchsetzen können, weil man sich bei diesem Gerät während der Messung keine Gewißheit verschaffen kann, ob alle Kapillaren einwandfrei arbeiten. Daher werden

Verfahren bevorzugt, bei denen die Drücke einzeln mit einem Vielfachmanometer gemessen werden und am Manometer der Summendruck gebildet wird. Es handelt sich dabei im wesentlichen um die beiden im folgenden beschriebenen Anordnungen.

Integrierendes Tauchglockenmanometer

Bei diesem Verfahren (Bild 154) ist jedes Rohr des Impulsrechens mit dem Inneren einer Tauchglocke verbunden, deren Durchmesser dem jeweiligen Abstand der Röhrchen des Rechens angepaßt ist [353]. Der ungestörte Gesamtdruck ist mit dem Außenraum der Glocken verbunden. Alle Glocken sind am Arm einer Laufgewichtswaage befestigt (in Bild 154 durch eine Hebelwaage versinnbildlicht), deren Anzeige unmittelbar ein Maß für den Profilwiderstand ist. Ein ganz ähnliches Manometer wurde neuerdings auch zur Messung des Momentes an Flügelklappen durch Integration der Druckverteilung benutzt [354].

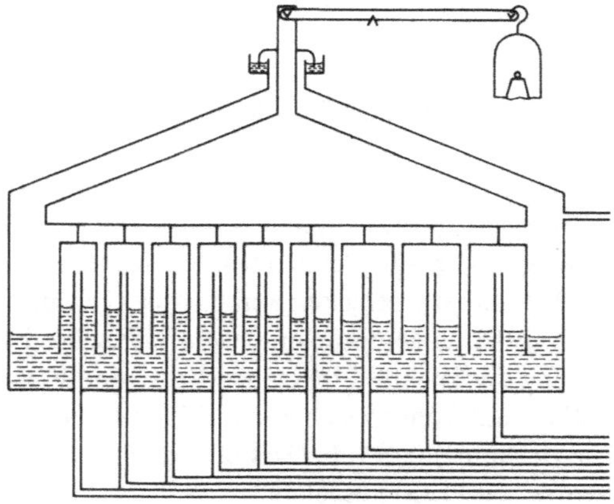

Bild 154
Integrierendes
Tauchglocken-Manometer
nach [352].

Integrierendes Flüssigkeitsmanometer

Ein anderes Verfahren besteht darin, das Integral über die Nachlaufdelle aus der verdrängten Flüssigkeitsmenge eines Flüssigkeits-Vielfachmanometers zu bestimmen. Das Meßprinzip wurde bereits in Bild 126 (Abschnitt 7.4.2) erläutert. Derartige Meßeinrichtungen sind an verschiedenen Forschungsanstalten, u.a. an der ONERA (Frankreich) [355] und am Aeronaut. Departm. der Techn. Universität Delft [354], gebaut worden. *E. Dobbinga* [356] löst das Problem, daß die Nachlaufdelle sehr unterschiedliche Breiten haben kann, entsprechend Bild 155 dadurch, daß jeweils 17 Röhrchen (im Bild nur fünf eingezeichnet) durch einen Meßstellenumschalter mit dem Vielfachmanometer verbunden sind. Durch einfaches Umschalten wird der Abstand der Röhrchen verdoppelt, vervierfacht bzw. verachtfacht. In einer weiteren Schaltstellung wird das Manometer mit den äußeren Rohren zur Messung des ungestörten Druckes verbunden. Insgesamt muß der Rechen 41 Röhrchen enthalten, da man viele Röhrchen bei der Umschaltung mehrfach benutzt.

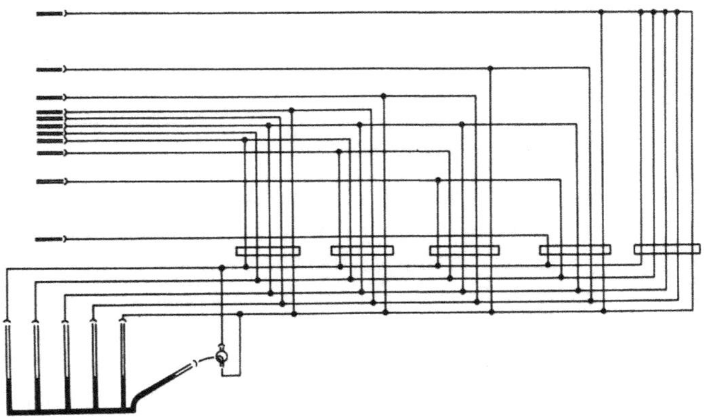

Bild 155. Impulsrechen und integrierendes Manometer mit umschaltbarer Rechenbreite nach E. Dobbinga [354].

9.4.4. Hypersonischer Nachlauf

In den letzten Jahren haben Messungen des hypersonischen Nachlaufes schnell fliegender Körper wachsende Aufmerksamkeit gefunden. Dabei geht es nicht um die Messung des Profilwiderstandes. Im Nachlauf, der sich bei geringer Gasdichte über viele Kilometer erstrecken kann, ist das Gas im teilweise ionisierten Zustand, wodurch die Nachrichtenübermittlung beeinflußt wird. Es handelt sich also vorwiegend um Messung der Dichte, Elektronendichte und Elektronentemperatur (vgl. Abschnitt 8.5). Im Nachlauf können sich auch Ablationsmaterialien des fliegenden Körpers befinden. Eine zusammenfassende Darstellung des Standes der Forschung wurde in einem Tagungsband [357] gegeben.

9.5. Konzentrationsgrenzschichten

Zur Beeinflussung des Wärmeübergangs an Hyperschall-Flugkörpern ist es von Interesse, ein leichtes Gas in die Grenzschicht auszublasen. Dabei bildet sich eine Diffusionsgrenzschicht mit veränderlicher Konzentration aus. Bei verschiedener Dichte der Gaskomponenten kann der Dichtegradient auch bei kleinen Strömungsgeschwindigkeiten durch Schlierenaufnahmen sichtbar gemacht werden. Mit Hilfe eines Massenspektrometers ist aber auch die Konzentrationsverteilung in der Grenzschicht unmittelbar meßbar [358]. Obwohl sich auch andere gebräuchliche Massenspektrometer benutzen lassen, liegen günstige praktische Erfahrungen mit einem Topatron-Hochfrequenz-Massenspektrometer vor. Bild 156 zeigt ein Schema des Elektrodenaufbaus zusammen mit einem Blockschaltbild der Versorgungseinrichtungen. Der von der Kathode K emittierte Elektronenstrom ionisiert das in der Ionisationskammer A befindliche Gasgemisch. Die Ionen werden mit Hilfe der negativ vorgespannten Elektrode G_1 als feiner Ionenstrahl aus der Kammer A herausgezogen und gelangen in das aus Gittern G_2 bis G_{12} bestehende Trennsystem. Wenn an diesen Gittern ein hochfrequentes Feld mit der Frequenz f liegt, nimmt nur diejenige Ionenart (e_i, m_i) Energie aus dem Hochfrequenzfeld auf, für welche die Resonanzbedingung

$$f = k\sqrt{\frac{e_i}{m_i}U}$$

erfüllt ist, worin k eine Systemkonstante und U das Potential der Gitter ist. Das am Ende des Trennsystems angeordnete Gitter G_{13} läßt nur diejenigen Ionen zum Ionenfänger T durch, die genügend Energie aufgenommen haben. Durch Verändern der Hochfrequenz zwischen 35 MHz und 3,5 MHz lassen sich alle zwischen $m_i = 2$ und $m_i = 100$ vorhandenen Massen finden. Obwohl das Hochfrequenz-Massenspektrometer erst bei Drücken unterhalb 10^{-3} Torr arbeitet, kann man bei Verwendung eines Druckteilers bis Atmosphärendruck messen. Bild 157 gibt eine Schaltung mit doppeltem Druckteiler wieder, bei der zunächst der Druck von Atmosphärendruck bis 1 Tor und im zweiten Teiler von 1 Tor bis $8 \cdot 10^{-5}$ Torr reduziert wird. Die Grenzschichtsonde, die als erste Drosselstelle wirkt, muß einen Öffnungsquerschnitt von etwa $4 \cdot 10^{-2}$ mm² haben. Die ganze Anordnung wird dann mit dem zu untersuchenden Gasgemisch geeicht, indem man ein Meßvolumen zunächst evakuiert, dann mit dem einen Gas bis zum gewünschten Partialdruck auffüllt und mit dem anderen Gas bis zum Gesamtdruck ergänzt. Eine Meßgenauigkeit von etwa 2% ist erreichbar, wenn der am Massenspektrometer wirkende Gesamtdruck bei Eichung und Messung konstant bleibt.

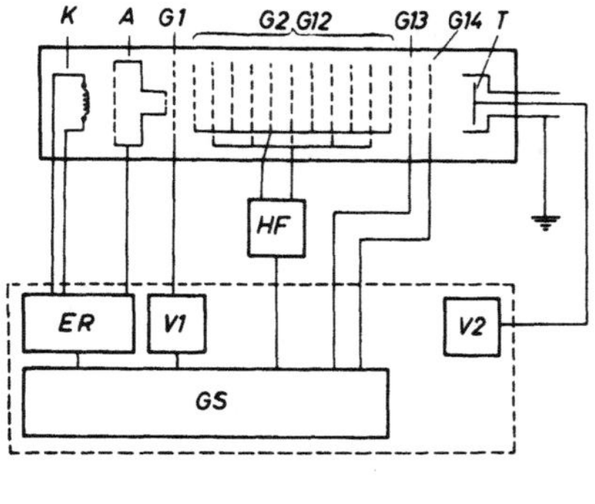

Bild 156
Blockschaltbild des Topatron-Hochfrequenz-Massenspektrometers.

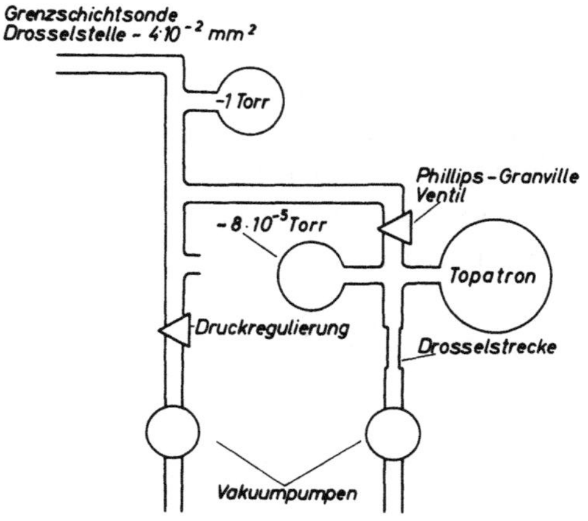

Bild 157
Doppelter Druckteiler für Konzentrationsmessungen bei Atmosphärendruck

10. Turbulenzmessung

Unter Turbulenz versteht man ungeordnete Schwankungen, die der mittleren Strömungsgeschwindigkeit überlagert sind. Bezeichnet man den zeitlichen Mittelwert der Geschwindigkeitskomponente u mit $\bar{u}$ und die Schwankungsgeschwindigkeit mit u', so gilt für die Geschwindigkeitskomponenten und den Druck

$$u = \bar{u} + u' ; \qquad v = \bar{v} + v' ; \qquad w = \bar{w} + w' ; \qquad p = \bar{p} + p' .$$

Für kompressible turbulente Strömungen ist zusätzlich

$$\rho = \bar{\rho} + \rho' ; \qquad T = \bar{T} + T' .$$

Hierbei werden die Mittelwerte als zeitliche Mittelwerte in einem festgehaltenen Raum gebildet, also z.B.

$$\bar{u} = \frac{1}{t_1} \int_{t_0}^{t_0+t_1} u \, dt \quad . \tag{10.1}$$

Die zeitlichen Mittelwerte der Schwankungen müssen nach dieser Definition verschwinden. Dagegen ist

$$\overline{u'^2} = \frac{1}{t_1} \int_{t_0}^{t_0+t_1} u'^2 \, dt \tag{10.2}$$

von Null verschieden und ein Maß für die Intensität der Turbulenz. Bei isotroper Turbulenz ist

$$\overline{u'^2} = \overline{v'^2} = \overline{w'^2} \quad .$$

Als Turbulenzgrad bezeichnet man dann die Größe $\sqrt{\overline{u'^2}/V^2}$. Außerhalb fester Wände strebt die Turbulenz immer dem isotropen Zustand zu. Hinter Sieben ist die Turbulenz zunächst nicht isotrop.

Mißt man die turbulenten Schwankungen an zwei Stellen, deren Abstand y variiert wird, so ist

$$F(y) = \frac{\overline{u_1 \cdot u_2}}{\sqrt{\overline{u_1^2}} \cdot \sqrt{\overline{u_2^2}}} \tag{10.3}$$

eine Korrelationsfunktion, die für kleinen Abstand y gegen 1 geht, für großen dagegen verschwindet. Zur Kennzeichnung des Turbulenzmaßstabes bildet man die Länge

$$L = \int_0^\infty F(y) \, dy \quad . \tag{10.4}$$

L kann als Maß für die Wirbelgröße der turbulenten Ballen angesehen werden. In ähnlicher Weise lassen sich auch Korrelationsfunktionen zwischen den Geschwindigkeitskomponenten oder zwischen Geschwindigkeit und Druck bilden. Solche Korrelationen und Mehrfachkorrelationen sind für gewisse statistische Theorien der Turbulenz von Bedeutung und durch Rechenschaltungen bestimmbar.

Für die Aufnahme turbulenter Geschwindigkeitsschwankungen nimmt man vorzugsweise Hitzdrähte und Koronasonden, für Druckschwankungen Mikrofone. Den Turbulenzgrad von Windkanälen erhält man auch durch Kugelmessungen [359].

10.1. Kugelmessung

Bereits seit den 1912 bis 1914 durchgeführten Untersuchungen von *Eiffel* und *Prandtl* ist es bekannt, daß der Verlauf des Widerstandsbeiwertes einer Kugel, aufgetragen über der Reynoldsschen Zahl, sehr stark von der Turbulenz des Luftstroms abhängt. Je größer die Turbulenz, desto kleiner ist diejenige Re-Zahl, bei der der schroffe Abfall von c_w stattfindet. Entsprechend Bild 158 wählt man zur Ablesung der kritischen Reynoldszahl den Wert $c_w = 0{,}3$.
Das gleiche Bild zeigt, daß man auch den Druck p auf der Kugelrückseite, dicht neben dem Aufhängestiel, als Maß nehmen kann. Für $p/q = 0{,}22$ sind die nach beiden Verfahren bekommenen Reynoldszahlen gleich. Vielfach wird jedoch auch die dem Wert $p/q = 0$ entsprechende Reynoldszahl als Maß benutzt. Man hat versucht, einen Zusammenhang zwischen der kritischen Kugelkennzahl und dem durch Hitzdrähte gemessenen Turbulenzgrad herzustellen [360], [361]. Dabei erwies es sich, daß der Turbulenzgrad $\sqrt{u'^2/V^2}$ allein noch nicht zur Beschreibung ausreicht, sondern auch die geometrische Struktur der Turbulenz (Wirbelgröße L nach Gl.(10.4)) eingeht. Nach *Dryden* [362]ergiebt sich ein eindeutiger Zusammenhang, wenn man

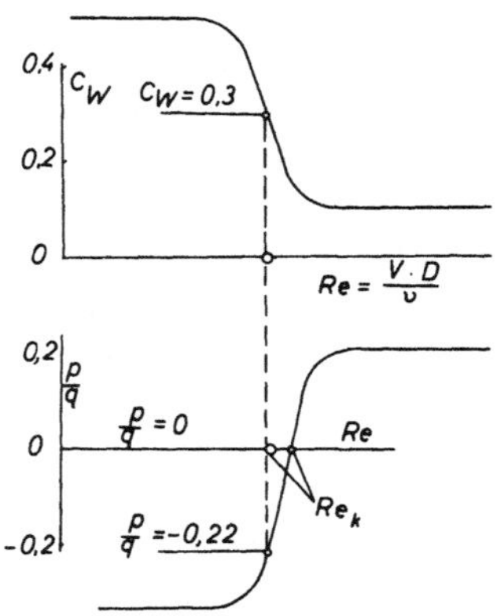

Bild 158
Definition der kritischen Reynoldszahl.

$$\sqrt{u'^2}/V \cdot (D/L)^{1/5} = f(Re_{kr}) \tag{10.5}$$

aufträgt (Bild 159). Die Größe L ist bei Kugelmessungen nicht bekannt. Sie könnte, allerdings wegen der 1/5-Potenz nur mit geringer Genauigkeit, aus Messungen mit Kugeln verschiedenen Durchmessers bestimmt werden. Bei Windkanälen üblicher Bauart ist $L \approx 1$ cm ein guter Mittelwert.

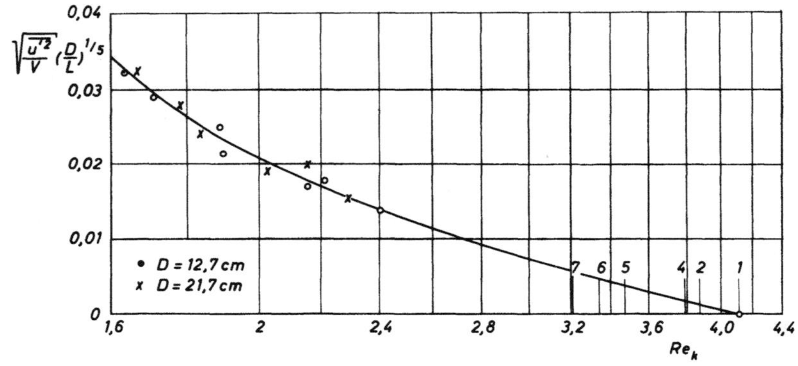

Bild 159. Turbulenzgrad und Kugelkennzahl.

10.2. Hitzdrähte [363], [364]

Das im Abschnitt 6.3.1 beschriebene Hitzdrahtanemometer eignet sich auch zur Messung turbulenter Windschwankungen. Doch wird dabei die räumliche und zeitliche Auflösung von Bedeutung. Wenn man die Geschwindigkeit plötzlich erhöht, folgt die Anzeige des Hitzdrahtes einer Exponentialkurve, die durch die Zeitkonstante τ charakterisiert ist. Die Zeitkonstante, bei üblichen Hitzdrähten in der Größenordnung von 10^{-3} s, ist direkt proportional der Wärmekapazität des Hitzdrahtes und nimmt mit wachsender Windgeschwindigkeit ab. Bei periodischen Schwankungen der Frequenz f tritt sowohl eine Amplitudenabschwächung um den Faktor

$$B = \frac{1}{\sqrt{1 + (2\pi \tau f)^2}} \tag{10.6}$$

als auch eine Phasenverschiebung um den Winkel

$$\Phi = \text{ar tg}\,(2\pi \tau f) \tag{10.7}$$

auf (Bild 160). Die räumliche Auflösung in den Richtungen senkrecht zur Windgeschwindigkeit ist durch die Abmessungen des Hitzdrahtes bestimmt. In Strömungsrichtung ergibt sich die Auflösungslänge als Quotient von mittlerer Strömungsgeschwindigkeit und oberer Grenzfrequenz. In Abhängigkeit von Windgeschwindigkeit und Grenzfrequenz erhält man Auflösungslängen gemäß Bild 161. Wenn man berücksichtigt, daß ein üblicher Hitzdraht eine Grenzfrequenz von etwa 150 Hz hat, ist sofort ersichtlich, daß besondere Kunstschaltungen notwendig sind, um den Hitzdraht für Schwankungsmessungen brauchbar zu machen. Grundsätzlich bestehen zwei Möglichkeiten.

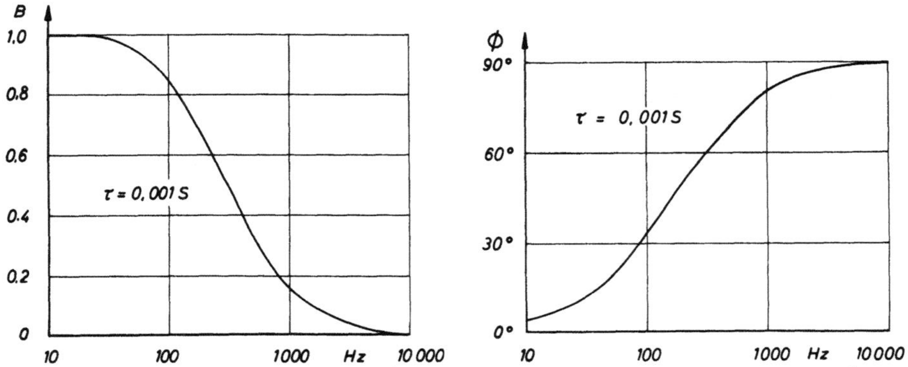

Bild 160. Amplitudenabschwächung und Phasennacheilung eines Hitzdrahtes bei einer Zeitkonstanten von 1 ms.

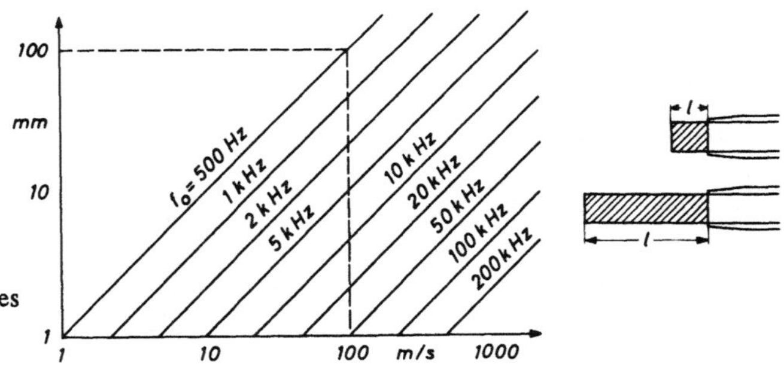

Bild 161
Räumliche Auflösung eines Hitzdrahtes.

a) *Konstantstrom-Verfahren.* Die thermische Trägheit des Hitzdrahtes wird dadurch ausgeglichen, daß die höheren Frequenzen um den Faktor $\sqrt{1 + (2\pi \tau f)^2}$ mehr verstärkt werden als die niederen Frequenzen. Es gibt eine Reihe von Schaltungen, mit denen eine solche Verstärkungscharakteristik erzielt wird. Am gebräuchlichsten sind Schaltungen, die zwischen zwei Verstärkerstufen einen Spannungsteiler aus Kapazität und Ohmschen Widerstand enthalten. Man erreicht Grenzfrequenzen von einigen kHz bis 10 kHz. Die Kompensation muß jeweils der Zeitkonstanten τ angepaßt werden. Dies geschieht im allgemeinen dadurch, daß man dem konstanten Hitzdrahtstrom eine Rechteckwelle überlagert und die Kompensationseinrichtung solange verstellt, bis auch das Ausgangssignal eine Rechteckwelle ist. Das Konstantstrom-Verfahren wählt man vorzugsweise zur Messung sehr geringer Turbulenzen [365].

b) *Konstanttemperatur-Verfahren.* Der Hitzdrahtstrom wird im Rhythmus der Windschwankungen so gesteuert, daß die Temperatur konstant bleibt. Die thermische Trägheit des Hitzdrahtes kann sich nicht oder doch nur stark abgeschwächt auswirken. Man erhält Grenzfrequenzen von etwa 50 kHz, wie aus dem Diagramm Bild 162

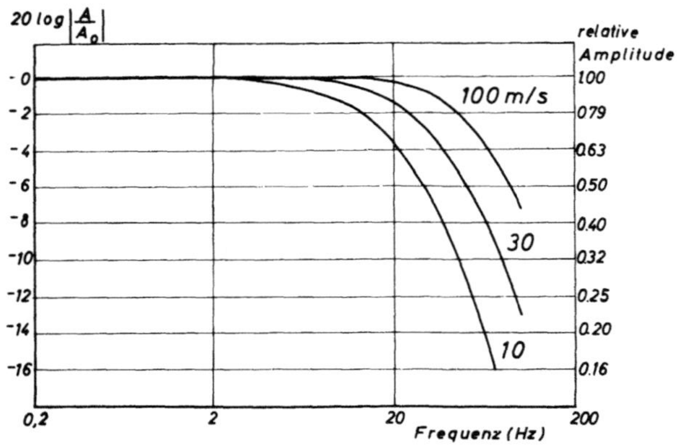

Bild 162
Frequenzcharakteristik eines Konstant-Temperatur-Hitzdrahtes.

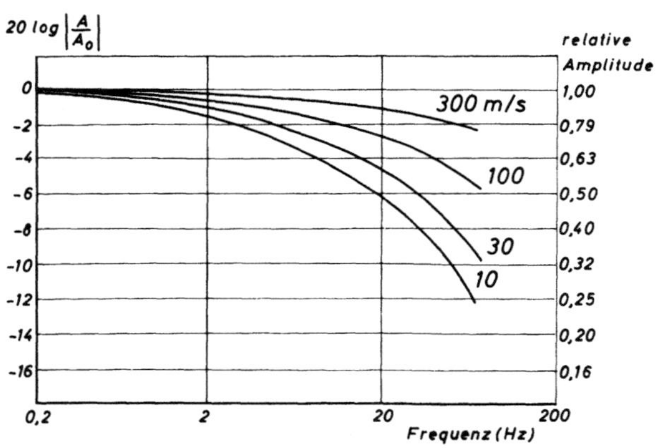

Bild 163
Frequenzcharakteristik eines Konstant-Temperatur-Heißfilmgebers.

ersichtlich ist. Es ist hierbei nicht erforderlich, die Schaltung an die Zeitkonstante des Hitzdrahts anzupassen. Außer bei sehr schwacher Turbulenz sind im allgemeinen Konstanttemperatur-Verfahren zu bevorzugen. Ein Vorteil dieses Verfahrens besteht darin, daß die Gefahr des Durchbrennens des Hitzdrahtes hier sehr viel geringer ist. Bei hohen Strömungsgeschwindigkeiten sind Hitzdrähte stark gefährdet. Bei Überschallgeschwindigkeiten ist aus Gründen der mechanischen Festigkeit Heißfilmgebern (Bild 95) anstelle der Hitzdrähte der Vorzug zu geben. Ihre Zeitkonstante ist jedoch so groß, daß sie sich nur in Konstanttemperatur-Schaltungen für Turbulenzmessungen verwenden lassen. Wie Bild 163 zeigt, sind bei Strömungsgeschwindigkeiten über 300 m/s obere Grenzfrequenzen in der Größenordnung von 100 kHz möglich. Im Unterschallbereich sind dagegen Hitzdrähte günstiger, außer unter schwierigen Bedingungen (z.B. Gasströmungen hoher Temperatur oder Flüssigkeitsströmungen).

10.3. Koronasonde

Obwohl Luft ihrer Natur nach ein sehr guter Isolator ist, sind durch kosmische Strahlung und andere Einwirkungen bereits unter normalen Bedingungen genügend Ionen vorhanden, um Gasentladungen in ruhender Luft unter Atmosphärendruck zu ermöglichen. Je nach Stärke des elektrischen Feldes kommt es zur Vorstromentladung, Townsendentladung, unselbständigen und selbständigen Koronaentladung

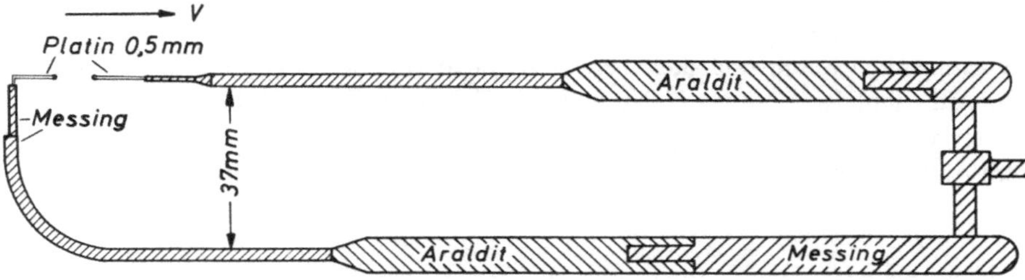

Bild 164. Zweikugel-Koronasonde (nach E. Mühlenfeld [367]).

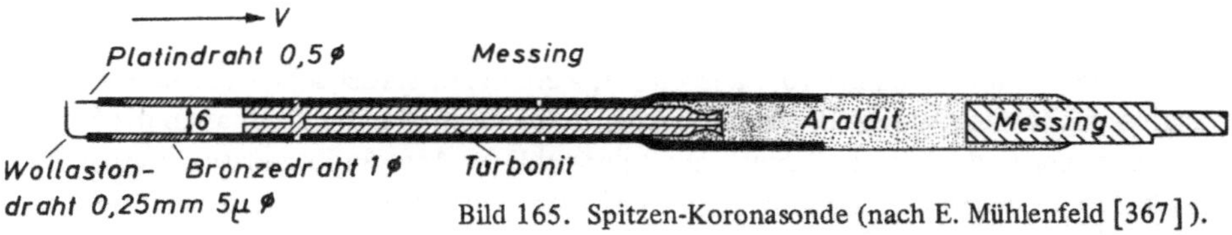

Bild 165. Spitzen-Koronasonde (nach E. Mühlenfeld [367]).

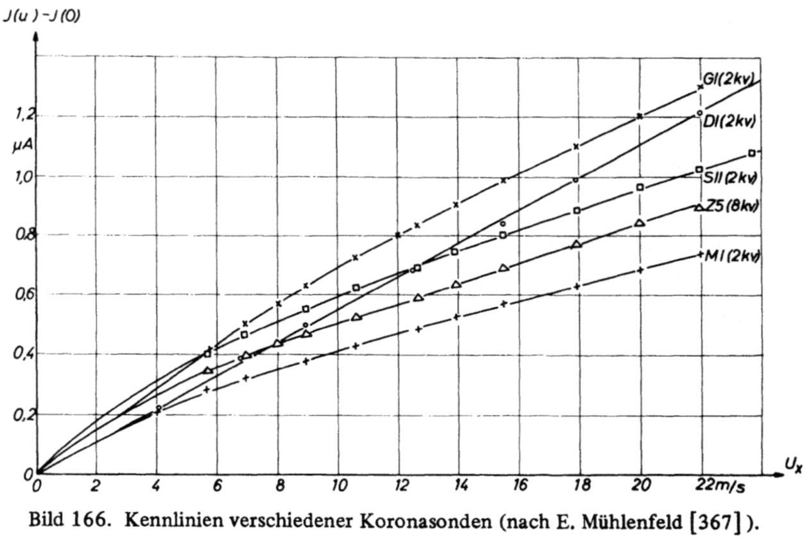

Bild 166. Kennlinien verschiedener Koronasonden (nach E. Mühlenfeld [367]).

und zur Glimmentladung. Seit langem ist verrichtet worden, mehrere dieser Entladungsformen wegen ihrer Empfindlichkeit gegen eine Anblasung quer zum elektrischen Feld zur Messung der Windgeschwindigkeit und ihrer Schwankungen zu benutzen. Hiervon hat allerdings nur die von *W. Fucks* [366] in Zusammenarbeit mit *F. Kettel* entwickelte Koronasonde einige Bedeutung erlangt. Bild 164 und 165 zeigen zwei Ausführungsformen der Koronasonde, nämlich die Zweikugelsonde und die Spitzensonde, von denen sich letztere für Turbulenzmessungen besonders eignet [367]. Koronasonden haben gegenüber Hitzdrähten den Vorteil, daß Trägheitseffekte sich erst bei Frequenzen über 100 kHz bemerkbar machen [368] und die Kennlinie in einem weiten Geschwindigkeitsbereich angenähert linear ist (Bild 166). die räumliche Auflösung ist in beiden Fällen etwa von derselben Größenordnung. Koronasonden reagieren empfindlich gegenüber Metallkörpern in Sondennähe. Bereits bei 5 cm Abstand sind sie nur noch bei Eichung am Meßort verwendbar.

10.4. Korrelationsmessungen

Wie bereits im Abschnitt 10.1 ausgeführt, werden zur statistischen Turbulenzanalyse nicht nur einfache Schwankungssignale benutzt. Man benötigt auch die Korrelation zweier und mehrerer Signale. Die gebräuchliche Art, die Korrelation zweier Signale zu messen, ist die „Summen-Differenz"-Methode. Wenn f(t) und g(t) die beiden Einzelsignale sind, so bildet man

$$\Sigma^2 = \overline{[f+g]^2} \ , \qquad \Delta^2 = \overline{[f-g]^2}$$

und schließlich

$$4\overline{fg} = \Sigma^2 - \Delta^2 \ , \qquad 2\overline{f}^2 + 2\overline{g}^2 = \Sigma^2 + \Delta^2 \ .$$

Wenn noch $\overline{g^2} = \overline{f^2}$ ist, wird die Korrelationsfunktion

$$R = \frac{\overline{fg}}{\sqrt{\overline{f^2}} \cdot \sqrt{\overline{g^2}}} = \frac{\Sigma^2 - \Delta^2}{\Sigma^2 + \Delta^2} \ . \tag{10.8}$$

Natürlich gibt es auch Möglichkeiten, das Produkt unmittelbar zu bilden, z.B. mit dem Elektrodynamometer.

11. Sichtbarmachung von Strömungen

11.1. Luftströmungen

11.1.1. Einführung

Mit den im Abschnitt 6.2 beschriebenen Sonden kann man die Strömungsgeschwindigkeit an jeder Stelle nach Größe und Richtung messen. Die Auswertung einer großen Zahl von Messungen gestattet es, das Strömungsfeld vollständig aufzuzeichnen. Dieses Verfahren ist jedoch sehr aufwendig und es wurden daher eine Reihe von Hilfsmitteln entwickelt, um den Verlauf der Stromlinien unmittelbar sichtbar zu machen. Man muß dabei unterscheiden zwischen den *Bahnlinien* (particle paths) eines Flüssigkeitsteilchens, den *Stromlinien* (streamlines), die ein Momentbild des augenblicklichen Strömungszustandes liefern, und den *Streichlinien* (filament lines), die alle Flüssigkeitsteilchen miteinander verbinden, die eine bestimmte Stelle im Raum passiert haben. Nur im Fall einer stationären Strömung fallen alle drei Linienarten zusammen. Bei der Sichtbarmachung von Strömungen beobachtet man meist die Streichlinien. Die einfachste Methode zur Sichtbarmachung der Strömungsrichtung besteht in der Anwendung von Woll- oder Seidenfäden. Bei weiteren Verfahren fügt man dem strömenden Medium feste oder flüssige Teilchen bei, die mitgeführt werden. Schließlich lassen sich durch besondere Hilfsmittel auch die Strömungserscheinungen in der Nähe von Wänden sichtbar machen.

11.1.2. Fadenverfahren

11.1.2.1. Fadensonde

Ein verhältnismäßig einfaches Mittel, die wesentlichsten Züge eines Strömungsvorganges in Gasen zu beobachten, bilden feine Seidenfäden, die, am Ende eines dünnen Stieles befestigt, in die Strömung gehalten werden. Durch Abtasten des Strömungsfeldes bekommt man ein recht gutes Bild über die Richtung der Geschwindigkeiten. Abreißgebiete sind durch Flattern des Fadens erkennbar.

11.1.2.2. Oberflächenfäden

Häufig klebt man auch Fäden auf die zu untersuchende Oberfläche. Es wird empfohlen, die Enden der etwa 20 mm langen Fäden auszufransen [369]. Neben dem

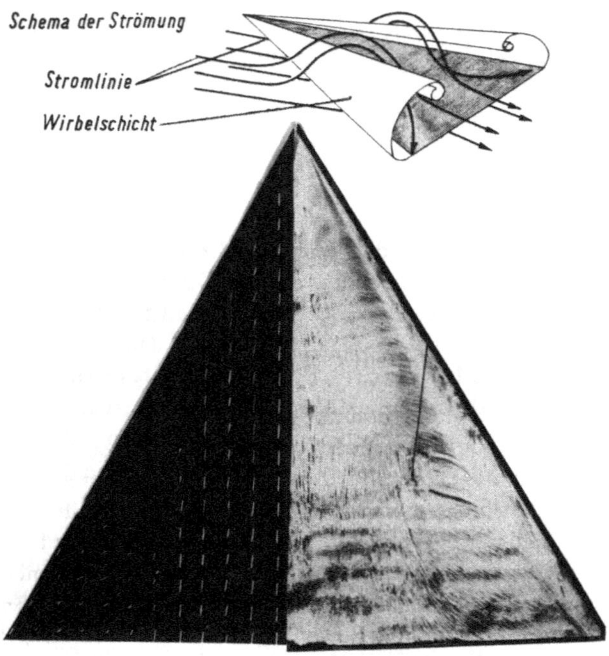

Bild 167. Sichtbarmachung der Strömung auf der Saugseite eines Deltaflügels bei 15° Anstellwinkel. Links: Aufgeklebte Fäden. Rechts: Anstrichverfahren (Titanweiß) nach E. Kraemer [410].

Verlauf der Strömungsrichtung sind die Abreißgebiete gut zu sehen (Bild 167). Das Verfahren hat sich bewährt, um die Strömung im Lauf- und Leitrad von Axialgebläsen sichtbar zu machen [370].

11.1.2.3. Fadengitter

Um den Strömungsverlauf in Kanälen zu beobachten, hat man häufig die Fäden an einem von Wand zu Wand gespannten Draht befestigt. Dies hat *J. D. Bird* [371], [372] zur Fadengittermethode (Bild 168) erweitert. Hierbei sind die Fäden an einem Drahtgitter befestigt, das von hinten photographiert wird (Bild 169). Die Methode ist vor allem geeignet, das Aufrollen der Wirbel im Nachlauf von Flügeln zu studieren.

Das Fadengitterverfahren hat *K. Gersten* [373] für quantitative Abwindmessungen benutzt. Das aus den Aufnahmen erhaltene Richtungsfeld muß dabei wegen der Zentralprojektion korrigiert werden.

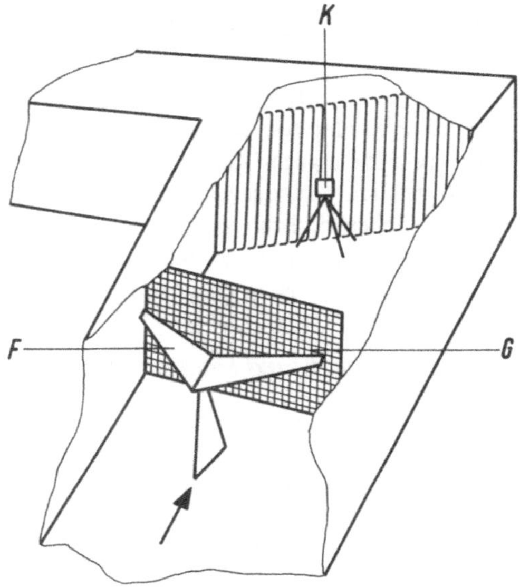

Bild 168
Fadengittermethode nach Bird [371]. F Flügelmodell, G Fadengitter, K Kamera.

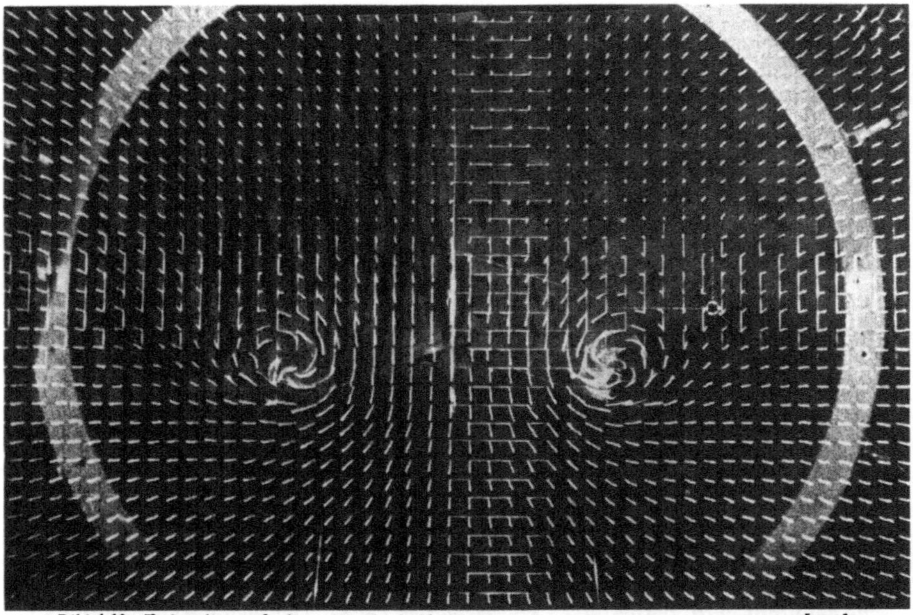

Bild 169. Fadengitteraufnahme des Abwindfeldes hinter einem Deltaflügel (nach Gersten [373]).

11.1.3. Einführung von festen Teilchen in das Strömungsfeld

Wenn eine Strömung durch Beimengen von festen Teilchen, wie Staub oder Rauch, sichtbar werden soll, müssen diese Teilchen so winzig sein, daß ihre Fallgeschwindigkeit sehr klein gegen die Strömungsgeschwindigkeit ist und sie so in beschleunigten oder zeitlich veränderlichen Strömungen ohne Trägheitsverzug der Bewegung folgen. Die Teilchen sind so einzuführen, daß sie die Strömung nicht stören und sich auch nicht auf den Körperoberflächen absetzen und dadurch die Strömung verändern. Vor allem bei Rauch ist noch zu beachten, daß er nicht giftig und korrosiv sein darf.

11.1.3.1. Staub- und Flockenverfahren

Schwebeteilchen von flockiger Beschaffenheit, wie z.B. blättrige Flocken aus Azetaldehyd oder Aluminiumflitter, sind nur dann sichtbar, wenn sich ihre spiegelnden Flächen in einer bestimmten Lage befinden. Gute Erfolge wurden auch mit Magnesia (Talkum) als Schwebeteilchen erzielt. Bei Windkanälen mit Rücklauf ergibt sich dabei allerdings der Nachteil, daß sich das Magnesiapulver überall absetzt und eine umständliche Reinigung der Versuchsanlage nötig ist.

11.1.3.2. Rauchverfahren

Es ist hierbei zu unterscheiden zwischen der Raucherzeugung durch chemische Reaktionen, durch Verdunstung von Lösungsmitteln und durch Verbrennung organischer Stoffe.

Chemische Raucherzeugung

Sehr günstige Ergebnisse haben *W. S. Farren* [374] und andere [375]–[377] mit Titan- und Zinntetrachlorid erzielt. Beide Substanzen sind bei normalen Temperaturen flüssig, bilden jedoch im Luftstrom unter dem Einfluß der Luftfeuchtigkeit einen dichten weißen Rauch aus den Metalloxyden bei gleichzeitiger Abscheidung von Wasserstoffchlorid. Wegen des korrosiven Charakters wird dieses Verfahren zweckmäßigerweise nur in Windkanälen aus Holz angewandt. Es wird empfohlen, die Metallchloride mit Tetrachlorkohlenstoff zu mischen, um ein Verstopfen der Öffnung zu vermeiden.

Einen sehr dichten weißen Rauch bekommt man durch Mischen von Salzsäure- und Ammoniakdämpfen. Über einen Rauchgaserzeuger, bei dem die Luft zuerst durch eine teilweise mit Salzsäure und dann durch eine mit Ammoniak gefüllte Flasche gepumpt wird, berichtet *C. Wieselsberger* [378]. Der weiße Rauch wird dabei durch eine Einfach- oder Mehrfachdüse in den Luftstrom ausgeblasen. Das Verfahren hat auch weitere Anwendung gefunden [379].

Ein Vorteil dieses Verfahrens besteht darin, daß man ohne Verstopfungsgefahr enge Röhrchen von etwa 1 mm Durchmesser verwenden kann.

Raucherzeugung durch Verbrennung organischer Substanzen

Den ältesten Kanal, bei dem der Rauch durch Verbrennung von Zunder oder Baumwollsamt erzeugt wurde, beschreibt wohl *M. Marey* [380]. Diese Anlage weist schon verschiedene Verbesserungen auf, die später neu gefunden wurden, wie z.B. Anordnung eines Hintergrundes aus schwarzem Samt, Beleuchtung durch Magnesiablitze, Einrichtungen zur Erzeugung möglichst gleichmäßiger Rauchfäden.

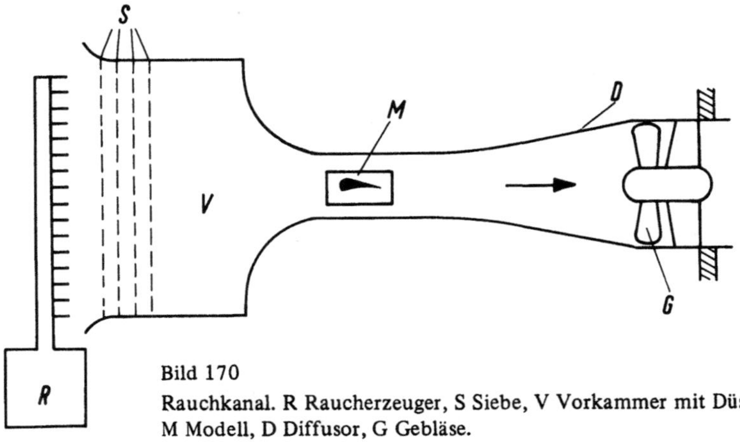

Bild 170
Rauchkanal. R Raucherzeuger, S Siebe, V Vorkammer mit Düse, M Modell, D Diffusor, G Gebläse.

Ein auch heute noch gebräuchliches Verfahren ist die Verschwelung von verrottetem Holz oder Papier und von Tabak. Diese Methode wurde vor allem bei dem von *A. Lippisch* [381] entwickelten Rauchkanal sowie von *J. H. Preston* und *N. E. Sweeting* [382] angewandt. Um ein Verstopfen der Leitungen zu verhindern, empfiehlt es sich, den Rauch erst durch ein Kohlefilter zu leiten. Raucherzeuger dieser Art haben neben der umständlichen Handhabung den Nachteil, daß sich leicht Rauchteilchen auf den Modellen ablagern.

Wesentliche Fortschritte in der Rauchkanaltechnik verdanken wir *F. N. M. Brown* [379], [383]. Dadurch konnte die Geschwindigkeit bis auf 60 m/s erhöht werden (Bild 170). Diese wesentliche Steigerung des Reynoldszahlbereiches gewann man durch extreme Turbulenzarmut. Im Einlauf des Kanals sind sieben Bronzedrahtsiebe und sechs Nylon-Marquisette-Filter nacheinander angeordnet. Die Düse hat ein Kontraktionsverhältnis von 12 : 1. Der Rauch wird durch Verbrennung von Weizenstroh mit nachfolgender Kühlung und Filterung erzeugt und im Einlauf des Kanals durch Vielfachdüsen eingeleitet. Diese Erfolge haben zum Bau eines Rauchkanals für Überschallgeschwindigkeiten [384] ermutigt, bei dem man die gleichen Grundsätze anwandte. Der Überschallrauchkanal erhielt zusätzlich eine schlierenoptische Einrichtung. Es wurden Strömungsaufnahmen bei Machzahlen Ma = 1,38 aufgenommen.

Einen dichten weißen Rauch ergeben auch Rauchpatronen (Hersteller: Brocks Crystal Palace Fireworks Ltd., Hemel Hempstead, Herts, England), die elektrisch gezündet werden und mehrere Minuten lang Rauch liefern. Das gleiche gilt auch für die „Keton-Nebelmasse-weiß" (Firma Stoltzenberg, Hamburg Eiderstedt), bei der ein synthetisches Wachs mit einem Sauerstoffträger gemischt wird. Als Zündmittel dient dabei Kaliumchlorat. Auch farbiger Rauch kann mit Hilfe von Rauchpatronen erzeugt werden.

Für Demonstrationszwecke wurde am Mass.-Institute of Technology [385] ein Miniaturrauchkanal entwickelt, der sich in den Strahlengang eines Projektionsapparates einschieben läßt.

Rauchpatronen finden vor allem zur Untersuchung von Schiffsschornsteinen [386], [387], aber auch von Flugzeugmodellen Anwendung.

11.1.4. Einführen flüssiger Teilchen in das Strömungsfeld

11.1.4.1. Herstellung feiner Tropfen

Eine Anordnung zur Herstellung gleichmäßiger Flüssigkeitstropfen im Durchmesserbereich von 10 bis 300 μ beschreibt *N. A. Dimmock* [388]. Es wird hierbei ein im Magnetfeld vibrierendes Mundstück benutzt. Um einzelne Teilchen in einer Flüssigkeit sichtbar zu machen, kann man kleine Öltröpfchen durch einen besonderen Zerstäuber stromaufwärts einführen und seitlich beleuchten [389], [390]. Zur Herstellung der Öltröpfchen hat sich eine Mischung aus Olivenöl und Nitrobenzol oder auch ein Gemisch von Tetrachlorkohlenstoff und Xylol als brauchbar erwiesen.

11.1.4.2. Ölvernebelungsverfahren

Um die Nachteile der Raucherzeugung zu umgehen, haben *J. H. Preston* und *N. E. Sweeting* [391] ein Ölvernebelungsverfahren entwickelt (Bild 171). Bei diesem Gerät wird das Öl durch eine elektrische Heizung zum Verdampfen gebracht und tritt durch eine feine Düse von 0,3 bis 0,5 mm Durchmesser aus. Beim Abkühlen und Mischen mit der seitlich eintretenden Luft bildet sich ein Ölnebel. Eine robustere Anordnung ähnlicher Art stammt von *C. Salter* [392]. Das Ölvernebelungsverfahren haben bereits früher *Sambraus* und *Brinker* [393] am Rauchkanal von *Lippisch* mit gutem Erfolg erprobt. Bild 172 zeigt eine am Max-Planck-Instität für Strömungsforschung Göttingen befindliche Einrichtung, bei der das Öl (z.B. Rauchöl Shell

Spezial 03) auf eine elektrisch erhitzte Platte tropft, verdampft und einen Nebel bildet. *H. Bergh* [394] machte mit dem Ölverneblungsverfahren periodische Vorgänge in Grenzschichten sichtbar. Er nahm dabei einen in Asbest eingebetteten geheizten Draht, dem eine regelbare Menge Petroleum zugeführt wurde.

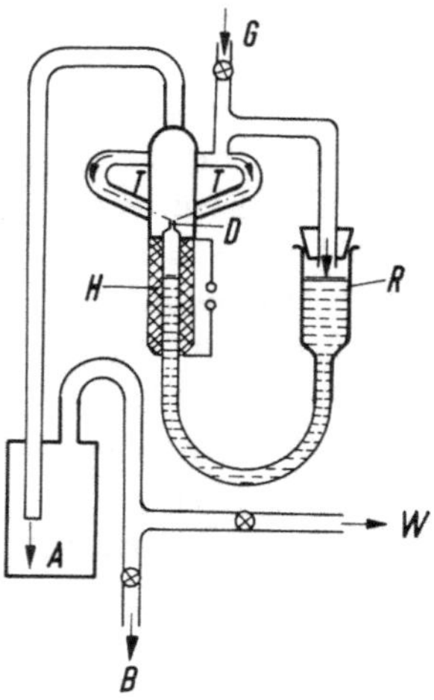

Bild 171

Ölvernebelungsverfahren nach Preston und Sweeting [382].
A Reservoir, B Auslaß für überschüssigen Ölnebel, D Düse, G Preßlufteintritt, H Heizung, R Ölbehalter, T Preßluftzuführung, W Auslaß zum Windkanal.

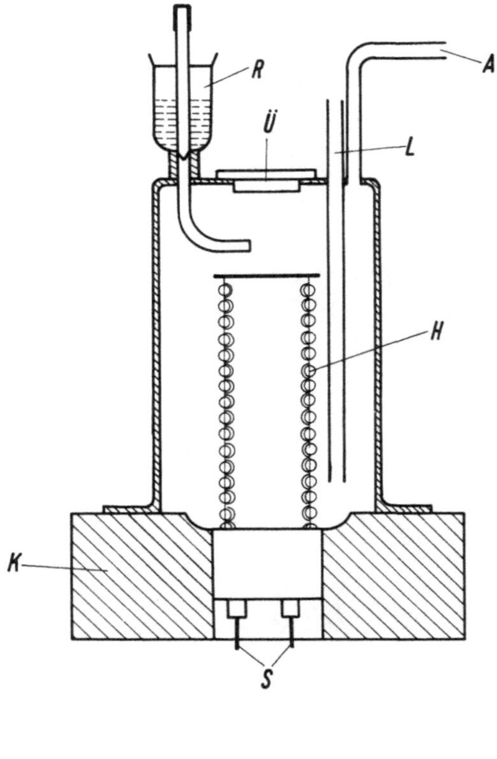

Bild 172

Ölvernebelungsgerät (Max-Planck-Institut für Strömungsforschung Göttingen).

11.1.5. Funkenverfahren

Die Sichtbarmachung eines Strömungsfeldes durch Funkenentladungen, die sich fortbewegen, hat erstmals *H. C. H. Townsend* [395] eingeführt, der dieses Verfahren auch auf die Bestimmung der Geschwindigkeitsverteilung in Grenzschichten anwandte. *Saheki* [396] verbesserte die Methode beträchtlich. Mittels einer modernen elektronischen Ausrüstung ist das Verfahren für quantitative Messungen bei Unter- und Überschallströmung [397] brauchbar, es wurde auch für die Untersuchung der Strömung im Laufrad eines Axialgebläses [398] angewandt.

Das Verfahren beruht auf folgendem Prinzip: Eine erste Entladung zwischen Spitzen oder Drähten erzeugt eine Funkenbahn. Wenn man nun an die gleichen Elektroden Hochspannungsimpulse legt, deren Impulsfolge kürzer als die Entionisierungszeit ist, leuchtet der Plasmafaden periodisch mit der aufgedrückten Impulsfolge auf.

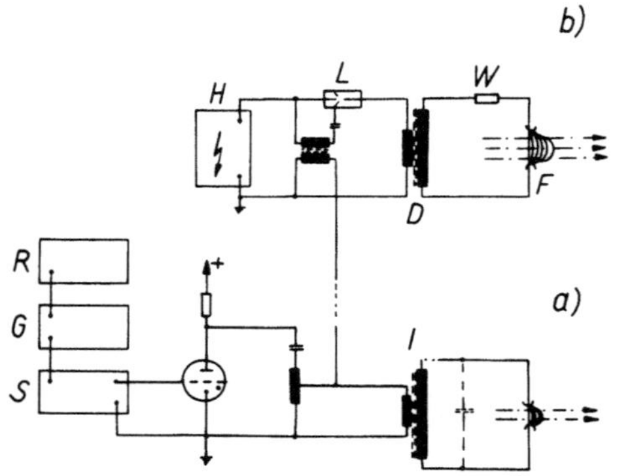

Bild 173
a) Prinzipschaltung für kleine Funkenlänge mit frequenzgesteuerten Thyratron und Impulstransformator.
b) Prinzipschaltung für große Funkenlängen mit funkenstreckengesteuertem Differentialtransformator.
D Differentialtransformator, G Dosiergerät, H Hochspannung, I Impulstransformator, L Lampe, R Retarder, S HF-Steuregerät, W Dämpfungswiderstand (nach Frügel [399]).

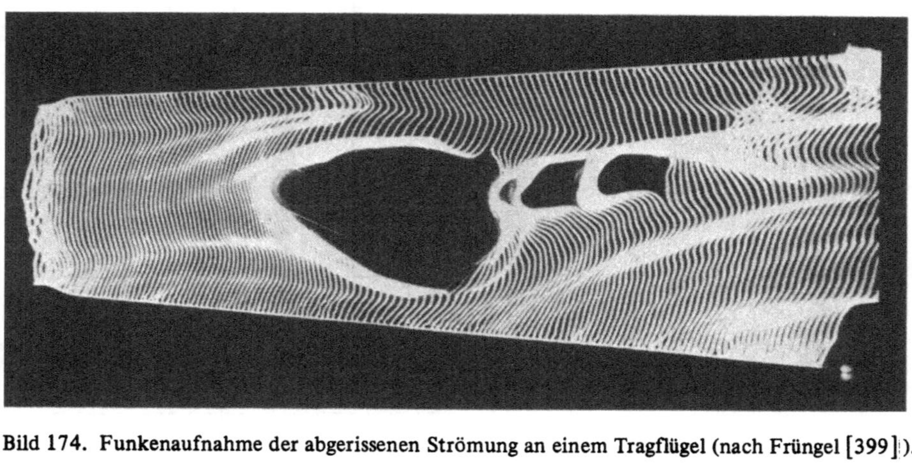

Bild 174. Funkenaufnahme der abgerissenen Strömung an einem Tragflügel (nach Früngel [399]).

Nach einer gewissen Zahl von Zündungsimpulsen, während der die Funkenstrecke stromabwärts wandert, muß wieder ein neuer Plasmafaden gezündet werden.
Bild 173a zeigt eine für kleine Funkenlängen ausreichende Prinzipschaltung mit frequenzgesteuertem Thyratron. *F. Früngel* [399] und *J. Vogel* [400] verbesserten die Methode durch Verwendung eines Differentialimpulstransformators und des Strobokinsystems (Bild 173b). Es gelang, Funken bis zu 50 cm Länge zu erhalten (Bild 174). Das Verfahren ist bis zu Strömungsgeschwindigkeiten von 6 km/s anwendbar, bei Gasdrücken unter 30 Torr ist die Dichte nicht mehr ausreichend.

11.1.6. Verfahren zur Kennzeichnung des Umschlagpunktes und der Strömungsablösung

Für viele strömungstechnische Probleme ist es wichtig, den Umschlag von laminarer zu turbulenter Grenzschicht an der Wand festzulegen. Hierzu gibt es eine Reihe von Methoden, über die *J. H. Preston* [401] zusammenfassend berichtet.

11.1.6.1. Staubniederschlags-Verfahren

In der Vorkammer des Kanals wird dem Windstrom ein Staubluftgemisch zugeführt, wobei der Staub (z.B. Schwefelblüte) eine elektrische Aufladung besitzen muß. In der Nähe einer festen Oberfläche setzen sich die Staubteilchen unter Abgabe der Ladung ab, und zwar bei einer turbulenten Grenzschicht wegen des erhöhten Austausches mehr als bei einer laminaren Grenzschicht. Auf einer schwarzen, polierten Oberfläche ist der Niederschlag nach etwa zwei Minuten gut zu beobachten. Nach einer am Nat. Bur. of Standards (Washington) [402] erarbeiteten Methode wird auf die Oberfläche ein sehr dünner Ölfilm (z.B. SAE 10 Öl) und stromabwärts im Totwasser Staub (z.B. Talkum) eingegeben. Infolge der Rückströmung setzt sich der Staub im abgelösten Bereich ab.

11.1.6.2. Stromfadenmethode

Eine einfache Möglichkeit, den Umschlag auf einem Stromfaden sichtbar zu machen, besteht darin, im Gebiet günstigen Druckes (vor dem Druckminimum) einen Rauchfaden einzuleiten, der beim Turbulentwerden der Grenzschicht zerflattert. Wegen des beschränkten Geschwindigkeitsbereiches dieser Methode wurden verschiedene chemische Techniken entwickelt. Bei einem dieser Verfahren wird die Oberfläche mit Quecksilberchlorid beschichtet und stromaufwärts ein Ammoniak-Rauchfaden eingeleitet. Im laminaren Bereich bildet sich ein schwarzer Strich von Quecksilber. Im turbulenten Bereich zerflattert dagegen der Rauchfaden und es findet dort keine chemische Reaktion statt.

11.1.6.3. Aufsprühverfahren

Verschiedene Verfahren wurden vorgeschlagen, bei denen die zu untersuchende Oberfläche chemisch präpariert und dem Luftstrom eine geringe Menge eines reagierenden Gases beigemischt wird. Bei einem mehr für Flugversuche geeigneten Verfahren wird die Oberfläche mit Stärkejodid präpariert und dem Luftstrom Chlor zugeführt. Wegen des stärkeren Austausches in der turbulenten Grenzschicht tritt dort ein Verfärbung ein.

Das Kaolinverfahren (China-clay method) [403], [404] hat den Vorzug, daß mit einer Oberflächenbehandlung eine Reihe von Versuchen abgewickelt werden kann. Das Kaolin wird zuerst in Form einer Suspension (z.B. in Frigilene [403]) aufgesprüht. Nach Trocknen der Flüssigkeit bleibt ein weißer Überzug auf der Oberfläche, der sich gegebenenfalls noch mit feinem Schmirgelpapier glätten läßt. Vor dem Windkanalversuch wird die Oberfläche dann mit einem „Entwickler" (Äthyl-Salicylat oder Iso-Safrol u.a.) eingesprüht und dadurch durchsichtig. Während des Versuchs trocknet der „Entwickler" im turbulenten Bereich schneller, so daß dort wieder der weiße Belag zum Vorschein kommt. Für einen neuen Versuch wird die Oberfläche wieder mit dem „Entwickler" besprüht. *Murphy* und *Phiney* [405] haben das Verfahren zur „China-Film-Technik" ausgebaut, bei dem die aufgesprühte Kaolin-Suspension unmittelbar dem Luftstrom ausgesetzt wird, wobei nicht nur der Umschlagpunkt gekennzeichnet wird, sondern auch die Stromlinien in Wandnähe [406] und reflektierte Stoßwellen bei Überschallgeschwindigkeit [407] deutlich hervortreten.

Bei der Naphthalinmethode [408] wird eine gesättigte Lösung von Naphthalin in Benzin mit der Spritzpistole aufgetragen. Durch Verdampfen des Benzins bleibt zunächst ein weißer Belag zurück. Im Luftstrom verdampft das Naphthalin im turbulen bereich schneller. Im laminaren Bereich bleibt eine weiße Schicht zurück.

11.1.7. Anstrichverfahren (Sichtbarmachung der Schubspannungslinien)

Bereits mit der „China-Film-Technik" [406] gelingt es, neben dem Umschlag auch die Schubspannungslinien an der Oberfläche sichtbar zu machen. Gut bewährt hat sich auch die Methode, auf die schwarz lackierte Oberfläche eine Mischung aus 19 % Titanweißpulver, 56 % Petroleum, 21 % Wasser und 4 % Prilpulver aufzusprühen [409], [410]. Im Wind bilden sich dabei Farbsträhnen in Richtung der örtlichen Wandschubspannung aus (vgl. Bild 167). Ein ähnliches Verfahren unter Verwendung von mit Petroleum verdünnter weißer Ölfarbe stammt von *T. Örnberg* [411]. In Frankreich wurde ein Anstrich aus Polyvinylchlorür (pâte X Rhone - Poulenc) genommen, um im transsonischen Bereich Strömungssingularitäten sichtbar zu machen [412]. Gebräuchlich ist auch vor allem bei kleineren Geschwindigkeiten das Auftragen von in Petroleum suspendiertem Ruß [413].

Zur Kenntlichmachung von Sekundärströmungen in Schaufelgittern hat man einen Anstrich von Bleicarbonat verwendet, wobei Beimengungen von Schwefelwasserstoff Stromlinien auf der Anstrichfläche hervorriefen [414]. Oberflächenwirbel wurden durch einen Überzug des Körpers mit fluoreszierendem Öl [415] sichtbar gemacht.

11.2. Flüssigkeitsströmungen

11.2.1. Allgemeines

Luftströmungen kleiner Machzahl werden im wesentlichen durch das Reynoldssche Ähnlichkeitsgesetz bestimmt und können daher auch durch Modellversuche in Wasser oder Öl nachgebildet werden. Man macht davon vor allem zur Sichtbarmachung von Strömungsvorgängen Gebrauch, die in Flüssigkeiten einfacher durchzuführen ist als in Luft, da die beigefügten Fremdstoffe leichter mit dem gleichen spezifischen Gewicht wie Wasser hergestellt werden können.

11.2.2. Sichtbarmachung von Oberflächenströmungen

11.2.2.1. Zweidimensionale Strömung

Ebene Strömungsvorgänge kann man bequem beobachten, indem man den zu untersuchenden zylindrischen Körper nur halb eintaucht, so daß die Wasseroberfläche die Strömungsebene darstellt. Sie wird dann mit kleinen Teilchen bestreut, die auf dem Wasser schwimmen und sich durch ein anderes Reflexionsvermögen deutlich unterscheiden. Bei einer Zeitaufnahme zeichnen diese Teilchen die Bahnlinien. In Wasserkanälen ruht dabei der Körper und das Wasser bewegt sich, in Schleppkanälen wird der zu untersuchende Körper durch ruhendes Wasser gezogen. Die Relativgeschwindigkeit muß aber so klein sein, daß an keiner Stelle des Strömungsfeldes die Grundwellengeschwindigkeit (23,1 cm/s) überschritten wird, da sonst Kapillarwellen auftreten. Ein Kreiszylinder, bei dem an gewissen Umfangstellen die Strömungsgeschwindigkeit doppelt so groß wie die Fortschreitgeschwindigkeit ist, darf höchstens mit 12 cm/s geschleppt werden.

Als Sichtmittel wurden Bärlappsamen (Lykopodium), Aluminiumpulver (Bild 175) oder Eisenglimmer benutzt. Den aus feinen glänzenden Blättchen bestehenden Eisenglimmer hat *L. Prandtl* [415a] bei seinen klassischen Versuchen verwandt. Zur Erhöhung des Kontrastes empfiehlt es sich, das Wasser anzufärben (z.B. mit „Dunkelrot für Dunkelkammerlicht" oder „Tiefschwarz" der Farbwerke Hoechst). Bei gegebener Belichtungszeit ist die Bahnlänge ein Maß der Strömungsgeschwindigkeit. Bei

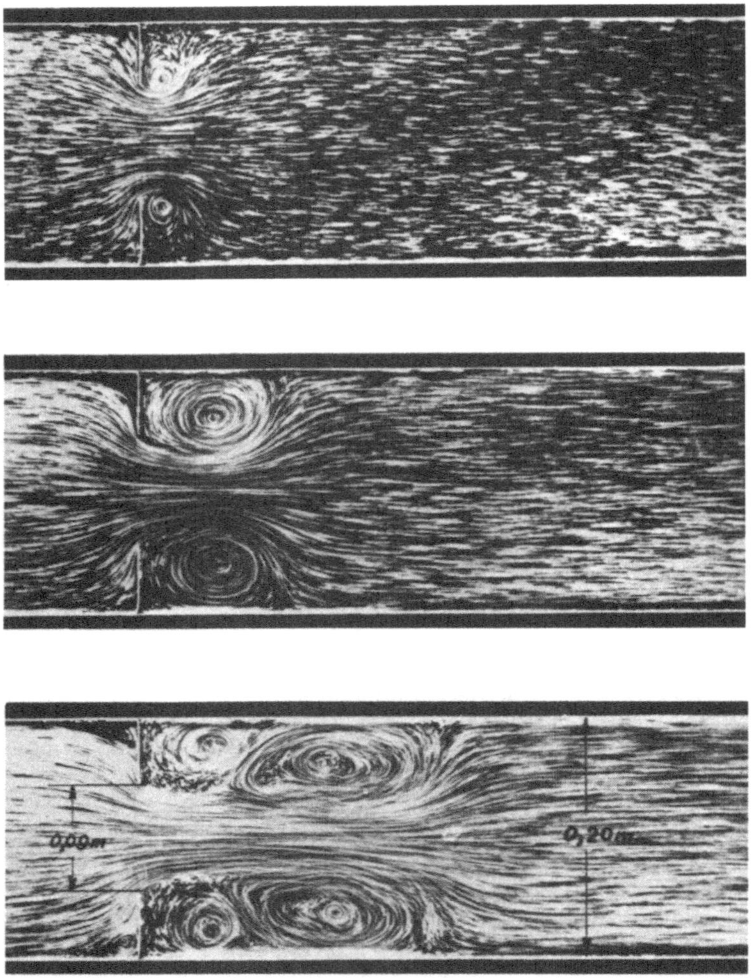

Bild 175. Anlaufströmung durch eine Blende, durch Aluminiumflitter auf einer Wasserfläche sichtbar gemacht (nach N. Kunze).

derartigen Versuchen muß die Wasseroberfläche genügend sauber sein. Es empfiehlt sich, zur Prüfung der Oberflächensauberkeit kurz zu blasen, so daß sich ein Loch bildet. Schließt sich die Oberfläche nach dem Blasen wieder, so ist sie unsauber und muß erneuert werden. Um ein Benetzen von geschleppten Körpern zu vermeiden, rät *H. Rubach* [415b], die Körperoberfläche zu paraffinieren.

11.2.2.2. Oberflächenwellen

Für das Ausmessen von gestörten Wasseroberflächen steht eine Reihe von Verfahren zur Verfügung. Im einfachsten Fall nimmt man Wasserbecken mit durchsichtigen Böden und läßt die gekrümmte Wasseroberfläche als optische Linse wirken, die auf einem Bildschirm streifenförmige Bilder der Wellen erzeugt [416]. Solche „Wellenwannen" sind vielfach zur Demonstration der Wellenausbreitung und Interferenz von Wellen in Gebrauch.

Weitere Verfahren benutzen die Reflexion der Wasseroberfläche. Man kann z.B. oberhalb der Wellenwanne eine Glasplatte mit einem Liniennetz anbringen, das diffus beleuchtet wird. Das reflektierte Bild zeigt dann ein verzerrtes Liniennetz, das ausgewertet werden kann [417]. Um störende Reflexion am Boden zu vermeiden, färbt man das Wasser zweckmäßigerweise schwarz und legt den Boden mit scharzem Samt aus. Noch besser ist es, statt Wasser Petroleum zu verwenden, das mit einem Farbstoff (z.B. ätherlöslicher Farbstoff „Tiefschwarz" der Farbwerke Hoechst) angefärbt ist. Dann bleibt die Oberfläche immer sauber, da der Staub benetzt wird und niedersinkt.

Auch die stereophotogrammetrische Ausmessung von Wasseroberflächen wurde auf Modellversuche in Wasserrinnen übertragen [418]. Beim Pulfrichschen Blinkverfahren erscheinen abwechselnd beide Bilder auf dem Bildschirm, wobei die Bildpunkte (z.B. durch Aluminiumflitter auf der Flüssigkeitsoberfläche erzeugt) so lange hin- und herspringen, bis der Bildschirm die richtige Höhenlage hat. Ein nach diesem Prinzip arbeitendes Auswertgerät gestattet also die Aufzeichnung von Höhenschichtlinien der Flüssigkeitsoberfläche.

11.2.3. Sichtbarmachung des Strömungsverlaufs in einer Flüssigkeit

Die Untersuchung räumlicher sowie ebener Strömungsvorgänge bei höheren Reynoldsschen Zahlen muß bei vollständig eingetauchten Körpern vorgenommen werden, da in diesen Fällen bei Schleppversuchen Oberflächenwellen den Strömungsvorgang stören würden. Zur Durchführung solcher Versuche wählt man vorzugsweise Wasserkanäle mit Rücklauf, bei denen eine Axialpumpe das Wasser in Bewegung hält. Wasserkanäle sind besonders geeignet zur Sichtbarmachung räumlicher Strömungsvorgänge, wobei dem Wasser feste Teilchen, Farbflüssigkeit oder Gasblasen zugesetzt werden.

11.2.3.1. Beifügung fester Teilchen

Sichtmittel Aluminiumflitter, Iriodin u.a.

Unter Aluminiumflitter sind Teilchen zerriebener Aluminiumfolie mit einer Größe von etwa 0,2 bis 0,5 mm zu verstehen. Etwa 100 cm^3 lose Flitter für je 1 m^3 Wasserkanalinhalt werden mit etwa 300 cm^3 Spiritus oder Sodalösung (zur Entfettung) angerührt und langsam der Strömung zugesetzt. Die Teilchen bleiben nach dem Beimischen genügend lange schweben. Wenn sich die Teilchen nach längerer Pause am Grund abgesetzt haben, verteilen sie sich bei erneuter Inbetriebnahme sehr rasch wieder gleichmäßig im ganzen Kanal. Die Rückwand erhält einen mattschwarzen Anstrich. Zur Erzeugung eines intensiven Lichtschnitts ist es zweckmäßig, das Licht einer Quecksilberdampflampe in einer Kombination von Parabolspiegel und Zylinderlinse zu sammeln. Der häufig störende Modellschatten verschwindet bei Verwendung zweier Lampen.

Aluminiumflitter sind zum Ausmessen von Geschwindigkeitsfeldern weniger geeignet, da sie sich meist während der Aufnahme drehen und nur während eines Teiles der Belichtungszeit aufleuchten. Deshalb verwendet man auch Plexiglasspäne als Sichtmittel. Gut geeignet ist auch Iriodin (Firma Merck, Darmstadt), das aus kleinen schuppenförmigen Teilchen besteht, die in Wasser eine Emulsion bilden.

Polystyrolkugeln von 0,5 bis 2 mm Durchmesser, deren spezifisches Gewicht durch Behandlung mit Aceton sich dem des Wasser angleichen läßt, wurden nur gelegentlich benutzt [419]. Die Herstellung mikroskopisch kleiner Glaskugeln mit Durchmessern von 1 bis 10 μ bereitet keine Schwierigkeiten [420]. Wegen ihrer Kleinheit sind solche Kugeln auch in Luftströmungen verwendbar.

Sichtmittel Amylazetat

Gut bewährt haben sich kugelförmige Schwebeteilchen, zu deren Herstellung eine Mischung von 2 Teilen Zaponlack, 1 Teil Amylanzetat, Tetrachlorkohlenstoff (zur Einstellung des spezifischen Gewichtes) und 3 Teilen Wasser genommen wird. Das von *W. Müller* angegebene Verfahren wurde erstmalig von *V.M. Ghatage* [421] angewandt. Nach *D. Mehmel* [422] läßt man die Emulsionsmasse der Mischung mit Hilfe von Druckluft in einen Mischbecher hineintropfen, wobei die Tröpfchen von einem kräftigen Wasserstrahl getroffen in kleine Kügelchen zerspalten und in dem Mischbecher in Rotation versetzt werden (Bild 176). Bei Verwendung einer stereoskopischen Aufnahmeeinrichtung [422] können räumliche Strömungsvorgänge ausgewertet werden.

Tellurverfahren nach *E. Wortmann* [423], [424]

Ein Tellurdraht wird senkrecht zur Wand in eine Wasserströmung gestellt. Ein elektrischer Impuls von einigen ms erzeugt in der Umgebung des Drahtes eine schwarze Tellurwolke, die mit der Strömung mitschwimmt und dadurch die Geschwindig-

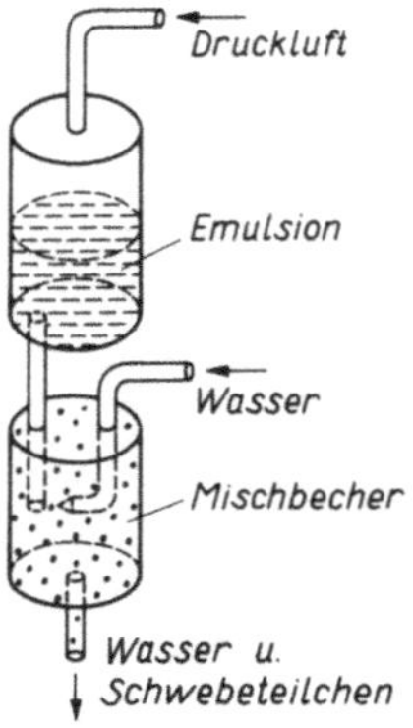

Bild 176
Anordnung für die Zufuhr einer Emulsion von Amylacetat und Zaponlack (nach D. Mehmel [422]).

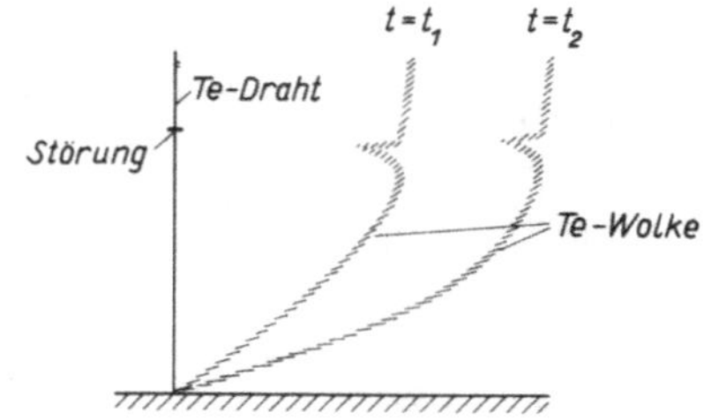

Bild 177
Tellurverfahren nach E. Wortmann [423], [424].

keitsprofile der Grenzschicht unmittelbar sichtbar macht (Bild 177). Hierbei wirkt der Tellurdraht als Kathode und irgendeine Metallfläche im Wasser als Anode. Es empfiehlt sich, dem Wasser KOH bis zu einem pH-Wert von 9 bis 10 beizugeben. Durch den Stromstoß werden Tellurionen ausgelöst, die sich durch eine sekundäre Reaktion in kolloidales elementares Tellur umwandeln. Die Sinkgeschwindigkeit der Wolke kann kleiner als 0,1 mm/s gehalten werden. Nachteilig ist allerdings, daß sich der Strömungswiderstand des querangeströmten Drahtes stromabwärts als Nachlaufdelle bemerkbar macht, und zwar um so stärker, je näher man dem Draht ist. Reine Tellurdrähte gewinnt man nach dem Wollastonprinzip, indem man Tellur (von der Firma Merck, Darmstadt, zu beziehen) in Glasröhrchen erhitzt und bei Rotglut auseinanderzieht. Das Glas wird hinterher durch Flußsäure weggeätzt. Für die Messung von Geschwindigkeitsprofilen greift man besser zu Stahldrähten mit aufgedampftem Tellur (Schichtdicke etwa 20 μ).

Man kann solche Drähte auch dadurch herstellen, daß man einen Messingdraht (Kupfer- und Stahldraht sind ungeeignet) durch eine Tellurschmelze hindurchzieht, die sich z.B. in einem U-förmigen Glasrohr befindet. Stromfäden sind durch Tellurperlenreihen erzeugbar.

Wegen der geringeren Nachlaufstörungen ist es besser, den Tellurdraht abschnittsweise mit Lack abzudecken, so daß nur die Stellen frei bleiben, von denen die Stromfäden ausgehen sollen. Zur Steigerung des Kontrastes wird eine Zugabe von 10 bis 40 cm^3/m^3 30 %ige H_2/O_2-Lösung zum Wasser empfohlen.

11.2.3.2. Beifügen von Farbflüssigkeit

Farbflüssigkeit kann man entweder aus Bohrungen des Modells austreten lassen und mit Farbfäden den Strömungsverlauf in Wandnähe sichtbar machen oder man läßt die Farbe aus einer verschieblichen Farbsonde auslaufen, um beliebige Stellen des Strömungsfeldes zu untersuchen. Schließlich kann man auch die Farbe aus einer rechenartigen Sonde ausströmen lassen und dadurch im ungestörten Fall parallele Farbfäden herstellen.

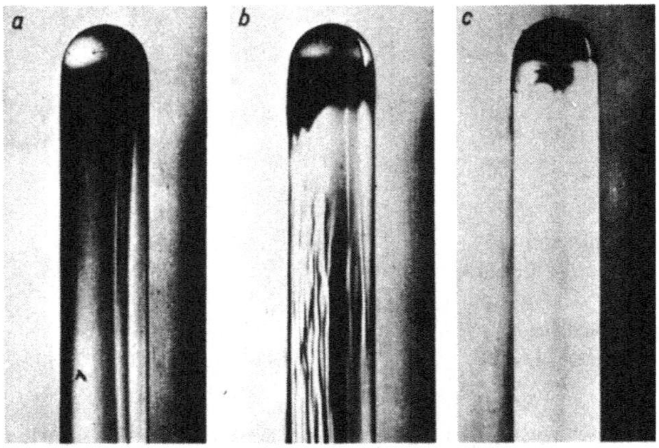

Bild 178. Grenzschichtströmung um einen Sondenkopf mittels im Staupunkt austretender Farbflüssigkeit sichtbar gemacht.
a laminar, b Übergang zur Turbulenz, c nur Halbkugelkopf laminar.

Bild 178 zeigt eine weitere Anwendungsmöglichkeit, bei der die im Staupunkt austretende Farbe sich über die ganze Körperoberfläche ausbreitet und durch die dunkel gefärbten Flächen den laminaren Bereich kennzeichnet. Als Farbstoff nimmt man Dunkelkammerrot oder -grün (Pinakryptolrot bzw. -grün). Bei größerem Bedarf kann man auch auf das billigere Eosin A salzfrei oder Grün PLX zurückgreifen. Der Farbstoff wird in wenig Alkohol oder Wasser gelöst und dann mit Wasser verdünnt (etwa 1 : 100). Die Austrittsgeschwindigkeit des Farbfadens läßt sich durch Höherstellen des Vorratsgefäßes, das durch eine Schlauchleitung mit der Sonde verbunden ist, der Strömungsgeschwindigkeit angleichen. Die Regelung kann auch durch Druckluft mit einstellbarer Drosselung vorgenommen werden. Als Farbflüssigkeit hat sich daneben Magermilch gut bewährt, vor allem bei den an der ONERA [419], [425], [426], [427] durchgeführten Versuchen und Filmaufnahmen über das Aufrollen und Platzen von Wirbeln an Deltaflügeln. Durch Beifügen von Magermilch sind auch turbulente Ausbreitungsvorgänge quantitativ meßbar. *J. Nikuradse* [428] erforschte auf diese Weise die turbulenten Sekundärströmungen in nichtkreisförmigen Rohren, indem er die Aufnahmen mit einem Hartmannschen Mikrophotometer auswertete und aus den Isophoten das Strömungsbild erschloß.

11.2.3.3. Beifügung von Gasblasen

Luftblasen

Luftblasen eignen sich vor allem zur Sichtbarmachung von Wirbelkernen, da sie wegen ihres geringen spezifischen Gewichtes an die Stellen größten Unterdruckes wandern [427], [429], [430]. Wasser-Luft-Gemische sind auch gut brauchbar, um Strahlen sichtbar zu machen.

Wasserstoffblasen

Angeregt durch das Tellurverfahren von *Wortmann* (siehe S. 164) erarbeiteten *A. Raspet* und *E. W. Geller* [431], [432] ein Beobachtungsverfahren, bei dem ein quer zur Strömung gestellter Draht als Kathode ausgebildet ist, während eine durch das Wasser getrennte Stelle als Anode dient. Durch Spannungsimpulse werden infolge Elektrolyse Reihen von Wasserstoffblasen ausgeschieden, die entsprechend der Geschwindigkeit stromabwärts schwimmen und somit ein Abbild des Geschwindigkeitsprofils liefern. Wegen ihres geringeren spezifischen Gewichts steigen die Gasblasen nach oben, und zwar je nach Größe mit einer Geschwindigkeit von 0,15 bis 1,5 mm/s. Bei starker Stromlinienkrümmung folgen sie daher auch nicht genau der Wasserströmung. Eingehende Untersuchungen über die Genauigkeit der Wasserstoffblasen-Technik führten *S. J. Lukasiek* und *C. E. Grosch* [433] durch. Für andere Teilchen verschiedener Dichte wurde der Frage der Genauigkeit eingehend von *E. C. Roberson* [434] nachgegangen. Zur Erzeugung paralleler Blasenreihen haben *D. W. Clutter* und *A. M. O. Smith* [435] durch Zufall ein interessantes Verfahren entdeckt. Sie benutzen nämlich entsprechend Bild 179 einen Schleifendraht, der leicht durch Hindurchziehen eines Drahtes durch ein Zahnradpaar herstellbar ist. Bei Anlegen einer Gleichspannung bilden sich längs des ganzen Drahtes Wasserstoffperlen, die aber zu den Schleifen abwandern und sich von dort ablösen.

Bild 179. Erzeugung von Wasserstoff-Blasenreihen durch einen Schleifendraht nach D.W. Clutter und A.M.O. Smith [435]. Aufnahme im Wasserkanal nach Bild 15.

12. Optische Meßverfahren

12.1. Verschiedene optische Methoden

Die in der Strömungsmeßtechnik angewandten optischen Verfahren beruhen darauf, daß Dichteänderungen in einem Gas oder in einer Flüssigkeit auch Änderungen des Brechungsindex zur Folge haben. Schickt man daher Lichtstrahlen durch ein durchlässiges Medium veränderlicher Dichte, so werden diese abgelenkt oder erleiden Phasenunterschiede.

Bei den *Interferenzverfahren* nutzt man diese Phasenunterschiede aus, indem man zwei kohärente Lichtbündel, von denen das eine die Versuchsstrecke durchlaufen hat, miteinander interferieren läßt. Die Verschiebung der Interferenzlinien ist direkt proportional der Dichteänderung.

Bei den *Schlieren-* und *Schattenverfahren* nach [437] bis [445] nutzt man die Ablenkung der Lichtstrahlen aus. Im folgenden wird zunächst das Schattenverfahren besprochen, das den großen Vorzug einer äußerst einfachen Anordnung besitzt, der jedoch durch den Nachteil einer geringeren Empfindlichkeit und schwierigen quantitativen Auswertung erkauft wird. Das Schattenverfahren betrachten viele nur als Sonderfall des Schlierenverfahrens.

12.2. Schattenverfahren

12.2.1. Meßprinzip

Bei der einfachsten Anwendungsform des zuerst 1880 von *V. Dvorak* [436] angegebenen Schattenverfahren durchleuchtet man mit einer möglichst punktförmigen Lichtquelle das Versuchsobjekt ohne jede Optik. Man erhält dann auf einem weißen Schirm, der das Licht auffängt, infolge der veränderlichen Lichtbrechung in dem Medium ungleichmäßiger Dichte eine ungleichförmige Helligkeitsverteilung. Gebräuchlicher ist die in Bild 180 dargestellte Anordnung mit parallelen Lichtstrahlen, bei der das Schattenbild die gleiche Größe wie das Versuchsobjekt hat. Wenn man mit dem Bildschirm nicht nahe genug an das Versuchsobjekt heran kann oder eine Maßstabsverkleinerung erwünscht ist, kann man auch zum „fokussierten Schattenverfahren" (Bild 181) greifen, das sich vom Schlierenverfahren nur durch den Wegfall der Schlierenblende unterscheidet. Allerdings werden dabei auch die Bildfehler größer als in der gebräuchlichen Anordnung nach Bild 180.

12.2.2. Theorie des Schattenverfahrens

Der Brechungsindex n eines Gases oder Dampfes steht mit der Dichte ρ näherungsweise in der Beziehung

$$n - 1 = (n_0 - 1)(\rho/\rho_0) \quad . \tag{12.1}$$

Hierbei bezeichnet der Index 0 die Werte bei einer Bezugstemperatur und einem Bezugsdruck. In der folgenden Tafel sind Werte von n_0 für verschiedene Gase und Dämpfe angegeben.

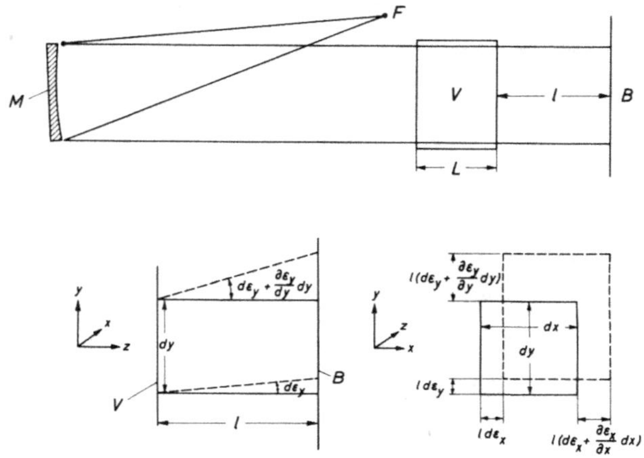

Bild 180

Direktes Schattenverfahren mit parallelem Strahlengang. Unten: Schematische Erläuterung der Helligkeitsänderung auf dem Bildschirm, unten rechts: Bildschirmebene, B Bildschirm, F Funkenblitz-Lichtquelle, M Hohlspiegel, V Versuchsstrecke.

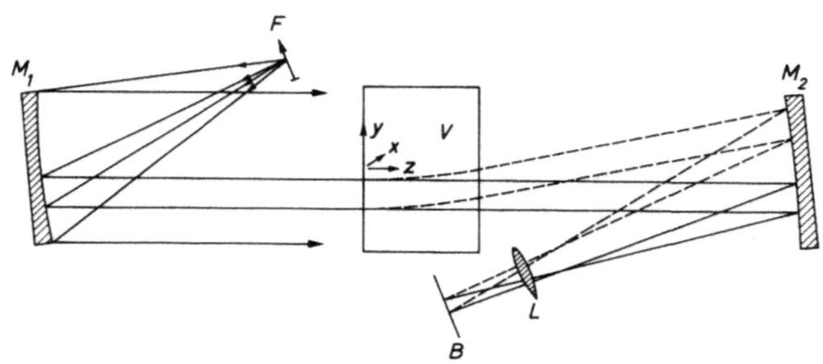

Bild 181

Fokussiertes Schattenverfahren. B Bildschirm, F Funkenblitz-Lichtquelle, L Linse, M_1, M_2 Hohlspiegel, V Versuchsstrecke.

Brechungsindices verschiedener Gase und Dämpfe bei 0 °C und 760 mmHg für eine Wellenlänge von 5 893 Å (Natrium D-Linie)

Gas oder Dampf	n_0	Gas oder Dampf	n_0
Helium	1,000 035	Azetylen	1,000 606
Wasserstoff	1,000 138	Äthylen	1,000 720
Wasserdampf	1,000 257	Chlor	1,000 768
Sauerstoff	1,000 272	Äthan	1,000 770
Argon	1,000 284	Äthylakohol	1,000 874
Luft	1,000 292	Propan	1,001 081
Stickstoff	1,000 297	Aceton	1,001 100
Kohlenoxyd	1,000 334	Butan	1,001 390
Methan	1,000 442	Chloroform	1,001 455
Kohlendioxyd	1,000 450	Äther	1,001 550
Methylalkohol	1,000 550	Tetrachlorkohlenstoff	1,001 768

In Bild 180 unten ist näherungsweise angenommen, daß die brechende Wirkung der Dichtestörungen in der Versuchsstrecke in einer Ebene konzentriert sei, während sie in Wirklichkeit stetig auf den ganzen Lichtweg in der Versuchsstrecke verteilt ist. Wenn ein ungestörtes Lichtbündel auf dem Bildschirm eine Fläche dx dy ausleuchtet, so ändert sich gemäß Bild 180 unten rechts diese Fläche um

$$l\,dx\,dy\left(\frac{\partial\epsilon_x}{\partial x}+\frac{\partial\epsilon_y}{\partial y}\right) \quad ,$$

wobei

$$\epsilon_x=\frac{1}{n_0}\int_0^L\frac{\partial n}{\partial x}dz \quad , \qquad \epsilon_y=\frac{1}{n_0}\int_0^L\frac{\partial n}{\partial y}dz \qquad (12.2)$$

oder bei einem streng zweidimensionalen Strömungsfeld

$$\epsilon_x=\frac{L}{n_0}\frac{\partial n}{\partial x} \quad , \qquad \epsilon_y=\frac{L}{n_0}\frac{\partial n}{\partial y} \quad . \qquad (12.3)$$

Die Beleuchtungsschwankung wird daher

$$\frac{\Delta I}{I}=-\frac{l}{n_0}\int_0^L\left(\frac{\partial^2 n}{\partial x^2}+\frac{\partial^2 n}{\partial y^2}\right)dz \qquad (12.4)$$

$$=-\frac{l\cdot L}{n_0}\left(\frac{\partial^2 n}{\partial x^2}+\frac{\partial^2 n}{\partial y^2}\right) \qquad (12.4a)$$

und ist demnach proportional der zweiten räumlichen Ableitung der Dichte, während sie beim Schlierenverfahren proportional dem Dichtegradienten ist.

12.2.3. Anwendungen

12.2.3.1. Ebene Stoßwellen

Ein wesentliches Anwendungsgebiet des Schattenverfahrens ist die Sichtbarmachung von Stoßwellen. Bild 182a zeigt schematisch den Verlauf des Brechungsindex, Bild 182b den Weg der Lichtstrahlen (Mitte) und Bild 182c die Helligkeitsverteilung auf dem Bildschirm. An der Vorderseite der Stoßfront (Niederdruckseite) hat man daher Verdunklung, an der Rückseite Aufhellung.

Eine Anwendung von Stoßwellenbeobachtungen zur Bestimmung der Zustandsgleichung beschreibt *E.F. Lype* [446]. Unter gewissen Umständen kann man aus der Breite des dunklen Bandes (am Kopf der Stoßwelle) die Stoßstärke ermitteln ([447] bis [449]).

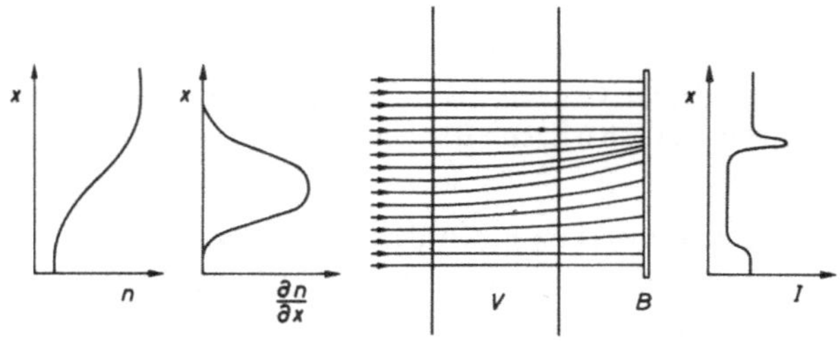

Bild 182. Schematische Darstellung der Abbildung einer ebenen Stoßwelle auf dem Bildschirm B. Links: Verteilung des Brechungsindex (Gasdichte) und dessen Gradienten, Mitte: Strahlengang durch die Versuchsstrecke V, rechts: Helligkeitsverteilung I auf dem Bildschirm.

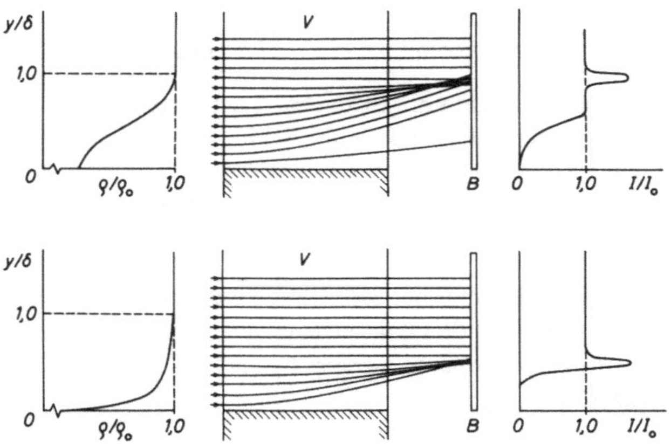

Bild 183. Schematische Darstellung der Abbildung einer laminaren (oben) und turbulenten (unten) Grenzschicht. Links: Verteilung der Dichte (Brechungsindex), Mitte: Strahlengang durch die Meßstrecke V, rechts: Helligkeitsverteilung I auf dem Bildschirm B.

12.2.3.2. Grenzschichtuntersuchungen

Mit Hilfe des Schattenverfahrens kann man auch entscheiden, ob die Grenzschicht laminar oder turbulent ist [450]. Bild 183 gibt schematisch den Verlauf der Lichtstrahlen und die erhaltene Helligkeitsverteilung für beide Fälle wieder. Bei turbulenter Grenzschicht liegt das Helligkeitsmaximum viel näher an der Wand als im laminaren Fall. Auch der Ablösepunkt ist gut zu erkennen, weil sich bei Strömungsablösung der dunkle Streifen zwischen Wand und Helligkeitsmaximum aufhellt.

12.2.3.3. Untersuchung von Diskontinuitätsflächen und Totwassern

Zur Untersuchung von Diskontinuitätsflächen in inkompressibler Strömung hat *D. Pierce* [451] zwei Methoden angegeben. Beim einen Verfahren läßt man erhitzte

Luft in das Totwasser einströmen, so daß die Totwassergrenze optisch gut sichtbar wird. Das gleiche erreicht man, indem man ein Stück Balsaholz mit Benzin tränkt, so daß von der Oberfläche Benzin verdampft und in die Wirbelschicht hineingezogen wird.

Das Schattenverfahren wurde auch angewandt, um im Totwasser eines mit Überschallgeschwindigkeit fliegenden Projektils die Korrelationen der turbulenten Dichteschwankungen zu bestimmen [452]. Außerdem kann die Wirbelbildung bei der Grundschwingung einer offenen Pfeife gut sichtbar gemacht werden, wenn man Kohlendioxyd sich in Luft ausbreiten läßt [453].

12.2.3.4. Rotationssymmetrische und dreidimensionale Vorgänge

Bei Überschallströmungen zeichnen sich kegelige Strömungsfelder durch besondere Einfachheit aus. Will man kegelige Felder optisch erfassen, so müssen auch die Lichtstrahlen kegelig sein. Dies ist bei einer von *E. S. Love* und *C. E. Grigsby* [454] erarbeiteten Anordnung (Bild 184) der Fall. Um die Strömung nicht durch einen Bildschirm zu stören, ist dieser als rotierendes Propellerblatt ausgebildet.

Bei einem allerdings nur für kleine Windkanäle geeigneten Verfahren von *A. O. Ormerod* [455] pendelt das optische System um eine senkrechte Kanalachse um ± 50°. Aus der Aufzeichnung eines bewegten Films läßt sich das dreidimensionale Wellensystem analysieren.

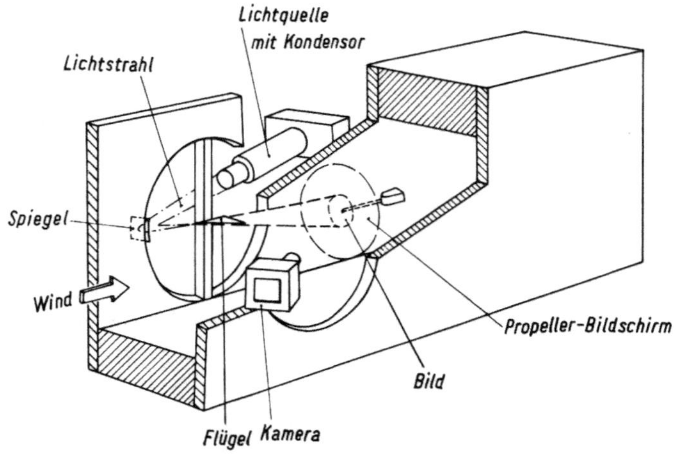

Bild 184. Schattenaufnahme kegeliger Überschall-Strömungsfelder senkrecht zur Strömungsrichtung. Bildschirm als rotierender Propeller ausgebildet (nach [454]).

12.2.3.5. Oberflächenwellen in Flüssigkeiten

Wegen der Analogie von Stoßwellen in Gasen mit Schwerewellen in Wasser werden zur Demonstration von Überschallströmungsfeldern häufig „Wellenrinnen" benutzt, bei denen das Wasser mit einer Geschwindigkeit strömt, die über der Grundwellengeschwindigkeit liegt (zur Nachbildung von Strömungsvorgängen in Überschall). Zur Sichtbarmachung der Wellenbilder wird vorzugsweise das Schattenverfahren gewählt. Bild 185 zeigt eine Apparatur von *Orlin, Lindner* und *Bitterly* [456] und den Strahlengang des Lichtes bei Anwesenheit von Kapillarwellen.

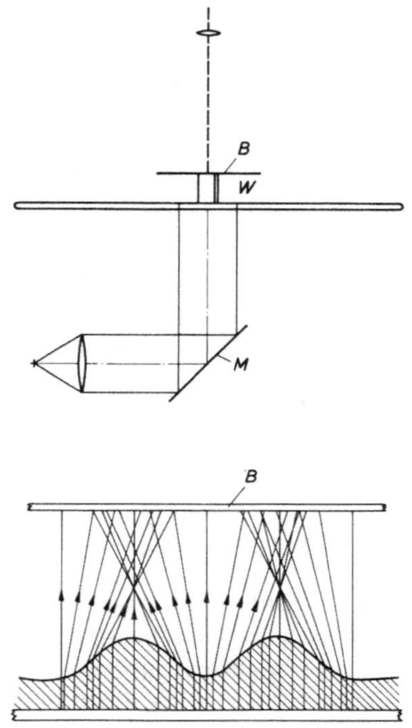

Bild 185
Schattenaufnahme von Oberflächenwellen (Wasserwellenanalogie von Uberschallströmungen). Oben: Aufbau der optischen Versuchsanordnung, unten: Strahlengang. B Bildschirm, M Spiegel, W Wellenrinne (nach [456]).

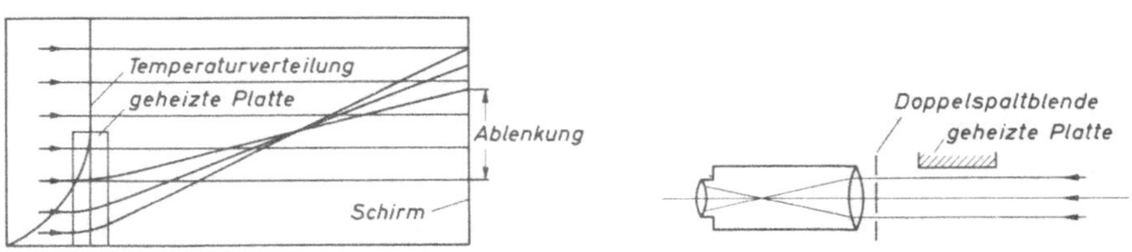

Bild 186. Messung des Temperaturgradienten in Grenzschichten aus der Ablenkung von Lichtstrahlen. Unten: Variante des Meßverfahrens (nach [457]).

12.2.3.6. Beobachtung von Temperaturfeldern und Flammen

Ein Verfahren zur quantitativen Auswertung der Schattenaufnahmen von Temperaturfeldern hat *E. Schmidt* [457] erarbeitet. Bild 186 zeigt schematisch den Verlauf einzelner Lichtstrahlen, die eine aufrecht stehende geheizte Platte streifen und nach oben abgelenkt werden. Aus der Ablenkung eines einzelnen Strahles kann man das Gefälle des Temperaturfeldes und damit auch den Wärmestrom an jeder

Stelle berechnen. Bei einer Variante dieses Verfahrens (Bild 186b) läßt man das parallele Lichtbündel durch eine Doppelspaltblende treten, wobei der eine Strahl ein Gebiet außerhalb der Temperaturgrenzschicht durchquert, also nicht abgelenkt wird. Aus der Ablenkung des anderen Strahls wird dann das Temperaturgefälle bestimmt.

12.2.4. Einige technische Einzelheiten

12.2.4.1. Konkavspiegel

Meist werden sphärische Spiegel anstelle der etwas aufwendigeren Parabolspiegel bevorzugt, wobei eine Genauigkeit der Oberflächenneigung von 1/2 Wellenlänge (Hg-Licht) je cm gefordert wird, während die Abweichungen von der Kugelform eine Wellenlänge nicht überschreiten sollten. Als Oberflächenbelegung nimmt man meist Aluminium, das auch leicht erneuert werden kann. Eine Belegung mit Rhodium ist widerstandsfähiger, aber teuer und schwer zu erneuern. Der nicht benutzte Spiegel sollte stets durch eine Schutzkappe abgedeckt werden.

12.2.4.2. Lichtquellen

Um scharfe Bilder zu erhalten, müssen die Abmessungen der Lichtquelle klein sein. Nach der Anordnung von Bild 180 ist der Schärfeverlust bei endlicher Lichtquellengröße näherungsweise durch $l \cdot d/f_1$ gegeben, wobei d der Durchmesser der Lichtquelle ist, f_1 die Brennweite des Hohlspiegels und l die Entfernung zwischen der optischen Störung und dem Bildschirm. Die Bildschärfeverbesserung durch Verkleinerung der Lichtquelle ist jedoch durch die Beugung begrenzt. Die Beugungsunschärfte ist von der Größenordnung $\sqrt{2l\lambda}$ (λ ist die Wellenlänge des Lichtes), also durch die Entfernung vom Rand des geometrischen Schattens zur Mitte der ersten dunklen Beugungsfigur gegeben.

Da auch bei an sich stationären Vorgängen meist kleine Schwankungen überlagert sind, welche die Bildschärfe ungünstig beeinflussen würden, ist eine Belichtungszeit von der Größenordnung von einigen μs und weniger erwünscht. Ausführliche Angaben über die Auswahl der Lichtquellen und Tabellen über handelsübliche Ausführungen findet man in [444].

12.3. Schlierenverfahren

12.3.1. Meßprinzip

12.3.1.1. Toeplersches Schlierenverfahren

Beim Toeplerschen Schlierenverfahren [458], [459] befindet sich die Lichtquelle S (Bild 187) im Brennpunkt eines Konkavspiegels M1 (oder einer Konvexlinse), so daß die Meßkammer K (Windkanal) durch ein paralleles Lichtbündel beleuch tet wird. Ein zweiter Konkavspiegel M2 (oder eine Konvexlinse) erzeugt ein Bild B der Lichtquelle in seiner Brennebene, eine Linse L ein Bild Q der Meßkammer. Ist nun in der Meßkammer ein Dichtegradient vorhanden (in Bild 187 durch ein gestricheltes Prisma symbolisiert), so werden die Lichtstrahlen abgelenkt, erzeugen jedoch

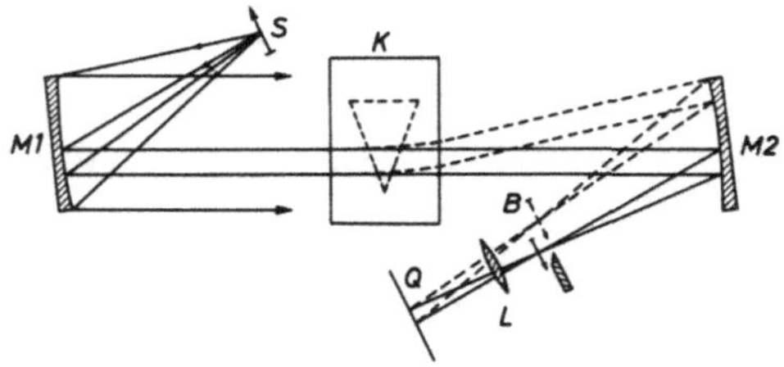

Bild 187
Toeplersches Schlierenverfahren.
S Lichtquelle, M1, M2 Konkavspiegel, K Meßkammer (der gestrichelte Keil deutet einen Dichtegradienten an), B Bild der Lichtquelle und Schlierenblende, Q Bild der Meßkammer.

das gleiche Bild Q. Bringt man nun in B eine „Schlierenblende" an, welche die Hälfte des Lichtbündels abdeckt, so wird bei einer Meßkammer konstanter Dichte auf dem Bildschirm Q nur die Lichtintensität Q geschwächt. Ist jedoch ein Dichtegradient vorhanden, so werden je nach dem Vorzeichen mehr oder weniger Lichtstrahlen von der Schlierenblende durchgelassen. Stellen der Meßkammer mit positivem Gradienten erfahren eine Aufhellung, bei negativem Gradienten eine Verdunkelung. Was als Richtung des positiven Gradienten aufzufassen ist, hängt natürlich von der Stellung der Schlierenblende ab und ist aus Bild 187 leicht abzuleiten. Dichtegradienten entstehen vor allem in Gasströmungen hoher Geschwindigkeit, insbesondere bei Anwesenheit von Verdichtungsstößen. Sie können aber auch bei kleiner Geschwindigkeit durch Temperaturunterschiede oder bei Mehrgasgemischen durch Konzentrationsunterschiede auftreten. In vielen Fällen ist es günstig, die Schlierenblende durch einen Graukeil zu ersetzen, weil sich auch die Bildschärfe bei starken Ablenkungen bessert. Bei kleinen Ablenkungen, also hoher Empfindlichkeit, bringt dagegen der Graukeil keinen Vorteil gegenüber der Schlierenblende. Wie Bild 188a zeigt, kann man Schlierensysteme statt mit Spiegeln auch mit Linsen aufbauen. Die Linsen müssen allerdings auf sphärische und chromatische Aberation korrigiert sein (letztere Korrektur kann bei Verwendung von monochromatischem Licht wegbleiben).

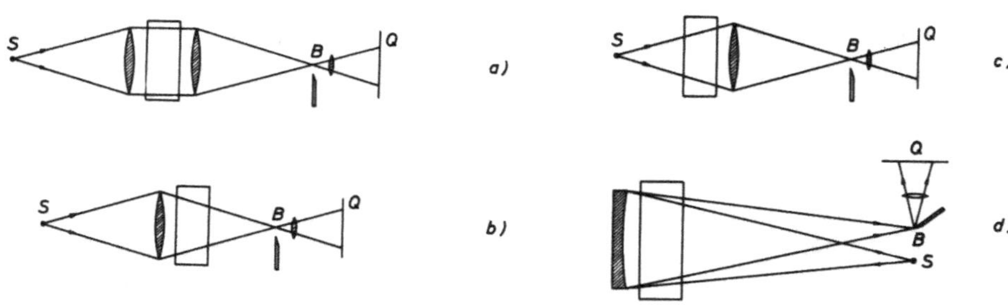

Bild 188. Verschiedene Schlierenanordnungen.
a) Mit zwei Linsen, b, c) mit einer Linse, d) mit doppeltem Lichtdurchgang. Bezeichnung s. Bild 1.

Bei nicht parallelem Strahlengang (Bild 188b, c) wird zwar eine Linse gespart, die verbleibende muß jedoch größer sein, so daß ein Preisvorteil entfällt. Auf Bild 188d sieht man eine weitere Anordnung mit nicht parallelem Strahlengang unter Verwendung eines Konkavspiegels, wobei der Planspiegel B als Schlierenblende wirkt [467]. Wegen des doppelten Lichtdurchgangs durch die Versuchsstrecke verdoppelt sich auch die Empfindlichkeit, was vor allem bei geringer Gasdichte günstig sein kann.

12.3.1.2. Schlierenverfahren mit Feinfokussierung

Das Toeplersche Schlierenverfahren liefert gewissermaßen einen Integralwert der Dichtegradienten längs des Lichtweges durch die Versuchskammer. Um ausschließlich die Dichtegradienten in einer bestimmten Ebene zu erhalten, ist das Verfahren der Feinfokussierung [462], [463] entwickelt worden (Bild 189). Hierbei wird die Lichtquelle in eine große Zahl von Einzellichtquellen (Spaltplatte D mit 82 Schlitzen aufgelöst, denen eine gleich große Zahl von Schlierenblenden entspricht. Ein scharfes Schlierenbild wird nur für eine ganz bestimmte Ebene erzeugt [443].

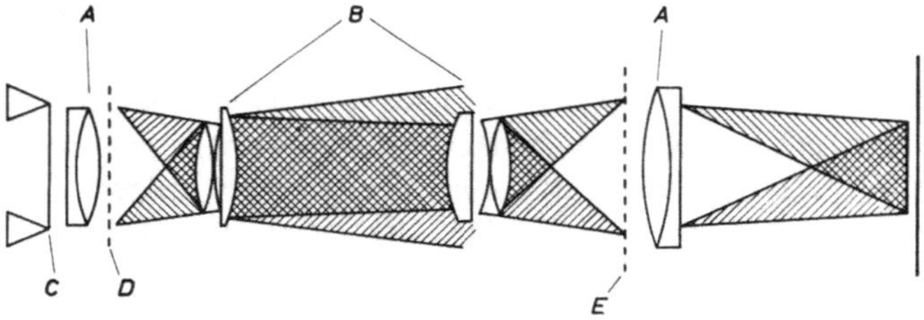

Bild 189. Schlierenanordnung mit Feinfokussierung.
A Achromatische Linsen, B Anastigmate, C vergrößertes Bild eines Funkens, D Spaltplatte als Lichtquelle, E Spaltplatte als Schlierenblende.

12.3.1.3. Mikroschlierenverfahren

Um Einzelheiten einer Gasströmung, z.B. Grenzschichten, sichtbar zu machen, entwickelten *W. S. Bradfield* und *J. J. Sheppard* [464] eine Schlierentechnik, die ein um das 6 bis 40fache vergrößertes Bild eines Ausschnittes von 6 bis 20 mm Durchmesser liefert. Die Hauptschwierigkeit besteht dabei, trotz der starken Vergrößerung noch eine genügende Empfindlichkeit zu haben. Es sind hochwertige Objektive großer Apertur erforderlich, zur Verminderung der Aberration benötigt man einen axialsymmetrischen Strahlengang. Da zur Verwendung in Windkanälen der Arbeitsabstand hinreichend groß sein muß (4 bis 12,5 cm), werden photomakrographische Objektive benutzt (d.h. Objektive kleiner Brennweite, die für langen Balgenauszug der Kamera korrigiert sind).

12.3.1.4. Farbschlierenverfahren

Zur Sichtbarmachung von Dichtegradienten sind in vielen Fällen Farbschlieren anschaulicher als Grauabstufungen. Für die Erzeugung von Farbschlieren sind im wesentlichen zwei Verfahren gebräuchlich: die Farbfilter- (Bild 190) und die Prismenmethode (Bild 191). Die Farbfiltermethode [465], [466] kann als Variante der bereits erwähnten Graukeilmethode angesehen werden. Die Schlierenblende bzw. der Graukeil wird durch ein Farbfilter (Bild 190 oben) ersetzt. Während die ersten Farbfilter [465] aus Streifen farbiger Gelatine hergestellt waren, haben sich Filter aus Streifen optischen Glases besser bewährt [466], [467], da sie fugenlos aneinandergekittet werden können. Wie in Bild 190 oben dargestellt, ist es vorteilhafter, das grüne Mittelstück schmaler auszuführen als die roten und blauen Seitenteile.

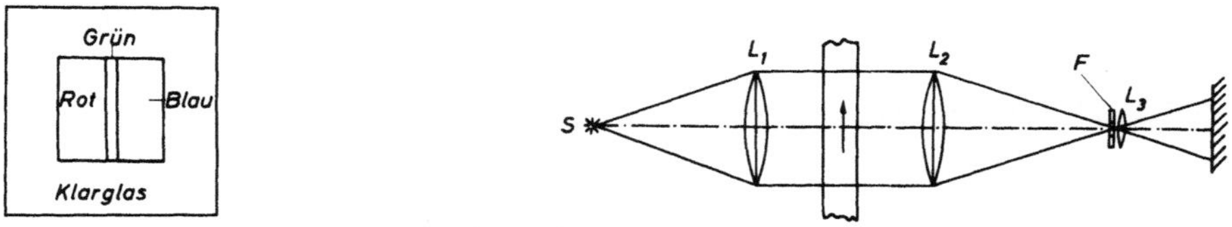

Bild 190. Farbschlierenverfahren mit Farbstreifenfilter. S Lichtquelle, L Linsen, F Farbfilter.

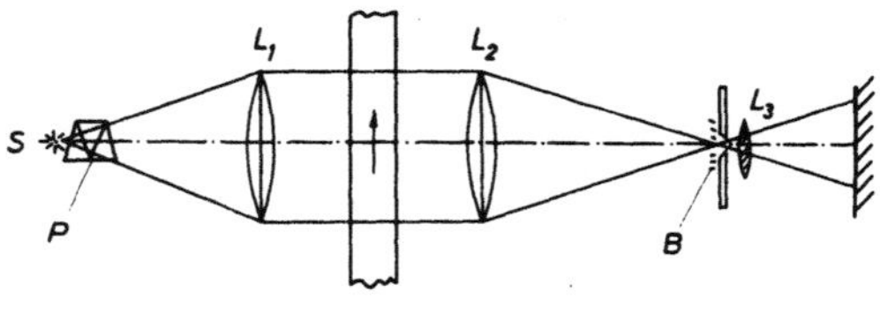

Bild 191
Farbschlierenverfahren mit Prisma. S Lichtquelle, P Prisma, B Schlierenblende, Spektrum der Lichtquelle, L Linsen.

Bei der Prismenmethode [467], [468] (Bild 191) ordnet man in der Nähe der Lichtquelle ein Prisma an. Dadurch wird in der Brennebene der zweiten Linse ein Spektrum erzeugt, und eine dort angebrachte Schlierenblende bringt auf dem Bildschirm Farbschlieren hervor.

Zur quantitativen Anwendung des Farbschlierenverfahrens wurden verschiedene Sonderanordnungen entwickelt [469], [470].

12.3.1.5. Phasen-Kontrast und Feld-Absorptionsverfahren

Die im folgenden beschriebenen Verfahren nützen die Gangunterschiede der Lichtstrahlen bei Durchlaufen verschieden dichter Medien aus und zählen daher eher zu den interferometrischen Verfahren. Da sie jedoch im äußeren Aufbau völlig den Schlierenverfahren gleichen, werden sie üblicherweise diesen zugerechnet. Eine punkt-

oder linienförmige Lichtquelle erzeugt auf einem Bildschirm Fraunhofersche Beugungsstreifen mit einem zentralen Helligkeitsmaximum und weiteren Maxima in bestimmten Abständen. Verwendet man eine solche Lichtquelle in einer üblichen Schlierenanordnung (jedoch ohne Schlierenblende), dann würden Brechungs- und Phasenunterschiede in der Objektebene keine Wirkung auf das Bild haben. Dies ändert sich, wenn man in die Brennebene der zweiten Linse (bzw. Spiegel) eine Phasenplatte stellt, welche den Bereich des zentralen Maximums des Beugungsbildes der Lichtquelle um 90° in der Phase verschiebt (Phasenkontrast-Verfahren von *F. Zernicke* [471] bis [473]). Ähnlich ist das Feld-Absorptionsverfahren von *S. F. Erdmann* [474], bei dem als Lichtquelle ein schmaler, von einem Doppel-Monochromator beleuchteter Schlitz benutzt wird. An die Stelle der Schlierenblende tritt eine teilweise aluminisierte Glasplatte mit einem zentralen Schlitz [475]. Beide Verfahren haben gegenüber dem Machzehnder-Interferometer den Vorteil großer Einfachheit und Störungsfreiheit bei Schwingungen, aber den Nachteil geringer Lichtstärke.

12.3.2. Theorie des Schlierenverfahrens

Zur Theorie des Schlierenverfahrens können wir auf das im Abschnitt 12.2.2. hinsichtlich des Schattenverfahrens Gesagte zurückgreifen.

12.3.2.1. Ebene Strömungen

ϵ_x und ϵ_y lassen sich entweder aus der örtlichen Bildhelligkeit nach vorheriger Eichung oder aus den Farbwerten ermitteln. Bild 192 zeigt verschiedene Möglichkeiten:

a) *Kreisblenden.* Ohne Ablenkung wird alles Licht von der Kreisblende abgefangen, mit Ablenkung ist die Helligkeit entsprechend dem Betrag der Ablenkung

$$\left|\sqrt{\epsilon_x^2 + \epsilon_y^2}\right| .$$

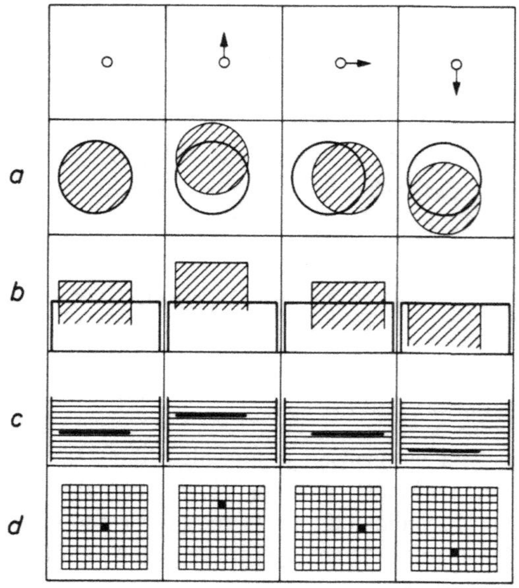

Bild 192
Wirkungsweise verschiedener Schlierenverfahren bei verschiedenen Ablenkungsrichtungen.
a) Kreisblende, b) gerade Schneide, c) Farbstreifenfilter, d) Farbflächenfilter.

b) *Gerade Schneiden.* Ohne Ablenkung mittlere Helligkeit, mit Ablenkung je nach dem Vorzeichen Aufhellung oder Verdunkelung. Aus je einer Aufnahme mit waagerechter und senkrechter Schneide kann die Richtung des Ablenkungsvektors bestimmt werden.

c) *Farbstreifenfilter.* Wie b), nur Helligkeitswerte durch Farbwerte ausgedrückt.

d) *Farbflächenfilter.* Ablenkung wird nach Größe und Richtung durch Farbwert gekennzeichnet.

12.3.2.2. Rotationssymmetrische Strömungen

Wird eine rotationssymmetrische Strömung quer zur Strömungsrichtung von den Lichtstrahlen durchsetzt, dann ist das so erhaltene Schlierenbild quantitativ auswertbar. Man muß allerdings ein von *M. Neumann* [478] angegebenes numerisches Auswertverfahren anwenden.

12.3.2.3. Dreidimensionale Strömungen

Wie *C. Picard* [479] nachgewiesen hat, ist es möglich, durch gleichzeitige waagerechte und senkrechte Projektion des Dichtefeldes auch dreidimensionale Überschallströmungen, insbesondere den Stoßwellenverlauf, zu analysieren. Dreidimensionale Dichtefelder können ferner durch das Verfahren der Feinfokussierung [443] in Einzelschnitten aufgenommen werden.

12.3.3. Anwendungen

12.3.3.1. Stoßwellen

Über die Anwendung des Schlierenverfahrens zur Untersuchung von Stoßwellen liegen zahlreiche Arbeiten vor. Erwähnt sei nur die Untersuchung von Kugelwellen [480], [481], wobei die Wellengeschwindigkeiten aus Schlierenaufnahmen bestimmt werden. *H. E. Edgerton* [482] beschreibt eine Technik, mit deren Hilfe Stoßwellen bei großen Objekten im Tageslicht photographiert werden können.

12.3.3.2. Grenzschichten

Das Schlierenverfahren dient häufig dazu, den Übergang von laminarer zu turbulenter Grenzschicht bei Überschall zu kennzeichnen [483], [484]. Man kann auch aus Schlierenbildern die Dicke der Grenzschicht ermitteln, da nach einer Analyse von *D. H. Grubman* [485] diese mit der Stelle des größten Dichtegradienten zusammenfällt. Eine hochempfindliche mit Fotomultiplieren arbeitende optische Grenzschichtsonde beschreibt *J. W. Daiber* [486].

12.3.3.3. Schaufelgitter

Zur Untersuchung von Schaufelgittern im hohen Unterschallbereich haben sich Schlierenaufnahmen als ein sehr wirksames Hilfsmittel erwiesen, da sie die Bildung eines Stoßwellensystems auf der Saugseite als Ursache des Leistungsabfalls bei Annäherung an die Schallgeschwindigkeit erkennen lassen [487].

12.3.3.4. Verdünnte Gase

Mit abnehmender Gasdichte werden die Dichtegradienten und damit auch die Kontraste bei Schlierenaufnahmen immer geringer. Die größten Dichtegradienten sind in Stoßwellen vorhanden, die daher noch bei relativ geringen Dichten erkennbar sind, wo Feinheiten des Strömungsfeldes bereits verlorengegangen sind. Die Sichtbarkeitsgrenze von Stoßwellen hat *M. Philbert* sowohl für Schliereninterferometer [488] als auch für das Schlierenverfahren mit Schneiden experimentell und theoretisch untersucht. Für große Machzahlen und Luft oder Stickstoff findet er sowohl für interferentielle als auch Schlierenverfahren eine Dichtegrenze für Sichtbarkeit einer Stoßwelle von

$$\rho_0 \sim \frac{10^{-6}}{e} \qquad (\rho_0 \text{ in g/cm}^3,\ e \text{ in cm}).$$

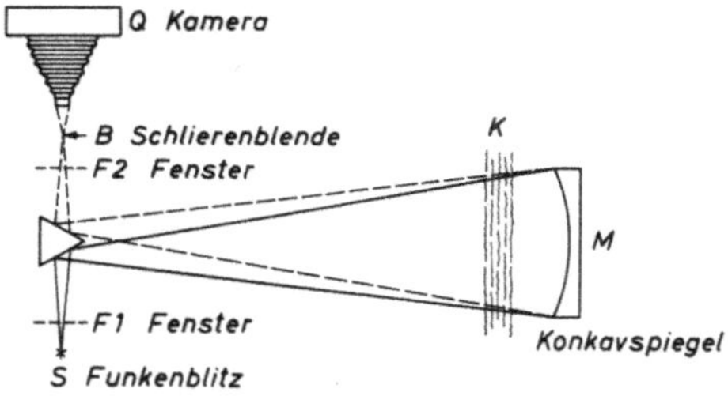

Bild 193
Schlierenanordnung im Vakuum mit nicht parallelen Strahlengang [491].

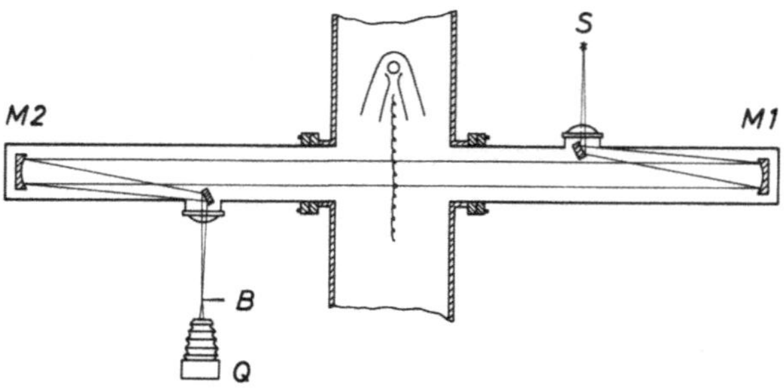

Bild 194
Schlierenanordnung im Vakuum mit parallelen Strahlengang [490]. Bezeichnungen s. Bild 193.

Hierbei ist e die vom Lichtstrahl durchlaufene Kanalstrecke. Bei einer Kanalbreite von z.B. 25 cm ist demnach der Grenzwert $\rho_0 = 4 \cdot 10^{-8}$ g/cm³, was etwa einem Druck von 0,04 Torr entspricht.

Feinere Einzelheiten des Strömungsfeldes sind erst bei höheren Gasdichten erkennbar. Den laminar-turbulenten Umschlag haben *Slattery* und *Clay* [491] bei Drücken bis herab zu 10 Torr untersucht. Wie Bild 193 zeigt, verläuft der optisch empfindliche Teil des Lichtweges im Vakuum. In Bild 194 ist eine ähnliche Einrichtung dargestellt, die mit parallelem Strahlengang und daher zwei Konkavspiegeln arbeitet [490].

12.3.3.5. Flammenuntersuchungen

Das Schlierenverfahren hat sich besonders gut zur Untersuchung von Flammen bewährt, da die starken Dichteunterschiede scharfe Kontraste liefern. Schlierenbeobachtungen über die Ausbreitung von Flammen und Verbrennungswellen in Rohren wurden mehrfach beschrieben [492], [493]. Zur Untersuchung von ebenen Flammen haben *G. Dixon-Lewis* und *G. L. Isles* [494] ein scharf-fokussierendes Schlierensystem angegeben.

12.3.3.6. Ultraschallwellen

Das Schlierenverfahren eignet sich auch zur Untersuchung von Ultraschallwellen. Eine Theorie des Verfahrens hat *O. Nomoto* [495] entwickelt, der auch der Anwendung der Phasenverschiebungsmethode auf Ultraschallwellen eine theoretische Arbeit widmete.

12.3.3.7. Untersuchungen in Wasserkanälen

Obwohl für die Sichtbarmachung von Strömungen in Wasser einfachere Methoden zur Verfügung stehen, sind doch in manchen Fällen auch Schlierenaufnahmen vorteilhaft. In Wasser sind zwar die relativen Dichteunterschiede bei Temperaturänderung nur gering, dafür ist aber die Ablenkung eines Lichtstrahles auch 1000mal größer, so daß man bei Temperaturunterschieden Schlierenbilder erhält [496].

12.3.4. Einige technische Einzelheiten

12.3.4.1. Erforderliche Qualität der optischen Komponenten

Über die notwendige Qualität der Spiegel und Fenster sowie die Prüfverfahren findet man ausführliche Angaben in [444]. Bei sphärischen Spiegeln ist die genaue Einhaltung des Krümmungsradius nicht wesentlich und eine Toleranz von 2 % üblicherweise zulässig. Dagegen darf die Oberflächenneigung nicht mehr als 1/10 Wellenlänge (Hg-Licht pro cm) vom Sollwert differieren und die Abweichung von der genauen Kugelform sollte eine Wellenlänge nicht überschreiten.

In manchen Schlierensystemen werden zum Abknicken des Strahlengangs Planspiegel verwendet. Wenn sie in der Nähe der Schlierenblende angeordnet sind, können größere Toleranzen als bei den Konkavspiegeln hingenommen werden. Bei Fenstern ist eine gewisse Toleranz in der Dicke und in der Flächenneigung erlaubt, aber nicht in der Flächenkrümmung. Man sollte daher fordern, daß die örtliche Flächenneigung weniger als 0,2 Wellenlängen pro cm beträgt. Bei riefenartigen Glasfehlern ist es vorteilhaft, die Riefen senkrecht zur Schlierenkante zu drehen.

12.3.4.2. Lichtquellen

Für fotografische Aufnahmen mit kurzer Belichtungszeit wird meist ein Funkenblitz als Lichtquelle benutzt. Dabei ist aber zu beachten, daß die Empfindlichkeit fotografischer Emulsionen im UV-Bereich, der bei Funkenentladungen am energiereichsten ist, stark abfällt. Für die Hochgeschwindigkeits-Fotografie sind Vielfach-Funkenstrecken [497], [498] entwickelt worden.

12.3.4.3. Sichtbarmachung Machscher Linien

Ein altbekanntes Hilfsmittel zur Sichtbarmachung Machscher Linien besteht darin, an der Wand künstliche Rauhigkeiten anzubringen. Dasselbe ist nach *G. Dubois* [499] auch durch Anbringen von Nylonfäden erreichbar.

12.4. Interferenzverfahren

12.4.1. Grundlagen

Bei den Interferenzverfahren wird der Lichtweg verzweigt. Der eine Strahl durchsetzt die Versuchskammer, während der andere ungestört bleibt oder durch eine Vergleichskammer mit einstellbarer Gasdichte geschickt wird. Bei der Vereinigung beider Lichtstrahlen treten Gangunterschiede auf, die als Interferenzlinien in Erscheinung treten.

12.4.1.1. Mach-Zehnder-Interferometer

Im Aufbau am übersichtlichsten ist das Mach-Zehnder-Interferometer, das zuerst um 1890 *Mach* und *Zehnder* zum Studium ballistischer Vorgänge benutzten. Während des letzten Krieges wurde dieses Gerät in Deutschland wieder für aerodynamische Forschungsarbeiten aufgegriffen [500] und fand nach Kriegsende auch Eingang in amerikanische Laboratorien [501], [502].

Entsprechend Bild 195 wird die Blende B mittels einer angenähert monochromatischen Lichtquelle L und des Kondensors C ausgeleuchtet, wobei die meistens noch vorhandenen unerwünschten Wellenlängenbereiche durch ein Filter F möglichst

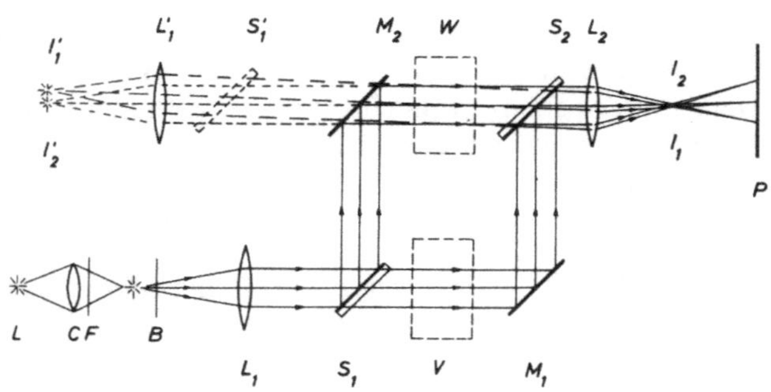

Bild 195
Mach-Zehnderinterferometer

weitgehend absorbiert werden. Die Blendenöffnung liegt im Brennpunkt der Linse L_1, so daß das Licht die Linse als paralleles Bündel verläßt und dann auf die halbdurchlässig belegte Planparallelplatte S_1 trifft. Die beiden Teilbündel werden an den Spiegeln M_1 und M_2 reflektiert, an der halbdurchlässigen Planplatte S_2 wieder vereinigt und auf P abgebildet. Das zu untersuchende Objekt (z.B. Windkanal W) befindet sich zwischen den beiden Spiegeln M_2 und S_2, während zwischen S_1 und M_1 eine Vergleichskammer V mit einem einstellbaren Gasdruck angeordnet ist.

Sind alle vier Spiegel exakt parallel und ist die Dichte in W und V überall gleich, dann haben alle auf P auftreffenden Lichtstrahlen den gleichen Gangunterschied und man bekommt ein gleichmäßig beleuchtetes Bild. Enthält W aber eine ebene Strömung ungleicher Dichte, so erscheinen auf der Platte P helle und dunkle Linien gleicher Dichte, also gleichen Gangunterschiedes. Ein wesentlich leichter auswertbares Bild bekommt man, wenn man durch Kippen eines oder mehrerer Spiegel ein künstliches Keilfeld überlagert. Im ungestörten Fall entsteht ein Bild paralleler Streifen. Bei Dichteabweichungen deformieren sich die Streifen und die Ablenkung der Interferenzstreifen ist proportional der Dichteabweichung. Nach *W. Kinder* [503] ist es sehr zweckmäßig, für das durch die vier Spiegelmittelpunkte bestimmte Grundrechteck das Seitenverhältnis 1 : 2 zu wählen, weil dann nur ein Spiegel gekippt zu werden braucht (sonst zwei). Bei der Justierung des Mach-Zehnder-Interferometers muß zunächst auf Parallelität der Spiegel eingestellt und dann ein Spiegel solange parallel verschoben werden, bis die Unterschiede der beiden Lichtwege weniger als die Kohärenzlänge der benutzten Lichtquelle sind [504]. Bei einer Lichtquelle mit großer Kohärenzlänge (Ne-He-Gaslaser [505]) kann der zweite Teil der Justierung wegfallen. Nach *W. Richter* [506] gestattet ein rhombischer Aufbau der Spiegel des Mach-Zehnder-Interferometers eine bessere Ausnutzung der Spiegelfläche. Spannungsoptische Erscheinungen in den Windkanalfenstern können nach *W. Richter* einen Kontrastabfall der Interferenzstreifen verursachen.

12.4.1.2. Schliereninterferometer (Differentialinterferometer)

Beim Schliereninterferometer (Differentialinterferometer) fehlt die völlige Trennung der beiden Lichtwege, wie sie im Mach-Zehnder-Interferometer vorhanden ist.

Während des Gangs durch ein Phasenobjekt (Schliere) wird die Wellenfront deformiert und anschließend durch ein Wollastonprisma in zwei gegeneinander verschobene Wellen aufgespalten, die miteinander interferieren. Dadurch entsteht im Bild eine Helligkeitsverteilung, die den Differentialquotienten der Objektphase kennzeichnet. Das Verfahren wurde zunächst in Frankreich entwickelt [509 bis 512], später aber auch an anderen Stellen übernommen [513], [514]. Entsprechende Geräte gibt es im Handel.

Bild 196 zeigt den Strahlengang in einem Differentialinterferometer, bei dem sich das Objekt im konvergenten Strahlengang vor einem Hohlspiegel S befindet. Das Wollastonprisma WP2 bewirkt die Aufspaltung der Objektwelle. Durch das mit diesem identische Wollastonprisma WP1 wird die zum Zustandekommen der Interferenz notwendige Kohärenzbedingung erfüllt. Mittels drei verschiedener Wollastonprismen WP3 mit 1°, 3° und 8° lassen sich drei verschiedene Abstände der Interferenzstreifen in der Bildebene erzeugen. Bei dem in Bild 197 dargestellten Differential-Interferometer ist das Objekt im parallelen Strahlengang zwischen zwei asphärischen Hohlspiegeln angebracht.

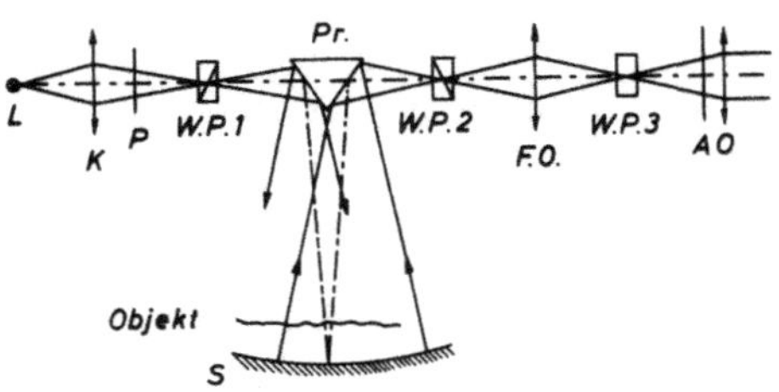

Bild 196
Differentialinterferometer mit nichtparallelem Strahlengang in der Objektebene (Type S2 Fa. W. Schrader).

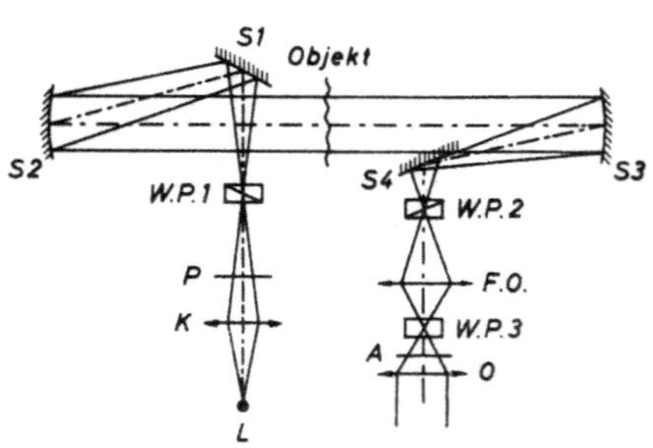

Bild 197
Differentialinterferometer mit parallelem Strahlengang in der Objektebene (Type D1 Fa. W. Schrader).

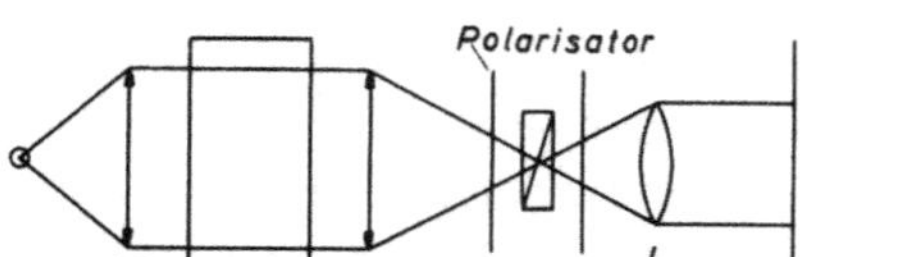

Bild 198
Differentialinterferometer mit einem Wollastonprisma nach Merzkirch [515].

Bild 198 zeigt eine Anordnung nach *Merzkirch* [515], bei der nur *ein* Wollastonprisma und zwei Polarisatoren erforderlich sind. Es kann die gleiche Anordnung wie beim Schlierenverfahren (zwei Linsen M, M′ oder zwei Hohlspiegel) gewählt werden, wobei nur anstelle der Schlierenblende das Wollastonprisma mit den Polarisatoren tritt.

12.4.1.3. Gitterinterferometer

R. Kraushaar [516] hat eine weitere Abart eines Interferometers vorgeschlagen, bei dem zwei gleiche Beugungsgitter benutzt werden. Ein auf dieser Grundlage gebautes Gerät ist mit Erfolg für aerodynamische Messungen eingesetzt worden [517]. Bild 199 gibt eine verbesserte Ausführung unter Verwendung eines Gas-Lasers als Lichtquelle wieder [518].

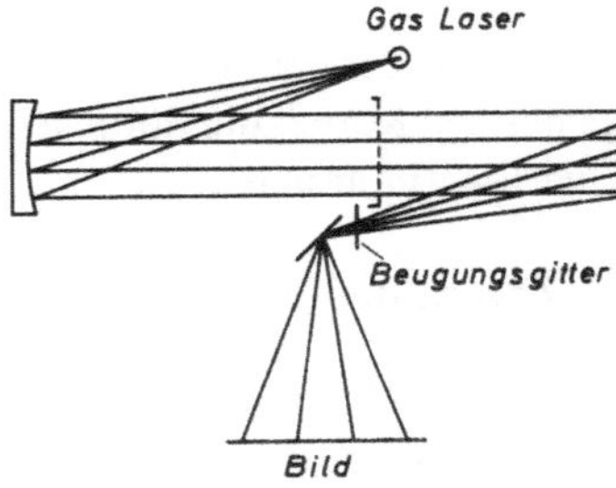

Bild 199
Gitterinterferometer mit Gaslaser [505].

12.4.1.4. Dreidimensionale Interferometrie (Holographie)

Die bisher besprochenen Verfahren gestatten nur ebene Dichtefelder zu erfassen. Die Entwicklung des Lasers hat die bereits 1948 von *D. Gabor* [519] konzipierte Holographie besser durchführbar gemacht, mit deren Hilfe die von einem Körper ausgehenden Wellenfronten fotografisch festgehalten werden können [520]. Bild 200 zeigt eine Anordnung nach *H. Rottenkolber.* Ein paralleles, von einem Laser ausgesandtes Lichtbündel wird an der Teilerplatte T_1 aufgespalten. Ein Teilbündel, das Referenzbündel, gelangt nach Umlenkung am Spiegel S_1 direkt zur fotografischen Schicht H. Das zweite Lichtbündel wird an einer Mattscheibe Msch diffus gemacht.

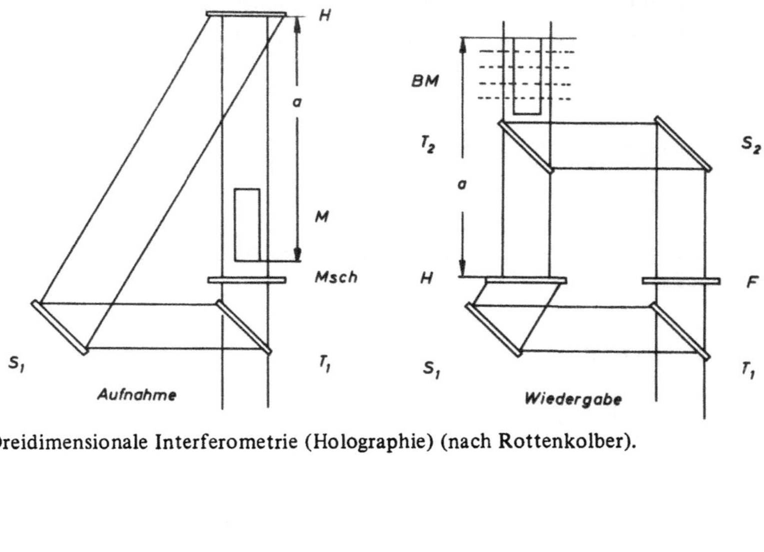

Bild 200. Dreidimensionale Interferometrie (Holographie) (nach Rottenkolber).

Das Modell M befindet sich hinter der Mattscheibe im diffusen LIcht. In der fotografischen Schicht werden die vom Modell ausgehenden Wellenfronten durch Vergleich mit dem Referenzstrahlbündel mit Hilfe von Interferenz festgehalten (Hologramm). Zur Wiedergabe wird das Hologramm H durch ein Teilbündel beleuchtet. Das wirkliche Bild erscheint im Spektrum erster Ordnung, das vom Hologramm erzeugt wird. Wie durch die gestrichelten Linien angedeutet, ist nunmehr an jeder Stelle des Bildes des Modelles BM die Phase in bezug auf das Referenzbündel feststellbar. Auf diese Weise entsteht ein vollständiges, also dreidimensionales Bild von der Phasenlage des den Körper durchdringenden Lichtes. Das Filter F dient nur zur Abstimmung der Lichtintensität.

12.4.2. Theorie des Interferenzverfahrens

12.4.2.1. Auswertung von Interferogrammen

Durch Kippen eines Spiegels um den kleinen Winkel ϵ werden in ungestörter Strömung parallele Interferenzstreifen erzeugt, deren Abstand beim idealen Mach-Zehnder-Interferometer mit rein parallelem Strahlengang

$$a = \lambda/\epsilon$$

beträgt. Als ungestörte Strömung kann z.B. das Strömungsfeld vor einem Verdichtungsstoß oder bei Gasstrahlen die umgebende ruhende Luft genommen werden. Im gestörten Bereich des Strömungsfeldes wird dann die Verschiebung der Interferenzstreifen gemessen, die gegeben ist durch [523]

$$\delta = \frac{1}{\lambda} \int (n_1 - n_0)\, ds \ ,$$

wobei s der Integrationsweg, λ die Lichtwellenlänge und $n_1 - n_0$ die Änderung des Brechungsindex durch Dichteunterschiede ist. Nach der Gladstone-Dale Beziehung gilt

$$n - 1 = K\rho$$

oder für ein Gas mit mehreren Species

$$n - 1 = \sum_i K_i \rho_i \ ,$$

wobei K_i die spezifische Brechung und ρ_i der Partialdruck der Gaskomponente ist. Man kann daher schreiben

$$\delta = \frac{1}{\lambda} \int_0^L (\rho_1 K_1 - \rho_0 K_0)\, ds \ .$$

wenn $K_1 = \sum_i \frac{K_{i1} \rho_{i1}}{\rho_1} \ , \qquad K_0 = \sum_i \frac{K_{i0} \rho_{i0}}{\rho_0} \ .$

12.4.2.2. Axialsymmetrische Strömungsfelder [524]

Wenn die Dichtestörung axialsymmetrisch ist wie z.B. bei einem Strahl, der aus einer runden Öffnung austritt, durchsetzt jeder Strahl entsprechend Bild 201 eine Sehne und es gilt

$$\delta = \frac{2}{\lambda} \int_y^R [n(r,x) - n_0] \frac{r\,dr}{\sqrt{r^2 - y^2}}$$

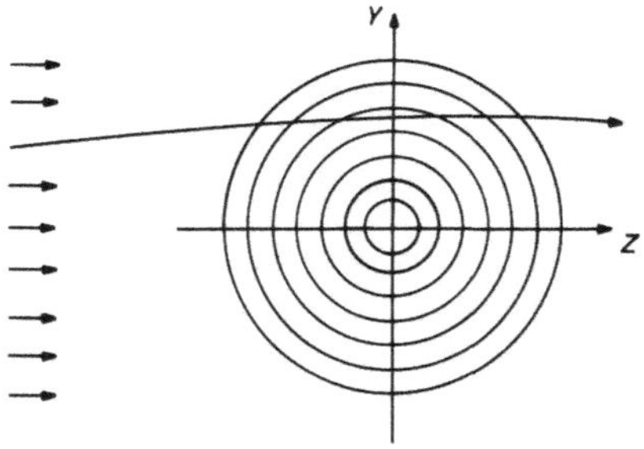

Bild 201
Strahlengang in einem axialsymmetrischen Dichtefeld.

Zur Auswertung dieses Integrals hat *E. H. Winkler* [525] ein spezielles Planimeter gebaut.

Eine besondere Art von Strömungsfeldern sind kegelige Strömungen, bei denen die Dichte entlang Strahlen, die durch einen Punkt gehen, konstant ist. Eine solche Strömung ist also eindimensional [526]. Wenn y und x irgendwelche Cartesischen Koordinaten sind, die ihren Ursprung in der Kegelspitze haben, dann läßt sich zeigen, daß $\delta(y,x)/x$ nur von y/x abhängt.

12.4.2.3. Fehlerursachen bei der Interferometrie

Eine ausführliche Fehleranalyse bei der Interferometrie und Schliereninterferometrie hat *M. Constans* [527] gegeben. Zunächst treten beim Vorhandensein von Dichtegradienten Lichtbrechungen auf, die das Bild deformieren [528]. Eine weitere Fehlerquelle besteht darin, daß die Dichteverteilung durch die Wandgrenzschichten, durch Wärmeübertragung von der Wand oder durch Schwingungen der Apparatur beeinflußt wird. Schließlich kommen noch die Fehler der Eichung und Auswertung hinzu. Die Korrekturen, die bei laminaren Überschallgrenzschichten auftreten, behandelt eingehend *R. E. Blue* [529]. Üblicherweise können Verschiebungen von 1/10 Streifenbreite noch bestimmt werden. Die Empfindlichkeit der Dichtemessung

ist also $\frac{\Delta\rho}{\rho} = \frac{\lambda}{KL\rho} \cdot 10$,

wenn L die Breite des Kanals ist und ein zweidimensionales Dichtefeld angenommen wird. Nach *F. D. Werner* und *M. M. Leadon* [529a] kann die Genauigkeit, mit der die Streifenverschiebung gemessen wird, bis 1/500 Streifenabstand verbessert werden. Hierbei werden vom ungestörten und gestörten Interferenzbild Fotos aufgenommen, die mit starkem Kontrast auf Fotoplatten vergrößert werden, wobei die eine Platte noch einmal zusätzlich ins Negative umkopiert wird. Beide Platten verschiebt man auf einem Mikrometertisch solange gegeneinander, bis eine Fotozelle ein Minimum an durchgelassenem Licht anzeigt. Die Streifensysteme liegen dann genau übereinander und die Verschiebung ist am Mikrometer ablesbar.

12.4.3. Anwendung der Interferometrie

12.4.3.1. Ebene kompressible Strömungen

Die Messung der Dichteverteilung in einem Strömungsfeld wird um so genauer sein, je größer die Dichteunterschiede sind. In der Umgebung von Stoßwellen [530] wird man daher eine große relative Genauigkeit erreichen und auch die Ungleichförmigkeiten der Dichte hinter einer Stoßwelle erfassen können [531]. Bei der Messung der Dichteverteilung in Grenzschichten ist die relative Genauigkeit

$$\frac{\delta_\rho}{\rho_a - \rho_w} = \frac{0{,}1\,\lambda}{KL}\,\frac{\left(1 + \frac{\kappa - 1}{2}\,Ma_\infty^2\right)^{\frac{\kappa}{\kappa-1}}}{\rho_0\,\frac{\kappa - 1}{2}\,Ma_\infty^2}\,,$$

wobei ρ die ungestörte Dichte ist, ρ_0 die Ruhedichte und ρ_w die Dichte an der Wand und eine Ablesegenauigkeit von 1/10 Interferenzstreifen vorausgesetzt wird. Mit höherer Machzahl nimmt also bei gleichbleibender Ruhedichte die Ungenauigkeit schnell zu. Tatsächlich steigt aber im allgemeinen auch die Ruhedichte mit wachsender Machzahl. Dies gilt sinngemäß auch für die interferometrische Untersuchung der Grenzschichten an Turbinengittern [532]. Es ist allerdings zu berücksichtigen, daß bei starken Dichtegradienten, wie sie in Stoßwellen oder Grenzschichten vorhanden sind, auch das Licht abgelenkt wird [222], [228]. Der hierdurch hervorgerufene Fehler beträgt nach *Wachtell* [228]:

$$\delta_\rho = LK\left(\frac{d\rho}{dy}\right)^2\left(\frac{h}{2} - \frac{L}{6}\right)\,,$$

wenn L wieder die Kanalbreite und h die Entfernung von der Fotoplatte zum Windkanalfenster ist. Dieser Fehler kann also klein gehalten werden, wenn $h = L/3$.

12.4.3.2. Rotationssymmetrische kompressible Strömungsfelder

Bei axialsymmetrischen Strömungsfeldern ergeben sich ebenfalls Fehler bei starken Dichtegradienten [533]. Aber auch für Punkte in der Nähe der Achse findet man zusätzliche Auswertefehler [534], [535]. Eine ausgedehnte Untersuchung über Kegel-Zylindermodelle in Überschallströmung stammt von *J.H. Giese* und *V.E. Bergdolt* [536], wobei durch Vergleich mit theoretischen Ergebnissen die Genauigkeit der interferometrischen Messung geschätzt wurde. Die mühsame quantitative Auswertung der Interferogramme wurde durch eine Art „Nullmethode" vermieden, die zumindest für einen schnellen Überblick gut geeignet ist. In einem gewissen Abstand von mit Überschallgeschwindigkeit fliegenden Projektilen bildet sich, von der Bug- und Heckwelle ausgehend, die sogenannte N-Welle aus, für deren Druckverteilung ein einfacher Ausdruck existiert. Man kann dies benutzen [537], um die gemessene Streifenverschiebung zu überprüfen.

12.4.3.3. Sonstige Dichtefelder

Außer durch kompressible Strömungen entstehen Dichtefelder auch durch Temperaturunterschiede oder durch Mischen verschiedener Gase oder Flüssigkeiten.
Ein Beispiel für die Anwendung des Mach-Zehnder-Interferometers zur Untersuchung der freien Konvektionsströmung an einem rotierenden Zylinder mit waagerechter Achse hat *G. A. Etemad* [538] gegeben. Ein Interferometer vom Typ Jamin-Twyman benutzte *J. W. Beams* [539], um die Konzentration einer Substanz in Lösung in einer Ultrazentrifuge bei verschiedenen radialen Abständen zu messen.

12.4.4. Einige technische Einzelheiten

12.4.4.1. Justierung der Spiegel

Das Justieren der Spiegel auf genaue Parallelität läßt sich durch eine Anordnung nach Bild 202 [540] wesentlich vereinfachen. Ein Beobachter bei L_2 sieht vier Bilder des Lochbildes entsprechend den vier möglichen Lichtwegen. Die Spiegel werden solange gedreht, bis die vier Bilder aufeinander fallen. Mit einiger Übung gelingt die Justierung in wenigen Minuten. Bei einem Gaslaser als Lichtquelle kann eine Feinjustierung auf gleiche Lichtweglänge der beiden Teilbündel im Mach-Zehnder-Interferometer entfallen.

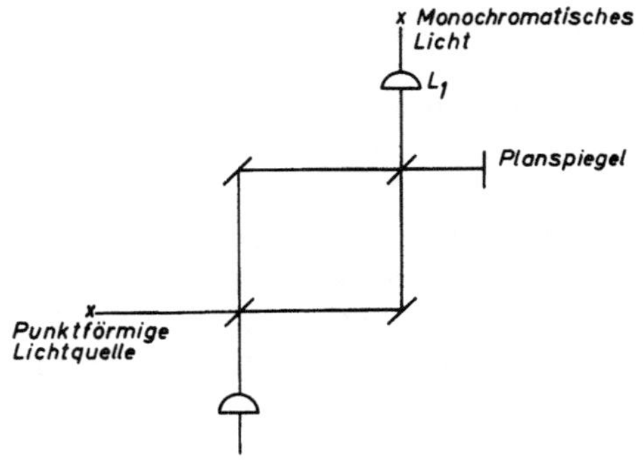

Bild 202
Justierung der Spiegel auf Parallelität (nach Price [540]).

12.4.4.2. Optische Elemente

Die beiden halbdurchlässigen Spiegel müssen innerhalb von zehn Lichtwellenlängen gleiche Dicke haben, weil wegen der Dispersion des Glases der Gangunterschied von der Wellenlänge abhängig wäre. Die Dicke der Windkanalfenster muß der wirksamen Druckdifferenz angepaßt werden. Wo eine solche nicht vorhanden ist, z.B. bei der Untersuchung freier Konvektionsströmungen, wurde vorgeschlagen, die Fenster aus einer dünnen Lackhaut von $0{,}5 - 1\ \mu m$ Dicke anzufertigen, die durch Aufbringen von Lack auf eine Wasserfläche herstellbar ist [541].

12.4.4.3. Laser-Lichtquelle

Wegen der großen Kohärenzlänge sind Ne-He-Gaslaser (Wellenlänge $0{,}633\ \mu m$) als Lichtquelle besonders geeignet [505]. Die Ausgangsleistung liegt etwa in der Größenordnung von 3 mW. Alle Lichtdurchtrittsflächen werden für eine Wellenlänge $\lambda = 0{,}633\ \mu m$ entspiegelt.

12.5. Optische Verfahren in verdünnten Gasen

Die bisher beschriebenen optischen Verfahren versagen bei stark verdünnten Gasen. Es gibt aber Methoden, die auch hierbei noch anwendbar sind. Hierzu zählen Glimmentladungsverfahren, Absorptionsverfahren und die Korpuskularstrahltechnik.

12.5.1. Nachleucht- und Glimmentladungstechnik

Wenn Stickstoff bei kleinen Gasdrücken einer elektrischen Entladung ausgesetzt wird, beobachtet man ein Nachleuchten, hervorgerufen durch Aktivierung der Stickstoffmoleküle. Die Reaktivierung liefert die Energie für das Nachleuchten, bei dem vor allem gelbe und gründe Bande neben einer roten Bande hervortreten, die dem Stickstoffleuchten die charakteristische goldene Farbe verleihen. Eine Analyse der Leuchterscheinungen hat *J. M. Benson* [542] durchgeführt. Diese Technik ist auch bei Luft anwendbar. Die goldene Farbe des Stickstoffleuchtens wird bei Anwesenheit von Sauerstoff bzw. Kohlenstoff zu blau bzw. violett verschoben. Da die Intensität des Leuchtens von der Dichte abhängt, gibt das Leuchtbild die Dichteverteilung wieder [543]. In Überschallströmungen verdünnter Gase lassen sich hierdurch Stoßwellen sichtbar machen. Nach *H. J. Bömelburg* [544] kann aber auch die Glimmentladung selbst für die Sichtbarmachung der Strömung genommen werden, wobei das isoliert gehalterte Modell an eine positive Spannung von einigen tausend Volt gelegt wird, während die Windkanalwand geerdet ist und mit einem Isolierstoff (Lucite) abgeschirmt wird, der vorn durch einen Stahlrahmen gehalten ist. Die Entladung findet zwischen Modell und Stahlrahmen statt (Bild 203).

Bild 203
Sichtbarmachung der Umströmung eines Zylinders bei Ma = 22 und einem Gasdruck von p = 0,08 Torr durch Glimmentladung in Stickstoff. (Aerodynamische Versuchsanstalt Göttingen.)

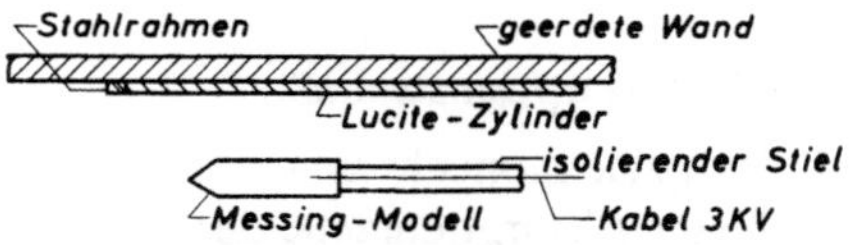

Bild 204
Gasentladungsverfahren in Überschallwindkanälen (nach Bämelburg [544]).

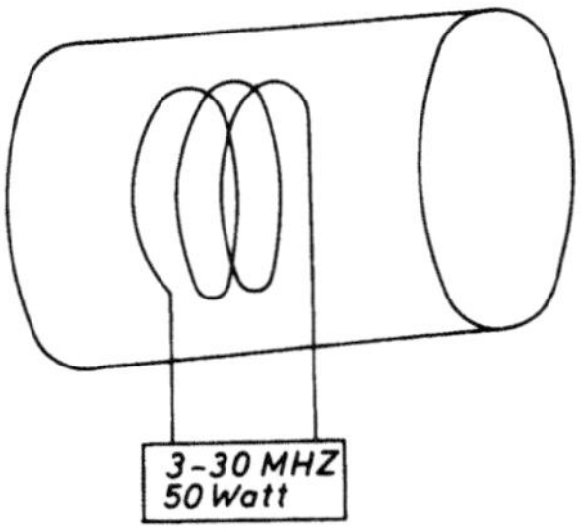

Bild 205a
Hochfrequenzglimmentladung mit induktiver Anregung

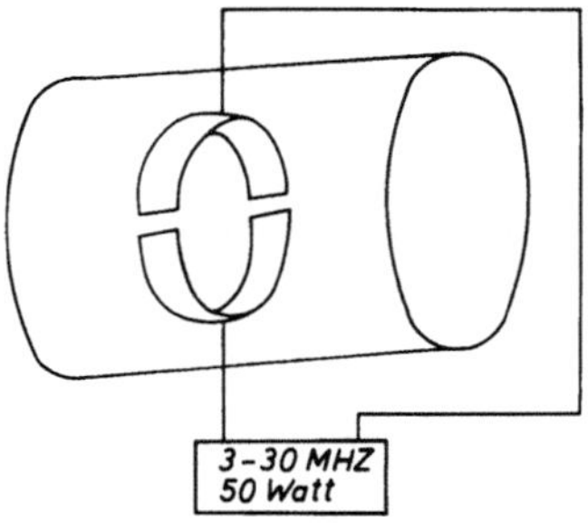

Bild 205b
Hochfrequenzglimmentladung mit kapazitiver Anregung.

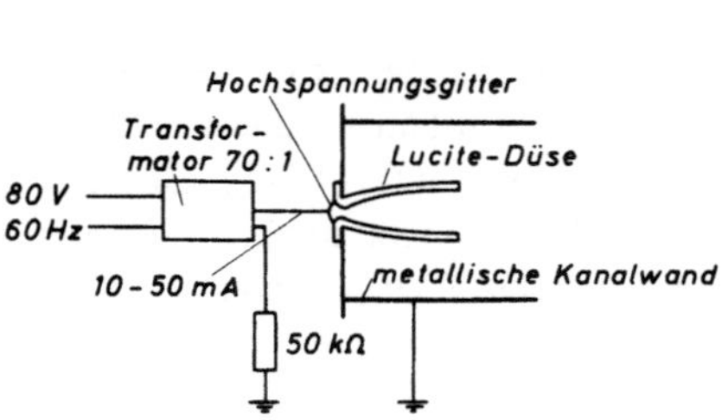

Bild 206
Gasentladungsverfahren mit Hochspannungsgitter am Düseneingang (nach [545]).

Zur Anregung des Leuchtens genügt im einfachsten Fall auch das Einführen einer Elektrode in den Versuchsraum, wobei entweder das Modell oder die Wände als zweite Elektrode dienen (Bild 204). Obwohl auch mit Gleichspannungen von 500 bis 1 000 V die Leuchterscheinungen angeregt werden, ergeben doch Wechselspannungen stabilere Bedingungen. Günstige Ergebnisse wurden mit Hochfrequenzspannungen von 1 000 V bei 3 bis 30 MHz erzielt. Entsprechend Bild 205 erfolgt die Anregung entweder durch Hochfrequenzinduktion oder kapazitiv. Bei einer an der Universität von Berkeley entwickelten Anordnung [545] wird vor Eintritt in die Windkanaldüse ein Gitter angebracht, das mit einer Wechselspannung von 2 500 bis 7 000 V beaufschlagt wird (Bild 206), während die Kanalwände geerdet sind. Die Windkanaldüse besteht aus Lucite. Die Entladung füllt die ganze Düse aus. Nach *A. I. Carswell* [546] können die Leuchterscheinungen wesentlich verstärkt werden, wenn das Modell mit einer dünnen Schicht aus Natriumchlorid überzogen wird. Hierzu trägt man eine übersättigte Kochsalzlösung mit dem Pinsel auf und läßt die Flüssigkeit verdunsten.

12.5.2. Absorptionstechnik

Wenn eine monochromatische Strahlung durch eine Absorptionszelle der Länge l geschickt wird, ist die Austrittsenergie durch

$$I = I_0 \, e^{-\alpha l}$$

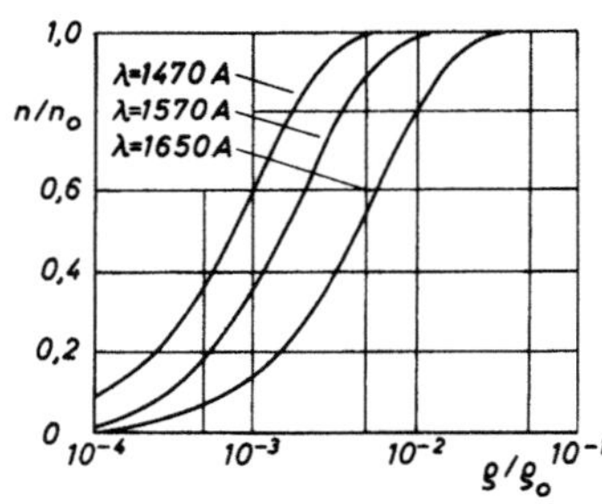

Bild 207
Absorption in Luft für drei Wellenlänge in Abhängigkeit von der Luftdichte bei einer 10 cm breiten Meßkammer.

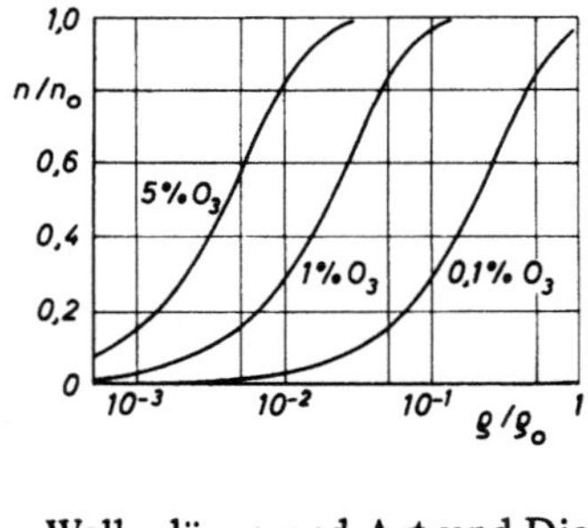

Bild 208
Absorption in einer Luft-Ozon-Mischung bei einer Wellenlänge λ = 2 537 Å in Abhängigkeit von der Dichte bei verschiedenem Ozongehalt.

gegeben, wobei der Absorptionskoeffizient α von der Wellenlänge und Art und Dichte des Gases abhängt. Sauerstoff hat einen kontinuierlichen Absorptionsbereich von 1 750 Å bis 1 300 Å [545]. Bild 207 zeigt die Absorption in Luft bei drei verschiedenen Wellenlängen in einem Versuchskanal von 10 cm Breite in Abhängigkeit von der Luftdichte. Die Fenster und optischen Komponenten müssen aus Kalzium- oder Lithiumfluorit bestehen [548]. Als Lichtquelle dient eine Xenonlampe, der Lichtweg außerhalb der Versuchskammer muß in Vakuum oder einem nicht absorbierenden Gas (He, N_2) verlaufen. Die Sauerstoff-Absorption von ultravioletter Strahlung benutzte *P. M. Sherman* [549] zur Sichtbarmachung der Strömung in einem verdünnten Gas. Um zu höheren Wellenlängen zu kommen, kann man dem Testgas Ozon beimengen, das einen Absorptionsbereich von 2 900 Å bis 2 300 Å hat. Wie aus Bild 208 ersichtlich, hängt der Dichtebereich vom Ozongehalt ab. Die optische Einrichtung ist einfacher, da als Lichtquelle eine Quecksilber-Resonanz-Lampe und Quarzfenster bzw. Quarzlinsen verwendbar sind. Die Schwierigkeit besteht in der Erzeugung einer genügend hohen Ozonkonzentration [550]. Bei der bis jetzt praktisch erreichten Konzentration von 0,1 % sind einfachere optische Methoden noch möglich, so daß der Nutzen der Ozonmethode fragwürdig ist.

12.5.3. Korpuskularstrahltechnik

Die praktischen Möglichkeiten, die Absorption von Korpuskularstrahlen beim Durchtritt durch ein Gas zur Dichtemessung heranzuziehen, haben erstmalig *Schopper* und *Schumacher* [551] untersucht. Die Energie der Korpuskularstrahlen kann dabei dadurch abnehmen, daß die Energie des einzelnen Teilchens sich vermindert oder dadurch, daß die Teilchenzahl abnimmt. Bei schweren Teilchen (α-Teilchen und Protonen) ist nur der erste Anteil wesentlich. Ein Maß für die Gasdichte ist dabei die Reichweite der Korpuskularstrahlen. Bild 209 zeigt die Abhängigkeit der Reichweite von

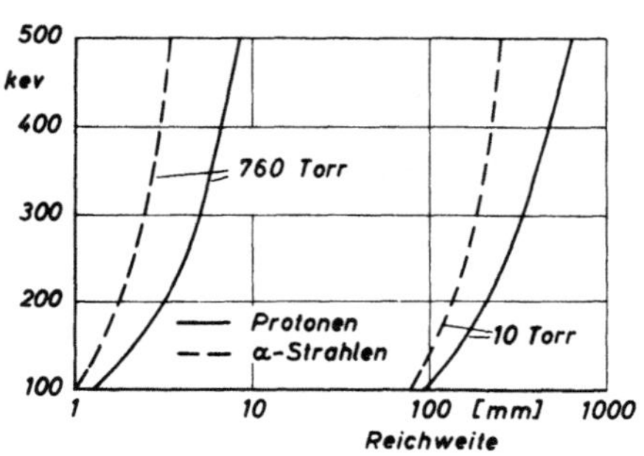

Bild 209
Reichweite von Protonen und α-Strahlen bei verschiedenen Energien und Gasdichten.

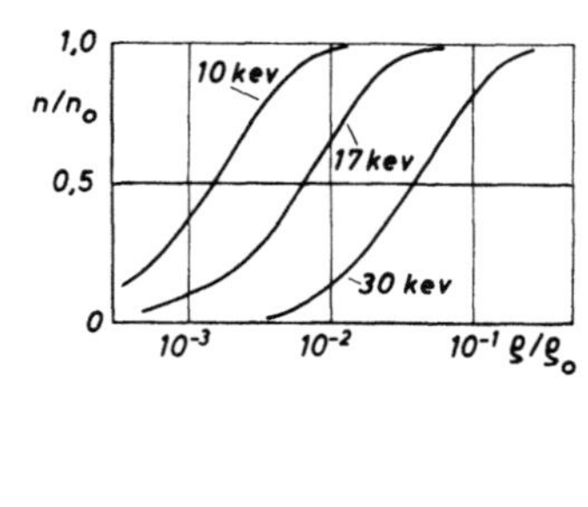

Bild 210
Absorption von Elektronen in Luft als Funktion der Luftdichte und Elektronenenergie bei einer 10 cm breiten Meßkammer.

der Ausgangsenergie bei zwei verschiedenen Gasdrücken in Luft für α-Teilchen und Protonen. Bei Elektronenstrahlen, bei denen die Teilchenenergien zwischen 1 keV und 50 keV liegen, nimmt die Energie überwiegend durch Verminderung der Teilchenzahl ab. Bild 210 stellt die Absorption in Luft verschiedener Dichte für 10 cm Weg bei verschiedenen Elektronenenergien dar. Für die Erzeugung des foskussierten Elektronenstrahls nimmt man eine Elektronenkanone, die nach dem Vorschlag von *Schumacher* und *Schopper* [551] über ein Druckstufensystem mit Blenden in die Meßkammer eingeführt wird, in der im allgemeinen ein anderer Druck als im Elektronenerzeuger herrscht. Wenn man den in einem Faradaykäfig aufgefangenen Elektronenstrom mißt, kann man aus der Absorption nur auf die integrale Dichte über den ganzen Weg schließen. Der Elektronenstrahl ionisiert jedoch auf seiner Spur das Gas und regt es zum Leuchten an [552]. Die Intensität des Leuchtens ist ein Maß für die örtliche Dichte. Wenn man den Elektrodenstrahl periodisch ablenkt, erhält man ein Abbild des Dichtefeldes (Bild 211).

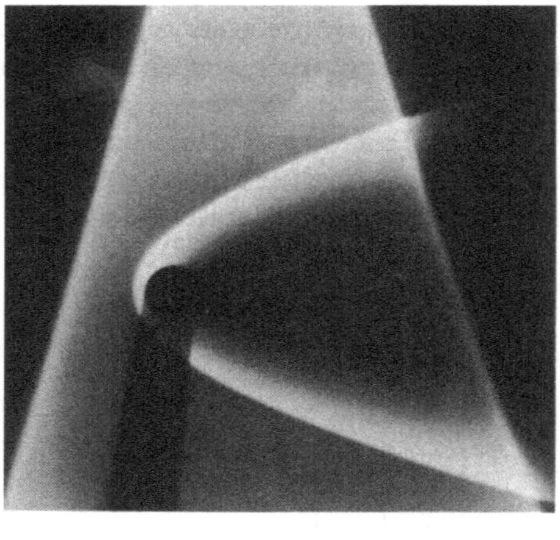

Bild 211
Sichtbarmachung des Dichtefeldes an einem Kreiszylinder in Hyperschallströmung bei Ma = 22 durch periodische Ablenkung eines Elektronenstrahls (Aufnahme AVA-Göttingen).

13. Analogieverfahren

Viele physikalische Vorgänge können in ihrer mathematischen Formulierung auf die gleiche Differentialgleichung zurückgeführt werden. Es ist daher möglich, einen physikalischen Vorgang durch einen anderen nachzubilden, der meßtechnisch leichter zugänglich ist. Dieses Vorgehen wird als „Analogieverfahren" bezeichnet. Analogien bestehen vor allem für die Potentialgleichung und Wellengleichung.

13.1. Lösung der Potentialgleichung

Die Potentialgleichung

$$\frac{\partial^2 \varphi}{\partial x^2} + \frac{\partial^2 \varphi}{\partial y^2} + \frac{\partial^2 \varphi}{\partial z^2} = 0$$

beschreibt nicht nur das Feld einer reibungslosen Strömung, wobei φ das Strömungspotential ist, sondern gilt ganz allgemein für alle quellen- und wirbelfreien Felder, z.B. auch für elektrische Felder. In der Elastizitätstheorie folgt ebenfalls eine Reihe von Vorgängen der ebenen Potentialgleichung (Membrantheorie, Scheibentheorie, Torsionstheorie). Im folgenden werden einige Verfahren besprochen, die zur Nachbildung reibungsloser Strömungen Verwendung gefunden haben.

13.1.1. Zähe Strömung zwischen Platten (Hele-Shaw-Verfahren)

Bei der zähen Strömung zwischen zwei eng benachbarten Platten sind die Geschwindigkeitsgradienten senkrecht zur Plattenebene offenbar sehr viel größer als in Richtung der Plattenebene. Wenn man letztere vernachlässigt, läßt sich leicht ableiten, daß die durch Integration über den Plattenabstand gewonnenen mittleren Geschwindigkeiten aus einem Geschwindigkeitspotential $\varphi = -h^2 p/12\mu$ abgeleitet werden können (h Abstand der Platten, p Druck) [553]. Die Flüssigkeit verhält sich also wie eine ideale im Falle der ebenen wirbelfreien Bewegung.

Bringt man nun zwischen die Platten nach dem Vorgang von Hele Shaw ein Hindernis in Form einer Platte beliebiger Umrandung, so müssen sich ähnliche Stromlinien ausbilden wie im Fall der ebenen Potentialströmung. Die Stromlinien werden durch Zuführung von Farbstoff sichtbar (Bild 212). Die Vernachlässigung der Trägheitskräfte gegenüber den Reibungskräften ist nur erlaubt, wenn die reduzierte Reynoldssche Zahl

$$Re^* = \frac{V_\infty L}{\nu} \left(\frac{h}{L}\right)^2 \ll 1.$$

Hierbei ist L eine charakteristische Abmessung des zu untersuchenden ebenen Körpers [554]. Das Verfahren wird zwar vorwiegend für Demonstrationszwecke gewählt, doch ist auch eine quantitative Auswertung möglich. Dabei ist nur zu berücksichtigen, daß in einer Entfernung von der Wand des eingebauten Hindernisses, die in

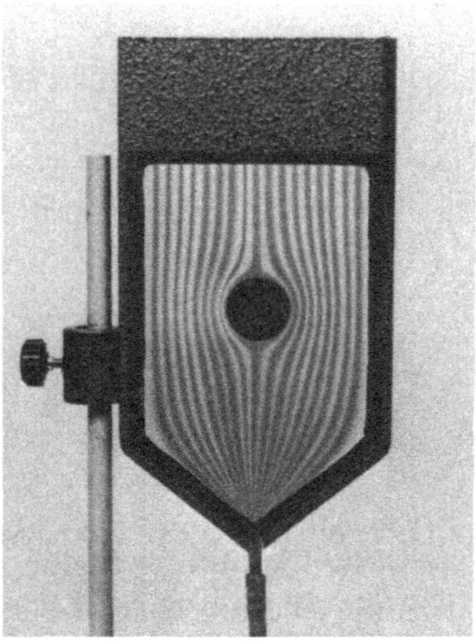

der Größenordnung des Plattenabstandes liegt, Abweichungen von der Potentialströmung infolge Haftens der Flüssigkeit an der Berandung des Hindernisses auftreten. Um diese Abweichungen gering zu halten, muß der Plattenabstand hinreichend klein sein.

Bild 212
Stromlinienapparat (Hele Shaw-Verfahren). Werkbild Phywe, Göttingen.

13.1.2. Rheoelektrische Analogie

Bei der rheoelektrischen Analogie wird das Potential einer reibungsfreien Strömung mit dem elektrischen Potential in einem kontinuierlichen elektrischen Leiter (elektrolytischer Tank oder leitende Fläche) gleichgesetzt. Die Grundlagen des Verfahrens sind zuerst von *E. F. Relf* [555] angegeben und später von *G. I. Taylor* und *C. F. Sharman* [556] auf kompressible Strömungen übertragen worden. Die neuere Entwicklung des Verfahrens haben vor allem *L. Malavard* und Mitarbeiter [557] bis [562] beeinflußt.

13.1.2.1. Ebene Strömung

Zur Darstellung einer gleichförmigen Strömung wählt man gewöhnlich eine rechteckige Schicht eines Mediums geringer Leitfähigkeit (Bild 213). Der Strom wird an zwei gegenüberliegenden Seiten der Schicht durch lange Kupferstreifen zugeführt. Wie Bild 213 zeigt, sind zwei Arten einer Analogie möglich. Im Fall a ist das Modell ein Isolator und die Äquipotentiallinien des elektrischen Feldes entsprechen den Potentiallinien der zugeordneten Strömung. Im Fall b ist das Modell elektrisch leitend und die Äquipotentiallinien entsprechen den Stromlinien des Strömungsfeldes. Wie Fall c beweist, kann man auch Strömungen mit Zirkulation nachbilden, indem man das elektrisch leitende Modell über einen Widerstand mit einer Elektrode verbindet. Im Fall a ist eine Nachbildung der Zirkulation nicht möglich. In ähnlicher Weise ist nach Bild 213 auch die Nachbildung der Strömung am Flügelgitter möglich. Die Einzelflügel müssen dabei an verschiedene Potentiale gelegt werden.

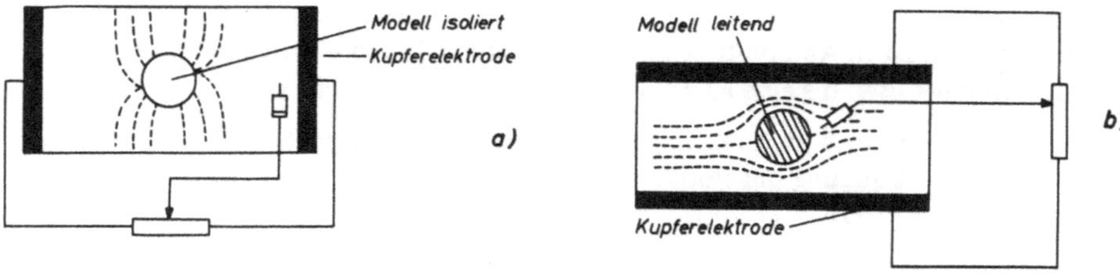

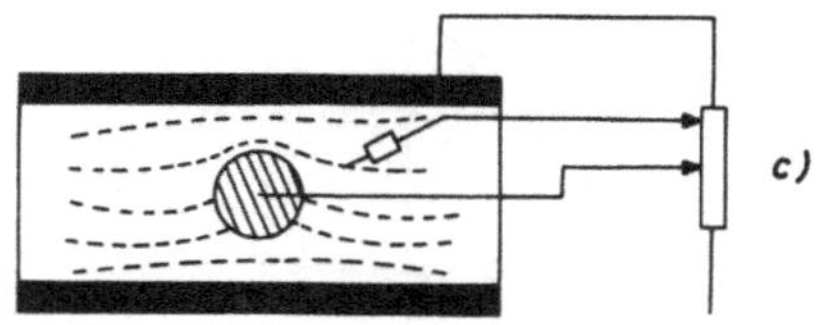

Bild 213
Rheoelektrische Analogie.
a) Potentiallinienanalogie,
b) Stromlinienanalogie,
c) Stromlinienanalogie mit Zirkulation.

Übliche elektrolytische Tanks haben Abmessungen von 2 m in der Länge und 1,5 bis 2 m in der Breite und bestehen aus Glas oder glasplattierten Isolatoren. Gewöhnliches Leitungswasser hat einen Ohmschen Widerstand von 2 000 bis 10 000 Ω/cm. Durch Zusatz von Kupfersulfat (bei Kupferelektroden) kann die Leitfähigkeit vergrößert werden. Die Flüssigkeitshöhe wird zwischen 1 bis 10 cm gewählt. Besonders bei niedriger Flüssigkeitshöhe ist es sehr wesentlich, daß der Boden völlig eben ist. Ein kräftiger Unterbau mit Verstärkungsrippen ist daher unerläßlich. Es müssen auch Justiermöglichkeiten für die horizontale Einstellung vorgesehen werden. Zur Vermeidung von Polarisationserscheinungen nimmt man vorzugsweise Wechselstrom von 500 bis 2 000 Hz. Aus dem gleichen Grund werden auch gelegentlich Kohleelektroden oder Metallelektroden, die mit Graphit in kolloidaler Suspension präpariert sind, benutzt. Zum Abtasten von Äquipotentiallinien wurden auch automatische Nachsteuereinrichtungen entwickelt.

Eine wesentliche Vereinfachung hat *Malavard* [559] durch die Verwendung eines leitfähigen Papiers anstelle des Elektrolyten aufgezeigt. Beste Ergebnisse wurden mit graphitbeschichtetem Papier „Teledeltos" (Western Union Telegraph Company) erzielt, das genügend homogen ist. Die Modelle können hierbei einfach als Scheiben ausgeschnitten und die Äquipotentiallinien unmittelbar auf dem Papier aufgezeichnet werden. Die Genauigkeit ist allerdings etwas geringer als beim elektrolytischen Tank.

Die Methode des elektrischen Tanks haben *G. I. Taylor* und *C. F. Sharman* [556] auch auf kompressible Unterschallströmungen ausgedehnt. Der Boden der elektrolytischen Wanne ist dabei mit Paraffinwachs von etwa 5 cm Höhe ausgefüllt. Das Wachs wird soweit abgearbeitet, daß die Flüssigkeitstiefe der lokalen Dichte proportional ist. Dies erreicht man in sukzessiven Näherungen, indem aus einer gemessenen

Potentialverteilung die Dichte errechnet und die zugehörige Tiefe in das Wachs eingeritzt wird. Nach Abarbeitung der Einritzungen wird eine neue Potentialmessung durchgeführt usw. bis eine ausreichende Genauigkeit erreicht ist.

Es sei noch erwähnt, daß die rheoelektrische Analogie auch zur Nachbildung der konformen Abbildung, insbesondere von einem Tragflügelprofil auf einen Kreis, brauchbar ist [560].

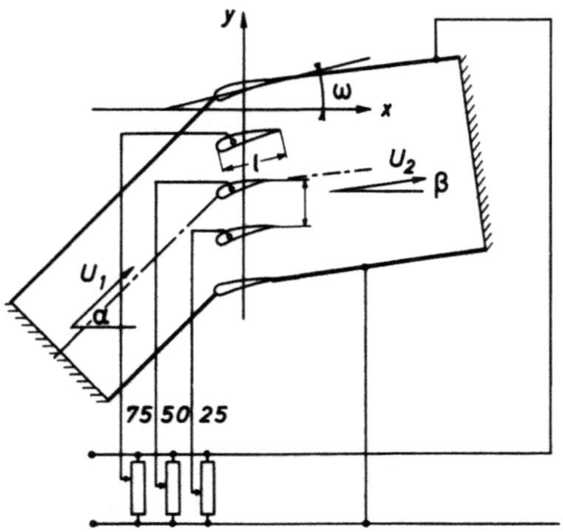

Bild 214
Untersuchung der Potentialströmung um ein Flügelgitter mit Hilfe des elektrischen Tanks.

13.1.2.2. *Achsensymmetrisches Strömungsfeld*

Zur Nachbildung einer achsensymmetrischen Strömung muß die Flüssigkeitstiefe eine Funktion des Radius sein.

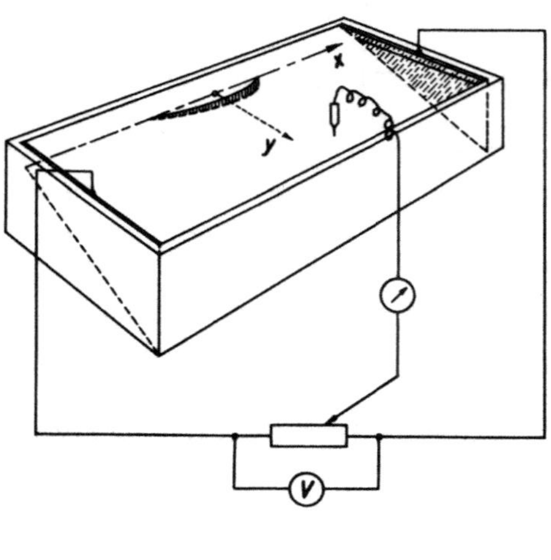

Bild 215
Nachbildung achsialsymmetrischer Potentialfelder in einem elektrischen Tank mit geneigtem Boden.

a) *Strömungspotential-Analogie.* Der Boden der Wanne ist geneigt, so daß der Elektrolyt einen Keil bildet, dessen Achse der Zylinderachse des Strömungsfeldes entspricht. Bild 215 gibt eine derartige Anordnung wieder, die vor allem zur Untersuchung von Strahltriebwerkseinläufen benutzt worden ist.

b) *Stromfunktionsanalogie.* Die Flüssigkeitstiefe muß umgekehrt proportional dem Radius sein. Der Boden hat also die Form eines hyperbolischen Zylinders, wobei die Achsennähe ($h \to \infty$) auszuschließen ist.

13.1.2.3. Räumliche Strömungsfelder

Räumliche Strömungsfelder ohne Zirkulation lassen sich in tiefen elektrolytischen Tanks mit räumlichen Modellen aus Isolierstoff nachbilden. Die Sonde, die aus einem in eine Glaskapillare eingebetteten Platindraht besteht, muß in den drei Raumrichtungen verschiebbar sein.

Zur Nachbildung der Strömung um tragende Flächen wird das Plexiglasmodell mit einer großen Zahl (z.B. 120) von Elektroden versehen. Dies kann dadurch geschehen, daß Leitsilber aufgesprüht wird, nachdem vorher schachbrettartige Streifen aufgeklebt wurden. Die Stromzufuhr zu den Elektroden steuert ein Analogrechner [560] . Das Verfahren wurde auch für aeroelastische Untersuchungen benutzt [563].

13.1.3. Elastomechanische Analogien

Eine weitere Analogie besteht zwischen der reibungslosen ebenen Strömung und der Verdrehung eines Stabes sowie der Durchbiegung einer Membran. Wenn man die in einem tordierten Stabschnitt auftretenden Schubspannungskomponenten mit den Geschwindigkeitskomponenten einer innerhalb der gleichen Berandung zirkulierenden ebenen Strömung konstanter Wirbelstärke identifiziert, gelten in beiden Fällen die gleichen Differentialgleichungen und Randbedingungen, d.h. die Schubspannungslinien und Stromlinien sind einander gleich. Man hat diese „hydrodynamische Analogie" vorwiegend zur anschaulichen Deutung und Berechnung des Schubspannungsflusses in tordierten Stäben aufgegriffen [564]. Für eine experimentelle Auswertung besser geeignet ist das „Seifenhaut-Gleichnis" nach *Prandtl* [565], [566]. Wenn man eine Membran (Seifenhaut) gleichmäßig über eine ebene Randkurve spannt, die der Kontur des Stabquerschnittes bzw. der Zirkulationsströmung entspricht, und einer gleichförmig verteilten (zur Randebene senkrechten) Belastung aussetzt, bestehen für die entstehende krumme Fläche folgende Beziehungen (Bild 216):

a) Die Höhenschichtlinien geben den Verlauf der Schubspannungen bzw. der Stromlinien an.

b) Das Gefälle der Fläche (Dichte der Höhenschichtlinien) liefert die Größe der Spannungen bzw. Geschwindigkeiten.
c) Das von der Fläche und der Randebene eingeschlossene Volumen ergibt die Verdrehungssteifigkeit des Stabes bzw. die Wirbelstärke der Zirkulationsströmung.

Diese Beziehungen gelten nur für kleine Auslenkungen der Membran.

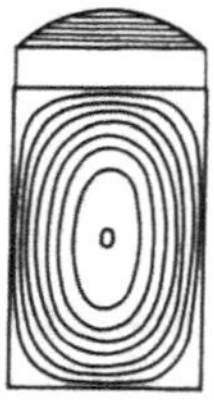

Bild 216
Prandtlsches Seifenhautgleichnis. Die Höhenschichtlinien der Seifenhaut entsprechen den Stromlinien bzw. Schubspannungslinien.

Es sei noch erwähnt, daß auch die Verteilung der Axialgeschwindigkeit bei der Laminarströmung durch ein zylindrisches Rohr beliebiger Querschnittsform mit Hilfe des Seifenhautgleichnisses bestimmt werden kann. Hierbei entspricht der Druckabfall im Rohr der auf die Membran wirkenden Druckkraft.

13.2. Lösung der Wellengleichung (Hydraulische Analogie)

Die Analogie, die zwischen einer Flüssigkeitsströmung mit freier Oberfläche und einer kompressiblen Gasströmung herrscht, hat zuerst *Isaachsen* 1911 formuliert und später *Preiswerk* [267] eingehend untersucht. Für die Analogie nimmt man beide Strömungen als reibungsfrei und den Einfluß der Oberflächenspannung beim Wasser als vernachlässigbar an. Dasselbe gilt für die Vertikalgeschwindigkeiten bei der Wasserströmung. Es bestehen dann folgende Analogien, wenn mit h die örtliche Wassertiefe bezeichnet wird:

	Gasströmung	Oberflächenwellen
Wellengeschwindigkeit	$a = \sqrt{\kappa RT}$	$c = \sqrt{gh}$
Kennzahl	$Ma = q/a$	$Fr = q/c$
Energiegleichung	$c_p T + \frac{q^2}{2} = c_p T_0$	$h + \frac{q^2}{2} = h_0$
	$\frac{T_0}{T} = 1 + \frac{\kappa - 1}{2} Ma^2$	$\frac{h_0}{h} = 1 + \frac{Fr^2}{2}$
Kontinuitätsgleichung	$\frac{\partial \rho}{\partial t} + \frac{\partial(\rho u)}{\partial x} + \frac{\partial(\rho v)}{\partial y} = 0$	$\frac{\partial h}{\partial t} + \frac{\partial(hu)}{\partial x} + \frac{\partial(hv)}{\partial y} = 0$.

Die Analogie hat demnach Gültigkeit für ein hypothetisches Gas mit $\kappa = 2$. Für diesen Fall folgt dann auch

$$\frac{h}{h_0} = \frac{\rho}{\rho_0} = \sqrt{\frac{p}{p_0}} = \frac{T}{T_0} \quad .$$

Grundsätzlich sind zwei experimentelle Ausführungen möglich und auch in Gebrauch: Entweder strömt das Wasser und die Modelle sind feststehend oder die Wasserfläche ist ruhend und die Modelle werden geschleppt. Bild 217 zeigt die Ausbildung eines Gerinnes, bei dem das Auftreten unerwünschter Wellen vermieden wird.

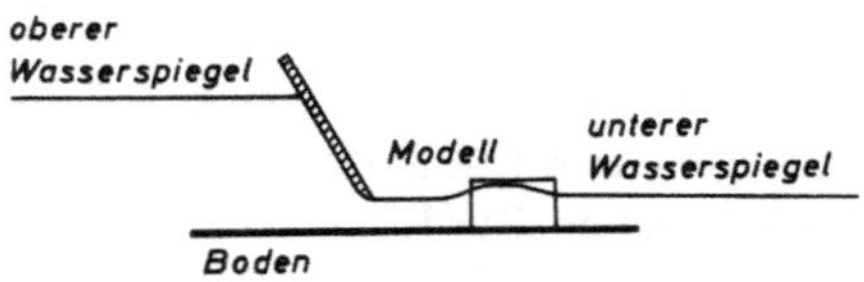

Bild 217
Schema eines Gerinnes zur Anwendung des Wasserwellengleichnisses.

Die Höhe des Wasserspiegels, die konstant zu halten ist, stellt ein Maß für die Machzahl dar. Bei ruhendem Wasser wird die Machzahl mit verschiedenen Geschwindigkeiten der Modelle variiert. Zur Verringerung der Vertikalgeschwindigkeiten ist eine möglichst geringe Wasserhöhe wegen der Bodenreibung wiederum das Gegenteil vorteilhaft. Als Optimum wird eine Wasserhöhe von 6 bis 10 mm angesehen. Wegen der störenden Meniskusbildung ist eine möglichst geringe Oberflächenspannung erwünscht. Bei Becken mit ruhender Flüssigkeit wird daher Petroleum gegenüber Wasser bevorzugt [568]. Petroleum hat eine Oberflächenspannung von 25 dyn/cm, Wasser eine von 72 dyn/cm . Bei Wasser beeinflussen Verunreinigungen der Körperoberflächen stark die Benetzbarkeit. Durch geringen Zusatz von Pril läßt sich auch die Oberflächenspannung des Wassers erheblich herabsetzen, jedoch wird die Benetzungsfähigkeit nur wenig geändert. Wasseroberflächen verschmutzen rasch durch Staubteilchen, während die Oberfläche von Petroleum sauber bleibt, da die Staubteilchen benetzt werden und absinken. Zur Vermeidung störender Lichtreflexionen kann man dem Petroleum einen ätherlöslichen dunklen Farbstoff (z.B. „tiefschwarz" der Farbwerke Hoechst) zufügen.

Bild 218
Typisches Erscheinungsbild eines Wassersprungs (nach [569]).

Einen besonders auffallenden Einfluß hat die Oberflächenspannung auf die Form und das Verhalten von Wassersprüngen. Diese Erscheinung hat *E. Becker* [569] ausführlich theoretisch und experimentell untersucht. Wie aus Bild 218 ersichtlich, hat der Schwall keine Rechteckform wie bei Stoßwellen in Gasströmungen, sondern die Schwallfront steigt allmählich an, wobei Kapillarwellen vorauseilen und in manchen Fällen Schwerewellen nachfolgen. Außer bei sehr kleinen Wassertiefen ($h_0 < 3$ mm) zeigen Wasserwellen Dispersion (d.h. die Wellengeschwindigkeit hängt von der Wellenlänge ab), was vor allem die Übertragung der Analogie auf instationäre Vorgänge stark einschränkt.

Die Meßmethoden sind bei strömender und ruhender Flüssigkeit verschieden. Im ersten Fall wird man zum Ausmessen der Wassertiefe eine Nadelsonde verwenden, die auf einem Schlittten in allen drei Koordinatenrichtungen beweglich ist und beim Erreichen der Wasseroberfläche deutlich sichtbare Kapillarwellen auslöst. Zur Sichtbarmachung des Wellenbildes sind drei in Bild 219 dargestellte Methoden verwendbar, nämlich die Reflexion des diffusen Lichtes von der Wasseroberfläche, der Durchtritt diffusen Lichtes durch die Wasserfläche und der Durchtritt parallelen Lichtes, das auf eine Mattscheibe Streifenmuster abbildet. Messungen mit ruhender Flüssigkeit sind wegen des Fortfalls der Bodenreibung genauer, erfordern jedoch ein fotographisches Festhalten. Zur Höhenmessung ist die Schattenmethode [268] besonders geeignet (Bild 220). Hierbei wird parallel zur Strömungsrichtung ein Lineal im Abstand b über das Wasser gespannt und von hinten durch eine diffuse weiße Fläche beleuchtet. Der Schatten des Lineals ruft dann bei R beginnend einen dunklen Streifen hervor, während man zwischen K und R einen hellen Streifen sieht. Es gilt

$$b = KR \cdot \frac{\sin\alpha}{\sin 2\alpha} \approx \frac{KR}{2} ,$$

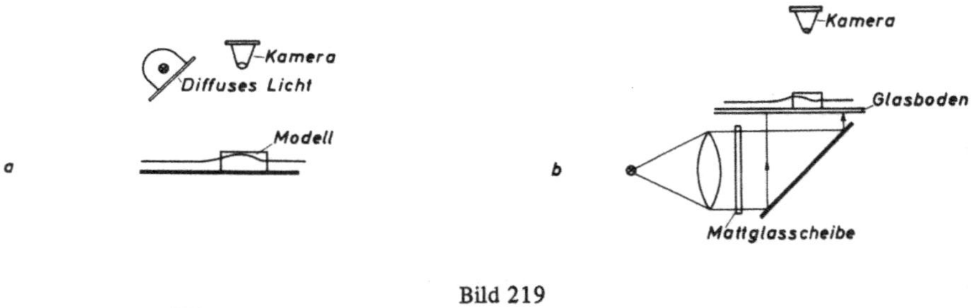

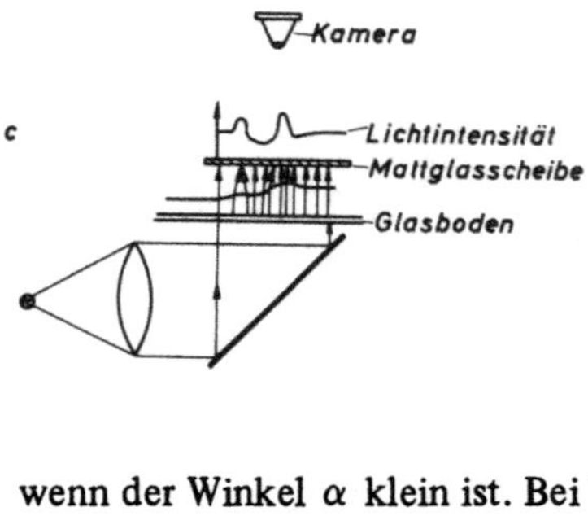

Bild 219
Verschiedene Arten der Sichtbarmachung des Wellenbildes
a) durch diffuse Lichtflexion an der Wasseroberfläche
b) durch diffusen Lichtdurchtritt durch die Wasseroberfläche
c) mit Hilfe des Durchtritts von parallelem Licht durch die Flüssigkeitsoberfläche und Abbildung auf Mattscheibe.

wenn der Winkel α klein ist. Bei Verwendung eines Gitters (Bild 221) erhält man ein ganzes System von hellen und dunklen Streifen auf der Wasseroberfläche, aus deren Verlauf sich dann die zweidimensionale Strömung näherungsweise ermitteln

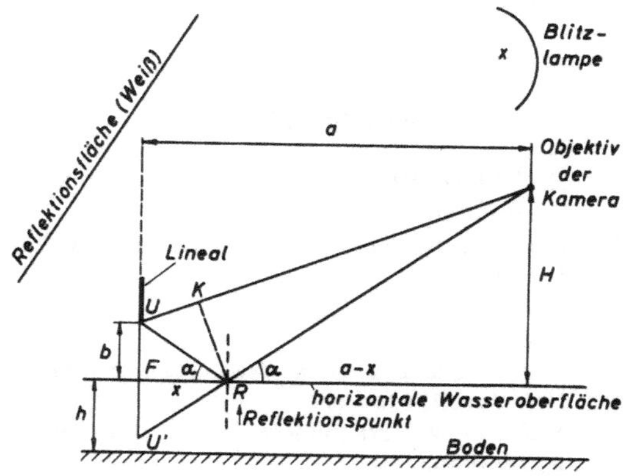

Bild 220
Anwendung der Schattenmethode bei der Wasserwellenanalogie [268].

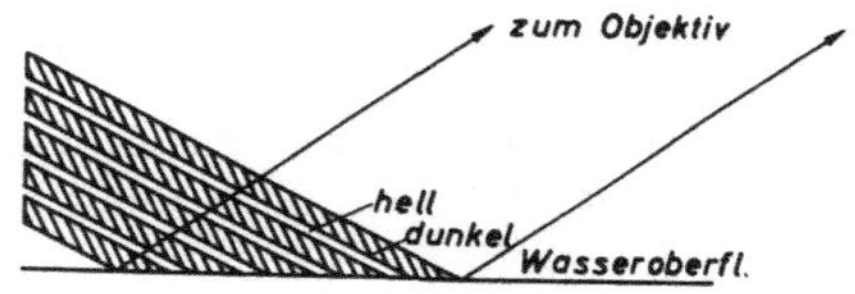

Bild 221
Ausmessung zweidimensionaler Vorgänge nach der Streifenmethode [268].

läßt. Die bei weitem genaueste Methode zur zweidimensionalen Höhenmessung ist das von *H. Bömelburg* [418] beschriebene photogrammetrische Verfahren, das allerdings mit einem hohen Zeitaufwand für die Auswertung verbunden ist.

Obwohl versucht wurde, die Wasserwellen-Analogie auch für quantitative Aussagen über Umströmungsprobleme zu benutzen [570], dürfte doch der Hauptwert mehr darin liegen, Strömungsvorgänge bei Variation der Machzahl oder für nichtstationäre Vorgänge zu erhalten. Für Demonstrationszwecke ist die Analogie ebenfalls sehr geeignet, zumal auch eine Änderung der Machzahl in einfacher Weise möglich ist.

Schrifttum

I./II. Allgemeine Darstellungen

[1] *R. C. Pankhurst* und *D. W. Holder:* Windtunnel technique. Pitman + Sons, 2. Auflage, London 1965.

[2] *P. Rebuffet:* Aérodynamique expérimentale. Libr. Polytechn. Béranger, 2. Auflage, Paris 1958.

[3] *A. Pope* und *J. J. Harper:* Low-speed wind tunnel testing. John Wiley + Sons, New York 1966.

[4] *A. Pope* und *K. L. Goin:* High-speed wind tunnel testing. John Wiley + Sons, New York 1965.

[5] *S. G. Popow :* Strömungstechnisches Meßwesen. 2. Auflage, VEB Verlag Technik, Berlin 1960.

[6] *W. Wuest:* Strömungssonden V 116-9/12, 1960/62, Druckmeßgeräte V 1342-2/5, 1957/58, Schubspannungsmessung V 135-1, 1962, Profilwiderstandsmessung V 135-2, 1962, Sichtbarmachung von Strömungen V 144-2/5, 1963/67. Archiv f. Techn. Messen, Oldenbourg, München.

[7] *H. L. Langhaar:* Dimensional analysis and theory of models. John Wiley + Sons, New York 1951.

III. Eigenschaften verschiedener Strömungsmedien

[8] *W. Hesse:* Handbuch der Aerologie. Akad. Verlagsges., Leipzig 1961.

[9] *Anonym:* W. S. Standard Atmosphere. Washington, D.C., 1962.

[10] *R. A. Minzner, K. W. Champion* und *H. Pond:* The 1959 ARCD model atmosphere. AF Surveys in Geophys. No. 125 (1959).

[11] *J. Hilsenrath* u.a.: Tables of thermodynamics and transport properties of Air, Argon, Carbon Dioxide, Carbon Monoxide, Hydrogen, Nitrogen, Oxygen and Steam. Pergamon Press, Oxford 1960.

[12] *R. Kuthe:* Thermodynamische Daten von hocherhitzter Luft. Z. Flugwiss. Bd. 12, 1964, S. 374–379, S. 407–415, Bd. 13, 1965, S. 411–425, Vieweg, Braunschweig.

[13] *E. H. Hirschel:* Beitrag zur Beschreibung der Realgaseinflüsse bei gasdynamischen Problemen. DLR-Mitt. 66-20, München 1966.

IV. Versuchsanlagen

[14] *D. R. Chapman:* Some possibilities of using gas mixtures other than air in aerodynamics research. NACA Rep. 1259, Washington 1956.

[15] *K. Gersten:* Der Windkanal für mäßige Geschwindigkeiten. ATM V 116-6, 1956. Versuchtstechnik am Windkanal für mäßige Geschwindigkeiten. ATM V 116-7, Oldenbourg, München 1959.

[16] *O. Tietjens:* Der Windkanal am Indian Institute of Science, Bangalore, Süd-Indien. Z. Flugwiss. 4, 6-9, Vieweg, Braunschweig 1956.

[17] *C. Witoszynski:* Über Strahlerweiterung und Strahlablenkung. In: *Th. v. Kármán* und *T. Levi-Ciosta* (Herausgeber). Vorträge aus dem Gebiet der Hydro- und Aerodynamik. (Innsbruck 1922), Springer, Berlin 1924.

[18] *W. Wuest:* Drahtsiebe in der Strömungstechnik. Draht 11, Prost & Meiner, Coburg 1960.
[19] *R. Seiferth:* Vorausberechnung und Beseitigung der Schwingungen von Freistahlwindkanälen. Monograph. Fortschr. Dtsche. Luftfahrtforsch. AVA Göttingen 1946.
[20] *G. Schulz* und *G. Viehweger:* Der Unterschallwindkanal der DVL in Porz-Wahn (Teil II). DLR FB 65-56, München 1965.
[21] *F. Riegels* und *W. Wuest:* Der 3m-Windkanal der Aerodynamischen Versuchsanstalt Göttingen. Z. Flugwiss. 9, 222-228, Vieweg, Braunschweig 1961.
[22] *H. Drescher:* Neue Wasserkanäle der AVA. Jb. 1941 Dtsche. Luftfahrtforsch., S. 1714-1722, Vieweg, Braunschweig.
[23] *W. Lorenz-Meyer:* Die Strahleigenschaften der Meßstrecke des Transsonischen Windkanals der AVA. DLR FB 66-19, AVA Göttingen 1966.
[23a] *M. Pierre* und *K. Novotny:* La grande soufflerie trans – et supersonique du centre d'essais de Modane – Arrieux. La Rech. Aeronaut. No. 87, ONERA, Chatillon 1962.
[24] *B. H. Goethert:* Transonic wind tunnel testing. Pergamon Press, Oxford 1961.
[25] *W. M. Chew*, jr.: Determination of optimum operating parameters for the 1-foot transonic tunnel utilizing cone-cylinder bodies of revolution. AEDC TN 60-69, Tullahoma, Tennessee 1960.
[26] *H. Ludwieg, W. Lorenz-Meyer* und *W. Schneider:* Der Transsonische Windkanal der Aerodynamischen Versuchsanstalt Göttingen. Jahrbuch 1966 WGLR, Vieweg, Braunschweig.
[27] *W. J. Dunning:* Nucleation processes and aerosol formation. The Physical Chemistry of Aerosols. Disc. Faraday Soc. No. 30, pp.9-19, Aberdeen 1960.
[28] *I. E. Vas* und *G. Koppenwallner:* The Princeton University High Pressure Hypersonic Nitrogen Tunnel N-3. Princeton University, Dep. Aerospace Mech. Sci. Rep. 690 (1964).
[29] *G. Koppenwallner:* Der Hypersonische Vakuumwindkanal der AVA Göttingen – Betriebsverhalten und erste Ergebnisse über reale Gaseffekte in Düsenströmungen. Deutsche Luft- und Raumfahrt, Forsch. Ber. 66-62, München 1966.
[30] *F. A. Flecken, G. Koppenwallner* und *W. Wuest:* Ein hypersonischer Windkanal für kleine Gasdichten in der Aerodynamischen Versuchsanstalt Göttingen. VDI Z. 108, Nr. 35, 1733-1738. VDI-Verlag, Düsseldorf 1966.
[31] *W. Wuest* und *G. Koppenwallner:* Raumfahrtstudien im Windkanal. Ein hypersonischer Windkanal für kleine Gasdichten. Umschau in Wiss. u. Techn., H. 10, 311-316, Frankfurt/M. 1967.
[32] *A. Heyser:* Plasmakanäle I. 4. Lehrgang f. Raumfahrttechnik, Nr. 119, Göttingen 1965.
[33] *T. H. Peters:* Plasmawindkanäle II. 4. Lehrgang f. Raumfahrttechnik, Nr. 121, Göttingen 1965.
[34] *T. H. Peters:* Lichtbogen-Brennkammern für Plasmakanäle. Raumfahrtforschung IX, 1-6, 1965.
[35] *T. H. Peters:* Plasmabeschleunigung in expandierender Überschallströmung. Z. Naturf. 19a, H. 9, 1964.
[36] *G. Krülle* und *H. Hügel:* Zur elektromagnetischen Geschwindigkeitserzeugung in Lichtbogentriebwerken. Z. Flugwiss. 14, H. 7, Vieweg, Braunschweig 1966.
[37] *T. H. Peters* und *K. Rogaller:* Erzeugung hoher Plasmageschwindigkeiten durch Heizung und eigenmagnetische Beschleunigung in Lichtbogen. DLR FB 64-28, München 1964.
[38] *H. Wittel:* Untersuchungen an einem MHD-Nachbeschleuniger für Windkanäle. Vortrag auf der DGRR/WGLR Jahrestagung in Bad Godesberg, 1966.
[39] *H. Fritzsche:* Auslegungskriterien für eine Hochgeschwindigkeits-Versuchsanlage mit Plasmabrenner und MHD-Beschleuniger zur Simulation des Wiedereintritts in die Erdatmosphäre. Vortrag auf der DGRR/WGLR-Jahrestagung in Bad Bodesberg, 1966.
[40] *F. Lindner, K. Schreitmüller* und *H. G. Wichmann:* MHD-Beschleuniger zum Studium der Simulation des Wiedereintritts. Vortrag 5. ICAS-Kongreß, London 1966.

[41] *A. Heyser, M. Becker* und *D. Papanikas:* Ein Hypergeschwindigkeits-Vakuum-Windkanal mit Aufheizung des Mediums durch einen Plasmabrenner. DVL-Ber. in Vorb. Porz-Wahn 1968.
[42] *W. E. Powers* und *R. M. Patrick:* Magnetic annular arc. Phys. Fluids 5, 1196, Am. Inst. Phys. New York 1962.
[43] *H. Ludwieg* und *Th. Hottner:* Hochgeschwindigkeitswindkanal der Aerodynamischen Versuchsanstalt Göttingen. Z. Flugwiss. 7, H. 10, 294-299, Vieweg, Braunschweig 1959.
[44] *A. Naumann, A. Heyser* und *G. Schulz:* Die Überschallwindkanal-Anlage der DVL in Porz-Wahn. Z. Flugwiss. 14, H. 1, 1-14, Vieweg, Braunschweig 1966.
[45] *H. Ludwieg:* Der Rohrwindkanal. Z. Flugwiss. 3, H. 7, 206-216, Vieweg, Braunschweig 1955.
[46] *E. Becker:* Grenzschichteffekte beim Rohrwindkanal. Jb. WGL 1957, 232-237, Vieweg, Braunschweig.
[47] *Th. Hottner:* Untersuchungen an einem Modell-Rohrwindkanal bei Machzahlen von Ma = 3 bis 6. Z. Flugwiss. 13, 237-246, Vieweg, Braunschweig 1965.
[48] *O. Frenzl:* Über die Entwicklung von intermittierend arbeitenden Windkanälen mit Strahlantrieben. Jb. WGL 1955, Vieweg, Braunschweig.
[49] *H. Örtel:* Stoßrohre. Springer, Verlin 1966.
[50] *J. Lukaziewicz, W. G. Harris* und *R. Jackson:* Development of capacitance and inductance driven hot shot tunnels. A.E.D.C. TN 60-222, Tullahoma, Tennessee 1961.
[51] *R. N. Cox* und *D. F. T. Winter:* The light gas hypersonic gun tunnel at A.R.D.E. Fort Halstead, Kent, AGARD Rep. 139, Paris 1957.
[52] *J. L. Stollery, D. J. Maull* und *B. J. Belcher:* The Imperial College hypersonic gun tunnel. J. Roy. Aeron. Soc. 64, 24-32, London 1960.
[53] *W. Wyborny* und *H.-P. Kabelitz:* Funktionsuntersuchungen und erste Versuchsergebnesse im Stoßwellenwindkanal mit freifliegendem Kolben. Deutsche Luft- u. Raumfahrt, FB 65-43, München 1965.
[54] *K. Gersten* und *G. Kausche:* Die Hyperschall-Versuchsanlage (Gun-Tunnel) der Deutschen Forschungsanstalt für Luft- und Raumfahrt. Z. Flugwiss. 14, 217-229, Vieweg, Braunschweig 1966.
[55] *R. C. Weatherston, W. E. Smith, A. L. Russo* und *P. V. Marrone:* Gasdynamics of a wave superheater facility for hypersonic research and development. Cornell Aeronaut. Lab. Rep. No. AD-1118-A1, Buffalo 1959.
[56] *A. Seiff:* A free-flight wind tunnel for aerodynamic testing at hypersonic speeds. NACA Rep. 1222, Washington 1955.
[57] *A. Seiff:* The use of gun-launched models for experimental research at hypersonic speeds. AGARD-Rep. 138, Paris 1957.
[58] *H. Kurzweg* und *R. E. Wilson:* Experimental hyperballistics. Aero. Eng. rev. 15, 12, 32-38, New-York 1956.
[59] *R. K. Lobb:* Experimental measurement of shock detachment distance on spheres fired in air at hypervelocities. In: W. C. Nelson, High temperature aspects of hypersonic flow, 519-528, Pergamon Press, Oxford 1964.
[60] *E. Becker:* Messungen am Gitterversuchsstand der AVA. Ber. 58 A 01, AVA Göttingen 1958.
[61] *H. Schlichting:* The variable density high speed cascade wind tunnel of the Deutsche Forschungsanstalt für Luftfahrt Braunschweig. AGARD Rep. Nr. 91, Paris 1956.
[62] *N. Scholz:* Über die Durchführung systematischer Messungen an ebenen Schaufelgittern. Z. Flugwiss. 4, 313-334, Vieweg, Braunschweig 1956.
[63] *N. Scholz:* Der Hochgeschwindigkeits-Gitterwindkanal der DFL Braunschweig. Forsch. Ing. Wes. 25, 133-147. VDI-Verlag, Düsseldorf 1959.

[64] *A. Das:* Der Hochgeschwindigkeits-Gitterwindkanal der DFL. Mitteil. DFL Braunschweig, H. 1, 18-24, 1964.

[65] *W. Heilmann* und *H. Starken:* Untersuchungen am Transonic-Gitterwindkanal. Teil 1, DVL-Ber. 415, Porz-Wahn 1965; Teil 2, DVL-Ber. 511, Porz-Wahn 1966.

[66] *H. Glauert:* Wind tunnel interference on wings, bodies and airscrews. A.R.C. R. + M. 1566, London 1933.

[67] *W. Wuest:* Verdrängungskorrekturen für rechteckige Windkanäle bei verschiedenen Strahlbegrenzungen und bei exzentrischer Lage des Modells. Z. Flugwiss. 9, H. 1, 15-19 und H. 11, 362, Vieweg, Braunschweig 1961.

[68] *H. Ludwieg:* Widerstandskorrektur in Hochgeschwindigkeitskanälen. FB 1955, AVA Göttingen 1944.

V. Kraftmessung

[69] *B. Graemiger:* Automatic multi-component balances. Druckschrift Engler + Co., Zürich 1951.

[70] *W. Frössel* und *E. Kunze:* Dreimomentenwaage für Kraftmessungen in Strömungskanälen. Techn. Ber. Bd. 10, Zentr. Wiss. Berichtswesen d. Luftfahrtsforschung 87-91, Berlin 1943.

[71] *G. J. Maslach* und *R. N. Latz:* Force measurements in low density hypersonic air flows. Adv. in Vacuum Science and Technology, Vo. II, p. 809-812, Pergamon Press, New York 1960.

[72] *E. A. Brun, P. Coudeville* und *P. Trépaud:* Drag measurements in slip and transition flow. Proc. of the 4th Int. Symp. on Rarefied Gas Dynamics, Univ. Toronto, 1964. Vol. I, p. 444-466, Academic Press, New York 1965.

[73] *G. Koppenwallner:* Der Widerstand von querangeströmten Kreiszylindern bei hypersonischen Machzahlen im Bereich von Kontinuums- bis freier Molekularströmung. Ber. 67 A 20, AVA Göttingen 1967.

[74] *G. D. Arney* und *W. T. Harter:* A low-load three-component force balance for measurements in a low-density wind tunnel. Arnold Eng. Developm. Center TDR-64-280. Tullahoma, Tennessee 1964.

[75] *H. Kemper:* Schwebende Aufhängung durch elektromagnetische Kräfte; eine Möglichkeit für eine grundsätzlich neue Fortbewegungsart. Elektrotechn. Z. 59, 391, Berlin 1938.

[76] *H. Kemper:* Magnetische Schwebeführung für Flugmeßbahnen. Monogr. Luftfahrtwiss. AVA Göttingen D_1 2.8., 1946.

[77] *M. Tournier* und *P. Laurenceau:* Suspension magnétique d'une maquette en soufflerie. La Rech. Aero spatiale no. 59, ONERA, Chatillon 1957.

[78] *R. Moreau:* Utilisation des dispositifs de suspension magnétique dans les souffleries de l'O.N.E.R.A. O.N.E.R.A. - T.P. no. 341, Chatillon 1966.

[79] *P. Rebuffet:* Effets de support sur l'écoulement à l'arriére d'un corps. AGARD-Report 302, Paris 1959.

[80] *T. A. Dukes* und *R. N. Zapata:* Magnetic suspension with minimum coupling effects for wind tunnel models. IEEE Transactions on Aerospace and Electronic Systems, Vol. AES-1, No. 1, 20-28, 1965.

[81] *R. N. Zapata* und *T. A. Dukes:* The Princeton University Electromagnetic Suspension system and its use as a force balance. ARL Symposium on magnetic wind tunnel models suspension and balance systems, ARL 66-0135, July 1966, Wright-Patterson AFB, OHIO

[82] *E. L. Tilton, W. J. Parkin, E. E. Covert* und *J. E. Chrisinger:* The design and initial operation of a magnetic model suspension and force measurement system. J. Roy. Aero. Soc. 67, 717-744, London 1963.

[83] *F.K. Browand., M. Finston* und *D.K. McLanghlin:* Some preliminary measurements behind cones magnetically suspended in a Mach number 4.3 stream. MIT Aerophys. Lab. Techn. Rep. 132, 1966 und AGARD Conf. Proc. Nr. 19, ONERA, Chatillon 1967.
[84] *A. V. de Forest* und *H. Leaderman:* The development of electrical strain gages. N.A.C.A. Techn. Note 744, Washington 1944.
[85] *R. M. Hansen:* Mechanical design and fabrication of strain-gage balances. Advis. Group Aero. Res. Developm. Rep. 9, Paris 1956.
[86] *I. Shantz, B. D. Gilbert* und *C. E. White:* NOL wind-tunnel internal strain-gage balance system. Navord Rep. 2971, White Oak, Maryland 1953.
[87] *A. Heyser:* Entwicklung von Windkanaleinbauwaagen mit Dehnungsmeßstreifensystemen. DVL-Bericht Nr. 261, Porz-Wahn 1963.
[88] *A. Heyser, W. Wyborny* und *H.-P. Kabelitz:* Dreikomponentenmessungen an den AGARD-Eichmodellen HB-1 und HB-2 im Stoßwellenwindkanal mit freifliegendem Kolben. DLR FB 66-25, München 1966.

VI. Geschwindkeitsmessung

[89] *A. Girard* et *R. Robert:* Chronographie stéréoscopique de particules en suspension dans un écoulement aéro-dynamique. Rech. Aero. 49, S. 31-39, ONERA, Chatillon 1956.
[90] *W. Wuest* und *H. Eckelmann:* Ein Thermoimpulsgerät zur Messung kleiner Strömungsgeschwindigkeiten. Ber. Aerodynamische Versuchsanstalt Göttingen 64 G 03, 1964.
[91] *R. E. Walker* und *A. A. Westenberg:* Absolute low speed anemometer. Rev. Sci. Instr. 27, 844-848. New York 1956.
[92] *E. Ower:* A low speed vane anemometer. J. Sci. Instr. 3, S. 109-112. New York 1956.
[93] *Th. Dahlem* und *D. Paffrath:* Theoretische und experimentelle Untersuchungen an einem Flügelradanemometer. Deutsche Luft- und Raumfahrt, Forsch. Ber. 66-07, München 1966.
[94] *Hilding-Beij:* Aircraft speed instruments. NACA Rep. 420, Washington 1932.
[95] *R. Schmidt:* Luftlogs für die Messung von Unter- und Überschallgeschwindigkeiten. Z. Flugwiss. 1, S. 175-183, Vieweg, Braunschweig 1953.
[96] *Vallée:* Étude d'une girouette pour chaine de mesure d'incidence à grande rapidité. Centre d'essais en Vol., Annexe d'Istres Compte-Rendu d'études No. 753, 1965
[97] *F. Schwarz* und *W. Wuest:* Flight tests and wind-tunnel measurements on aerofoils with boundary layer suction for increasing maximum lift. Proc. 4th ICAS, S. 459-480, MacMillan, London 1965.
[98] *J. L. Mitchell* und *R. F. Peck:* An NACA vane-type angle-of-attack indicator for use at subsonic and supersonic speeds. NACA TN 3441, Washington 1955.
[99] *W. L. Icard:* An air-flow-direction pickup suitable for telemetering use on pilotless aircraft. NACA TN 3799, Washington 1956.
[100] Anonym: The definitions of quantities hawing the dimensions of pressure. J. Roy. Aer. Soc. 61, S. 245, London 1957.
[101] Deutsche Normen: Formelzeichen in der Strömungsmechanik DIN 5492, VDI-Verlag, Düsseldorf 1965.
[102] *F. A. MacMillan:* Viscous effects on flattened pitot tubes at low speeds. J. Roy. Aero. Soc. 58, S. 837-839, London 1954.
[103] Anonym: Strömungsmeßgeräte der Aerodynamischen Versuchsanstalt und des MPI f. Strömungsforschung, Göttingen 1964.
[104] *R. G. Folsom:* Review of the pitot tube. Trans. Am Soc. Mech. Engrs. 78, S. 1447, New York 1956.

[105] *F. Numachi, H. Murai* und *S. Abe:* Streamlined pitot-tube bar for measuring water flow in large pipes. Trans. Am. Soc. Mech. Engrs. 78, S. 1079, New York 1956.

[106] *G. Kiel:* Gesamtdruckgerät mit großer Unempfindlichkeit gegen Schräganströmung. Luftfahrtforsch. 12, S. 75. Oldenbourg, München 1935.

[107] *W. Wuest:* Eigenschaften von Zylindersonden zur Strömungsmessung. Z. Instrumentenkunde 71, 187-197. Vieweg, Braunschweig 1963.

[108] *W. S. Bradfield* und *G. E. Yale:* Small pitot tubes with fast pressure response time. J. Aero. Sci. 18, S. 697. Inst. Aero. Sci. New York 1951.

[109] *R. E. Blue:* Interferometer corrections and measurements of laminar boundary layers in supersonic stream. NACA Techn. Note 2110, Washington.

[110] *H. W. Liepmann, A. Roshko* und *S. Dhawan:* On reflection of shock waves from boundary layers. NACA Techn. Note 2334, Washington.

[111] *J. R. Cooke:* The use of quartz in the manufacture of small diameter pitot tubes. Gt. Brit. ARC 17470 Current Paper 193, 14 pp., London 1955.

[112] *R. J. E. Gezelius:* Making small metal tubes by electro deposition on nylon fibers. Rev. Sci. Instr. 21, S. 886, London 1950.

[113] *W. Gracey:* Wind-tunnel investigation of a number of total-pressure tubes at high angles of attack – subsonic, transonic and supersonic speeds. NACA Rep. 1303, Washington 1957.

[114] *F. A. MacMillan:* Experiments on pitot-tubes in shear flow. Gt. Brit. ARC Rep. + Mem. 3028, London 1957.

[115] *A. D. Young* und *J. N. Maas:* The behaviour of a pitot-tube in a transverse total-pressure gradient. Gt. Brit. ARC Rep. + Mem. 1770, London 1936.

[116] *P. O. A. L. Davies:* The behaviour of a pitot-tube in transverse shear. J. Fluid Mech. S. 441, Am. Inst. Phys. New York 1958.

[117] *J. L. Livesey:* The behaviour of transverse cylindrical and forward-facing total pressure probes in transverse total-pressure gradients. J. Aero. Sci. 23, S. 949, Inst. Aero. Sci. New York 1956.

[118] Miss *M. Barker:* On the use of very small pitot-tubes for measuring wind velocity. Proc. Roy. Soc. London A 101, S. 435, 1925.

[119] *F. A. MacMillan:* Viscous effects on pitot tubes at low speeds. J. Roy. Aero. Soc. 58, S. 570, London 1954.

[120] *K. Wieghardt:* Einige Bemerkungen über das Pitotrohr und die Zylindersonde. Bericht 46/P/03 Max-Planck-Institut für Strömungsforschung, Göttingen 1946.

[121] *T. K. Fannelöp* und *I. Flügge-Lötz:* Two dimensional stagnation flow at low Reynolds numbers. Z. Flugwiss. 13.H. 8, 282, Vieweg, Braunschweig 1965.

[122] *H. S. Tsien:* Wind-tunnel testing problems in superaero-dynamics. J. Aero. Sci. 15, S. 573 Inst. Aero. Sci., New York 1948.

[123] *S. A. Schaaf:* The pitot probe in low-density flow. AGARD Rep. 525, Paris 1966.

[124] *W. J. MacCroskey:* An experimental model for the sharp leading edge problem in rarefied hypersonic flow. Rep. 771, Princeton Univ. Gasdyn. Lab. 1966.

[125] *S. I. Kosterin, N. I. Yushchenkova, N. T. Belova* und *B. D. Kamer:* Untersuchung des Einflusses der Gasverdünnung bei Überschall auf die Anzeige von Pitotsonden (russ.). Inzhen.-Fiz. Zh. 5, 16-22, 1962.

[126] *S. Goldstein:* A note on the measurements of total head and static pressure in a turbulent stream. Proc. Roy. Soc. A 55, S. 570, London 1936.

[127] *G. I. Taylor:* Pitot pressures in moist air. Gt. Brit. ARC Rep. + Mem. 2248, London 1945.

[128] *H. H. Pearcey:* The effect of the condensation of atmospheric water vapour on total head and other measurements in the NPL high speed tunnel. Gt. Brit. ARC Rep. + Mem. 2249 London 1951.

[129] *D. J. Kettle:* The design of static and pitot-static tubes for subsonic speeds. J. Roy. Aero. Soc. 58, 528, S. 835, London 1954.

[130] *C. Salter:* Preliminary note on a proposed new design of N.P.L. Standard pitot-static tube. Aero. Res. Counc. 16374, London 1953. Further notes on the proposed new design of N.P.L. standard pitot-static tube. Aero. Res. Counc. 17863, London 1955.

[131] *J. D. Norris, P. K. Pierpont:* Experimental performance of a conical pressure probe at Mach numbers of 3.0, 4.5, 6.0. NASA Techn. Note D-3719, Washington 1966.

[132] *J. Lukasiewicz:* Conical flow as a result of shock and boundary layer interaction on a probe. Aero. Res. Counc. Rep. + Mem. 2669, London 1948.

[133] *F. A. L. Winternitz:* Cantilevered pitot cylinder. Engineer London 199, 5183, S. 729, 1955

[134] *A. H. Glaser:* The pitot cylinder as a static pressure probe in turbulent flow. J. Sci. Instr. 29, S. 219, London 1952.

[135] *A. Ferri:* Elements of the aerodynamics of supersonic flow. MacMillan, London 1949.

[136] *D. W. Bryer, D. E. Walshe* und *H. C. Garner:* Pressure probes selected for three-dimensional flow measurement. Aero. Res. Counc. London Rep. + Mem. 3037, London 1958.

[137] *M. V. Morkovin:* Design of a device for measurement of free-stream static pressure at supersonic speeds. Aero. Engin. Rev. 9, 12, S. 25, New York 1950.

[138] *H. Schaefer:* Machmeter for high-speed flight research. J. Aero. Sci. 15, S. 351, Inst. Aero. Sci., New York 1948.

[139] *W. Wuest:* Die Meßeinrichtungen des Absaugeflugzeugs Do 27. Ber. 62 A 54, AVA Göttingen 1962.

[140] *W. W. Willmarth:* On the measurement of surface pressure with a static probe. J. Aeroe. Sci. 20, 6, S. 438, Inst. Aero. Sci. New York 1953.

[141] *F. Schwarz:* Absaugeversuche an einem Originalflügel des Flugzeugmusters RW 3 im Windkanal. Ber. 60 A 03, AVA Göttingen 1960.

[142] *W. Gracey:* Measurement of static pressure on aircraft. Nat. Advis. Comm. Aeronaut. Techn. Note 4184, Washington 1957.

[143] *W. E. Smith:* Wind-tunnel calibration of two static-pressure sensing devices. Rep. No. AF-682-A-6, Cornell Aero. Lab., Buffalo 1952.

[144] *L. W. Walter* und *E. J. Redman:* Needle static-pressure probes insensitive to flow inclination in supersonic air streams. Rep. 3694 U.S. Naval Ord. Lab., White Oak, Maryland 1954.

[145] *N. G. Ziegler:* Wind-tunnel calibration of the given high-speed pitot-static probe at Mach numbers of 1.57 and 1.88. Aeroe. Data Rep. 33, David W. Taylor Model Basin, Navy Dept., Washington 1955.

[146] *W. Gracey* und *E. F. Scheithauer:* Flight investigation at large angles of attack of the static-pressure errors of a service pitot-static tube having a modified orifice configuration. Nat. Advis. Comm. Aero. Techn. Note 3159, Washington 1954.

[147] *A. O. Pearson* und *H. A. Brown:* Calibration of a combined pitot-static tube and vane-type flow angularity indicator at transonic speeds and at large angles of attack or yaw. Nat. Advis. Comm. Aero. Rep. + Mem. L 52, F 24, Washington 1952.

[148] *O. Walchner:* Über den Einfluß der Kompressibilität auf die Druckanzeige eines Prandtl-Rohres bei Strömungen mit Unterschallgeschwindigkeit. Jb. Dtsch. Luftfahrtforsch. 1938, S. 578, Vieweg, Braunschweig.

[149] *O. N. H. Lock, A. E. Knowler* und *H. H. Pearcey:* The effect of compressibility on static heads. Aero. Res. Counc. Rep. + Mem. 2386, London 1943.

[150] *D. W. Holder, R. I. North* und *A. Chinneck:* Experiments with static and pitot tubes in a supersonic airstream. Aero. Res. Counc. Rep. + Mem. 2782, London 1950.

[151] *L. W. Thrasher* und *R. C. Binder:* Influence of compressibility on cylindrical pitot-tube measurements. Trans. Amer. Soc. mech. Engrs. 72, 5, S. 647, New York 1950.

[152] *L. N. Wilson:* An experimental investigation of Reynolds number effects on supersonic static probes. Univ. Toronto, Inst. Aerophys. TN 3, 1954.

[153] *Z. Rotem:* A note on static hole errors. J. Bas. Engm. Transact. ASMED 89, 235-236, New York 1967.

[154] *A. Fage:* On the static pressure in fully developed turbulent flow. Proc. Roy. Soc. A 155, S. 576, London 1936.

[155] *M. Barat:* Influence de la turbulence sur les prises de pression statique. C.R. Acad. Sci. Paris 246, 8, S. 1156, 1958.

[156] *W. Letko:* Investigation of the fuselage interference on a pitot-static tube extending from the nose of the fuselage. Nat. Advis. Comm. Aero. Techn. Note 1496, Washington 1947.

[157] *W. Gracey* und *E. F. Scheithauer:* Flight investigation of the variation of static-pressure error of a static-pressure tube with distance ahead of a wing and a fuselage. Nat. Advis. Comm. Aeroe, Techn. Note 2311, Washington 1951.

[158] *N. S. Silsby:* External interference effects of flow through static-pressure orifices of an air-speed head at several supersonic Mach numbers and angles of attack. NASA Memo. 2-13-592, Washington 1959.

[159] *R. K. Korkegi:* An aerodynamic means of static-pressure compensation for transonic and supersonic aircraft. Aero. Engin. Rev. 16, 4, S. 64, New York 1957.

[160] *H. Bäuerle:* Sonden für Druck-, Geschwindigkeits- und Richtungsmessung. Monograph. Aerodyn. Versuchsanstalt Göttingen D 2. 3, 1946.

[161] *H. Kumbruch:* Messung strömender Luft mittels Staugeräten. Forsch.-Arb. des VDI, Heft 240, VDI-Verlag, Berlin 1921.

[162] *K. G. Merriam* und *E. R. Spaulding:* Comparative tests of pitot-static tubes. NACA Techn. Note 546, Washington 1935.

[163] *E. Ower* und *F. C. Johansen:* The design of pitot-static tubes. Great Brit. Aeroe. Res. Council Rep. + Mem. 981, London 1925.

[164] *K. R. Enkenhus, E. L. Harris* und *G. N. Patterson:* Pressure probes in free molecule flow. AFOSR TR-59-120 (Univ. Toronto, Inst. Aerophys. Rep. 62) 1959.

[165] *H. Peters:* Einfluß der Zähigkeit bei Geschwindigkeitsmessungen mit Staudruckmultiplikation. Z. Flugz. Motorluftsch. 22, S. 321, Oldenbourg, München 1931.

[166] *W. Krüger:* Messungen an einem Staudruckmultiplikator mit großer Anstellwinkelunempfindlichkeit. Techn. Ber. 9, S. 183, Zentr. Wiss. Berichtswesen d. Luftfahrtsforschung, Berlin 1942.

[167] *C. D. Perkins* und *D. O. Dommash* (Herausgeber): Flight test manual. Vol. I. Advis. Group. Aero. Res. and Development, Paris 1956.

[168] *J. E. Netherway:* Low-speed wind tunnel calitration of a Mark 9 A pitot-static head. Gr. Brit. Aeroe. Res. Counc. Curr. Pap. 244, London 1955.

[169] *W. M. Schulze, G. C. Ashby,* jr. und *J. R. Erwin:* Several combination probes for surveying static and total pressure and flow direction. NACA TN 2830, Washington 1952.

[170] *O. Walchner:* Über den Einfluß der Kompressibilität auf die Druckanzeige eines Prandtl-Rohres bei Strömungen mit Unterschallgeschwindigkeit. Jb. Dtsche.Luftfahrtforsch., S. 578, Vieweg, Braunschweig 1938.

[171] *R. V. Hensley:* Calibrations of pitot-static tubes at high speeds. Nat. Advis. Comm. Aero. WR L-396, Washington 1942.

[172] *L. E. Hasel* und *D. E. Coletti:* Investigation of two pitot-static tubes at supersonic speeds. Nat. Advis. Comm. Aero. Rep. + Mem. L-8102, Washington 1946.

[173] *D. G. Mabey:* The calibration at transonic speeds of a Mark 9 A pitot-static head with and without flow through the static slots. R.A.E. Techn. Note Aero. 2500, London 1957.
[174] *L. S. Stivers* und *C. N. Adams:* High-speed wind tunnel investigation of the effects of compressibility on a pitot-static tube. Nat. Advis. Comm. Aero. Re. + Mem. A7F12, Washington 1947.
[175] *A. S. Bennett:* On the behaviour of three pitot-static tubes at Mach numbers form 0.20 to 1.02. Aero. Res. Lab. Melbourne, Aero. Note 194, 1962.
[176] *T. Lavender:* A direction and velocity-meter for use in wind tunnel work. Aero. Res. Counc. London, Rep. + Mem. 844, London 1923.
[177] *O. Conrad:* Geräte zur Messung von Strömungsrichtungen. ATM-Blatt V 116-2, Oldenbourg, München Okt. 1950.
[178] *F. Busmann:* Strömungsmessungen bei eben und räumlich gekrümmten Strombahnen. ATM-Blatt B 116-1, Oldenbourg, München 1933.
[179] *W. M. Schulze, G. C. Ashly,* jr. und *J. R. Erwin:* Several combination probes for surveying static and total pressure and flow direction. NACA Techn. Note 2830, Washington 1952.
[180] *O. de Vries:* Yawmeter for low-speed flow with a velocity gradient. Nat. Luchtvaartlabor, Amsterdam Rep. A 1275, 1958, Kurzauszug AGARD Rep. 163, Paris 1958.
[181] *F. Krisam:* Über die Messung von Geschwindigkeit und Druck in einer dreidimensionalen Strömung. Z. Flugtech. u. Motorluftschiffahrt 23, S. 369, Oldenbourg, München 1932.
[182] *A. Shukry:* Flow around bends in open flumes. Proc. Amer. Soc. Air. Engrs. 75, S. 715, 1949.
[183] *W. Stieß:* Die Richtungsstaukugel zur Messung von Geschwindigkeitsvektoren im Raum. Meßtechnik 12, S. 221, Halle/S. 1936.
[184] *B. G. Van der Hegge-Zijnen:* Improved instrument for the simultaneous determination of the static pressure, the magnitude and the direction of the velocity of fluids. Proc. Roy. Akad. Amsterdam 32, Nr. 5, 1929.
[185] *K. Strauß:* Eine Kugelsonde mit kleinem Durchmesser für Druck- und Geschwindigkeitsmessung. Z. VDI 82, S. 52, VDI-Verlag, Düsseldorf 1938.
[186] *G. Jegorow:* Messung von Richtung, Geschwindigkeit und Druck in einer dreidimensionalen Strömung. Luftfahrtforsch. 19, S. 326, Oldenbourg, München 1942.
[187] *F. Gutsche:* Das Zylinderstaurohr. Schiffbau 1931/32, S. 13, Berlin.
[188] *F. A. L. Winternitz:* Probe measurements in three-dimensional flow. Aircr. Engin. 28, Nr. 330, S. 273, Bunhill Publ., London 1956.
[189] *H. Schäffer:* Untersuchungen über die dreidimensionale Strömung durch axiale Schaufelgitter mit zylindrischen Schaufeln. Forsch. Ing. Wes. 21, S. 9, VDI-Verlag, Düsseldorf 1955.
[190] *P. G. Hutton:* Static response of a hemispherical-headed yawmeter at high subsonic and transonic speeds. Brit. Aeroe. Res. Counc. Curr. Pap. 401, London 1958.
[191] Anonym: Sonde clinométrique L.R.S.L. de 2 mm de diamètre. Advis. Group. Aero. Res. Develop. Rep. 163, S. 20, Paris 1958.
[192] *M. Cooper* und *R. A. Webster:* The use of an uncalibrated cone for determination of flow angles and Mach numbers at supersonic speeds. NACA Techn. Note 2190, Washington 1951.
[193] *F. K. Moore:* Use of the boundary layer of a cone to measure supersonic flow inclination. NACA Techn. Note 2723, Washington 1952.
[194] *D. W. Bryer:* A remotely-controlled traversing yawmeter for boundary layer exploration. J. Sci. Instr. 33, S. 173, London 1956.
[195] *W. Wuest:* Messungen an Absaugegrenzschichten II. Teil. Bericht 58 A 32, AVA Göttingen 1958.

[196] *F. A. L. Winternitz:* Effects of vibration on pitot probe readings. Engineer. 201 (5527), S. 273; (5528), S. 288, London 1955.
[197] *J. L. Potter, G. D. Arney, M. Kinslow* und *W. H. Cardem:* Gasdynamic diagnosis of high-speed flows expanded from plasma states. Arnold Engng. Developm. Center AEDC-TDR-63-241, Tullahoma, Tennessee 1963.
[198] *G. Koppenwallner, K. Bütefisch* und *K. Kienappel:* Experimentelle Untersuchungen über die hypersonische Düsenströmung bei sehr geringer Gasdichte mit Schwingungsrelaxation. Deutsche Luft- und Raumfahrt DLR FB 67-69, München 1967.
[199] *D. M. Parobek:* Performance of free stream flow instrumentation for 9-inch contoured nozzle test in the RTD 4-Megawatt electro-gasdynamic facility. AFFDL-TR-65-179, Wright-Patterson 1965.
[200] *U. Jacob:* Messung der Strömungsgeschwindigkeit von Gasen mit dem Hitzdraht-Anemometer. Arch. Techn. Messen V 116-3/4, Oldenbourg, München 1954.
[201] *O. Wehrmann:* Methoden und Anwendungen der Hitzdraht-Meßtechnik für Strömungsvorgänge. Z. Konstruktion, H. 8, Berlin 1958.
[202] *R. F. Staritz:* Die elektronische Messung der Strömungsgeschwindigkeit und der Turbulenz. VDI-Z. 102, 94-97, VDI-Verlag, Düsseldorf 1960.
[202a] *C. G. Rasmussen* und *B. B. Madsen:* Hitzdraht- und Heißfilm-Anemometrie. Arch. Techn. Mess. tief. 385, R17–R22, Oldenbourg, München 1968.
[203] *L. V. King:* On the convection of heat fromsmall cylinders in a stream of fluid. Phil. Trans. Roy. Soc. Ser. A, Vol. 214, 373-432, London 1914.
[204] *W. G. Spangenberg:* Heat-loss characteristics of hot wire anemometers at various densities in transonic and supersonic flow. NACA TN 3381, Washington 1955.
[205] *H. H. Lowell:* Design and application of hot wire anemometers for steady-state measurements at transonic and supersonic air speeds. NACA TN 2117, Washington 1950.
[206] *L. S. G. Kovasznay:* The hot-wire anemometer. Acta Techn. Acad. Sci. Hung. 50, 131-151, Budapest 1965.
[207] *L. S. G. Kovasznay:* The hot-wire anemometer in supersonic flow. J. Aero. Sci. Vol. 17, 565-572. Inst. Aero. Sci. New York 1950.
[208] *V. A. Sandborn* und *J. C. Laurence:* Heat loss from yawed hot wires at subsonic Mach numbers. NACA TN 3563, Washington 1955.
[209] *D. C. Collis:* The dust problem in hot wire anemometry. Aero. Quarterly Vol. 4, S. 93, Roy. Aero. Soc., London 1952.
[210] *S. C. Ling* und *P. G. Hubbard:* The hot film anemometer. A new device for fluid mechanics research. J. Aero. Sci. Vol. 23, 890-891. Inst. Aero. Sci., New York 1956.
[211] *E. Eujen:* Das Messen kleiner Strömungsgeschwindigkeiten. Z. VDI 93, 669-674, VDI-Verlag, Düsseldorf 1951.
[212] *A. D. Misener:* A portable electric velometer for low velocity liquids. Canad. J. Technol. 32, Nr. 6, 242-249, Ottawa 1954.
[213] *W. Fucks:* Schwankungen von Entladungsparametern bei Vorstromentladungen und Schwankungsmessungen. Z. Naturforsch. 5a, 89-98, Tübingen 1950.
[214] *W. Fucks:* Elektrisches Vorstromanemometer mit radioaktiver Vorionisierung. Z. angew. Phys. 4, 51-53, Berlin 1952.
[215] *H. P. Kalmus:* Electronic flowmeter system. Rev. Sci. Instr. 25, 201-206, New York 1954.
[216] *J. A. Shercliff:* Electromagnetic flow measurement. Cambridge Univ. Press 1962.
[217] *M. D. Cowley:* Flowmetering by a motion induced magnetic field. J. Sci. Instr. 42, 406-409, London 1965.

VII. Druckmessung

[218] *J. Polzin:* Zur Messung des statischen Druckes an rauhen Wänden. Ing. Arch. 10, 326, Springer, Berlin 1939.

[219] *G. Fuhrmann:* Theoretische und experimentelle Untersuchungen an Ballonmodellen, S. 46, Diss. Göttingen 1912.

[220] *R. E. Rayle:* An investigation of the influence of orifice geometry on static pressure measurements. M.S. Thesis Mass. Inst. Techn., Cambridge, Mass., 1949.

[221] *A. Miyadzu:* Über den Einfluß der Bohrungen auf die Druckanzeige. Ing. Arch. 7, S. 35-41, Springer, Berlin 1938.

[222] *A. K. Ray:* Einfluß der Bohrlochgröße auf die Anzeige des statischen Druckes bei verschiedenen Reynoldszahlen. Ing. Arch. 24, S. 171-181, Springer, Berlin 1956.

[223] *R. Shaw:* The influence of hole dimensions on static pressure measurements. J. Fluid Mech. 7, 550-564, Cambridge Univ. Press 1960.

[224] *J. D. Jackson:* A note on the relationship between static hole error and velocity distribution in the boundary layer. Appl. Sci. Res. (A) 11, 2, 218-224, Den Haag 1962.

[225] *A. Thom* und *C. J. Apelt:* The pressure in a two-dimensional static hole at low Reynolds numbers. Aero. Res. Counc. London Rep. + Mem. 3090, London 1958.

[226] *F. Krause:* Druckentnahme durch Längsschlitze. Ing. Arch. 29, 73-81, Springer, Berlin 1960.

[227] *A. R. Sinclair:* A method for the determination of the time lag in pressure measuring systems incorporating capillaries. NACA TN 2793, Washington 1952.

[228] *J. M. Kendall:* Optimized design of systems for measuring low pressures in supersonic wind tunnels. AGARD Rep. 174, Paris 1958.

[229] *G. M. Lilley* und *D. Morton:* The response time of wind tunnel pressure measuring systems. Aero. Res. Counc. London 22570, 1960.

[230] *W. T. Davis:* Lag in pressure systems at extremely low pressures. NACA TN 4334, Washington 1958.

[231] *M. J. Larcombe* und *J. W. Peto:* The response times of typical transducer-tube configurations for the measurement of pressures in high-speed wind tunnels. Aero. Res. Counc. London, Curr. Paper No. 913, 1966.

[232] *E. Nickel:* Über Korrekturen und Sperrflüssigkeiten für Flüssigkeitsdruckmesser. Feinwerktechn. 60, S. 278, Füssen 1956.

[233] *A. M. O. Smith, J. S. Murphy:* Micromanometer for measuring boundary layer profiles. Rev. Sci. Instr. 26, S. 775, New York 1955.

[234] *P. E. Baloga, H. T. Nagamatsu:* Instrumentation of Galcit hypersonic wind tunnels. Guggenheim Aeronautical Lab. Calif. Inst. Technology, Pasadena. Mem. 29, 1955.

[235] *G. J. Maslach:* A precision differential manometer. Rev. Sci. Instr. 23, S. 367, New York 1952.

[236] *A. Betz:* Ein Mikromanometer mit bequemer Ablesung. Meßtechnik 7, S. 37, Halle/S. 1931.

[237] *G. R. Thomas, N. N. Lichtin:* An inexpensive recording differential manometer suitable for reaction kinetics measurements. Rev. Sci. Instr. 24, S. 661, New York 1953.

[238] *J. Tadayon:* A simple pressure recorder. Rev. Sci. Instr. 22, S. 535, New York 1951.

[239] *D. B. Spalding:* A simple manometer for use in measuring low air velocities. J. Sci. Instr. 27, S. 310, London 1950.

[240] Anonym: Druck-, Zug- und Mengenmessung. Wärmetechnische Lehrblätter Teil 5, Verlag Stahleisen, Düsseldorf 1952.

[241] *P. Carnazzi:* Nuov. Cim. (5) 5, S. 180, Bologna 1903.

[242] *H. J. Svec, D. S. Gibbs:* A recording mercurial manometer for the pressure range 0-760 mm of mercury. Rev. Sci. Instr. 24, S. 202, New York 1953.
[243] Anonym: Electronic sensing of mercury column height. Nat. Bur. Standard Bull. 26-7, Washington Febr. 1952.
[244] *J. M. Los, J. A. Morrison:* A sensitive differential manometer. Rev. Sci. Instr. 22, S. 805, New York 1951.
[245] *K. Scheibe* und *W. Wuest:* Flüssigkeitsmanometer mit fotoelektrischer Abtastung. Z. Instr. 66, 185-188, Braunschweig 1958.
[246] *D. Patterson, R. C. Seymour:* An automatic pressure recorder for the study of gas phase kinetics. J. Sci. Instr. 32, S. 50, London 1955.
[247] *F. A. MacMillan:* Liquid manometer with high sensitivity and small time-lag. J. Sci. Instr. 31, S. 17, London 1954.
[248] *L. R. Taylor:* A tilting micromanometer with continuous sensitivity control. J. Sci. Instr. 32, S. 173, London 1955.
[249] *W. Wuest:* Druckwaagen und Kolbenmanometer. Arch. Techn. Messen V 1343-2, München 1943.
[250] *W. Wuest:* Neuere Bauarten von Kolbendruckmessern. Z. VDI 92, 581-584, Düsseldorf 1950.
[251] *J. Schoen:* Empfindlicher fotoelektrischer Drucknullindikator mit Nachsteuereinrichtung für verschiedene Anwendungsmöglichkeiten. Ber. 56 A 07, Aerodyn. Versuchsanstalt Göttingen 1956.
[252] *G. Wünsch* und *H. Rühle:* Meßgeräte im Industriebetrieb. Springer, Berlin 1936.
[253] Anonym: Primary pressure calibration. Consolid. Electrodyn. Corp. Recordings, Pasadena March/April 1957.
[254] *H. Ludwieg:* Druckverstärker zur Messung und Registrierung kleiner Drücke. ATM-Blatt Z 64-4, München Mai 1951.
[255] *H. Reichardt:* Z. f. Instrumentenkunde 55 (1935), S. 13. Z. VDI 79, S. 1503, Düsseldorf 1935.
[256] *J. S. Nisbet:* A pressure controller sensitive to 10^{-4} mm of mercury. J. Sci. Instr. 26, S. 271, London 1949.
[257] *W. Wuest:* Federelastische Druckmessung. Arch. Techn. Messen V 1343-3, München 1943.
[258] *L. M. Van der Pyl:* Bibliography on Bourdon tubes and Bourdon tube gages. ASME Paper 53-IRD-1, New York 1953.
[259] *W. Wuest:* Röhrenfederdruckmesser. Arch. Techn. Messen V 1343-5/6, 1948; 11, München 1950.
[260] *W. Wuest:* Die Berechnung von Bourdonfedern. Arch. Techn. Messen V 1343-14, 1965. VDI-Forsch. Heft 489, Düsseldorf 1962.
[261] *W. Wuest:* Eigenschaften und Berechnungsgrundlagen von Röhrenfedern. Dechema-Monographie 35, 253-272, Frankfurt/M. 1959.
[262] *O. Schumacher:* Plattenfeder-Druckmesser. Arch. Techn. Messen V 1343-7/8, München 1949.
[263] *W. Wuest:* Gerillte Membranfedern. Feinwerktechnik 54, 321-324, Füssen 1950.
[264] *J. Chevallereau:* Mesure dynamique des pressions en soufflerie. La Rech. Aéronaut. Nr. 50, S. 51, ONERA Chatillon 1956.
[265] *S. C. Redshaw:* A sensitive miniature pressure cell. J. Sci. Instr. 31, S. 467, London 1954.
[266] *H. D. Warshaw:* A gauge for indicating transients in a combustion chamber. Rev. Sci. Instr. 23, S. 493, New York 1952.
[267] *R. D. Meyer:* Applications of unbonded-type resistance gauges. Instruments 19, März 1946.

[268] *J. L. Patterson:* A miniature electrical pressure gauge utilizing a stretched flat diaphragm. Nat. Adv. Comm. Aeronaut. Techn. Rep. 2659, Washington 1952.

[269] *J. K. Hulbert, M. A. Sutton* und *G. L. Eschen:* An experimental and analytical investigation of critical design parameter for high Machnumber open-jet supersonic wind tunnels.

[270] *F. Asselmeyer, K. Höhn* und *H. Zott:* Ein einfaches registrierendes Meßgerät für Totaldrücke von 1 bis 45 Torr. Z. angew. Phys. 13, 430-431, Berlin 1961.

[271] *N. G. Utterback* und *T. Griffith:* Reliable submicron pressure readings with capacitance manometer. Rev. Sci. Instr. 37, New York 1966.

[272] *J. D. E. Beynon* und *R. B. Cairus:* A simple micromanometer. J. Sci. Instr. 41, 111-112, London 1964.

[273] *D. R. Lovejoy:* Sensitive diaphragm type pressure transducer. Rev. Sci. Instr. 32, 41-43, New York 1961.

[274] *D. C. Pressey:* Temperature-stable capacitance pressure gauges. J. Sci. Instr. 30, 20-24, London 1953.

[275] *R. G. Barden:* Resiliently isolated pressure pickup to record explosive disturbances. Rev. Sci. Instr. 32, 936-939, New York 1961.

[276] *G. Day:* An electronic pressure-sensitive transducer. J. Sci. Instr. 26, S. 327, London 1949.

[277] *P. Goldsmith* und *E. A. Roberts:* Meteorological measurements with quartz crystals. Electronics, New York Juni 1952.

[278] *W. Wuest:* Kapselfeder-Druckmesser. Arch. Techn. Messen V 1343-9, München 1949.

[279] *A. Pfeiffer:* Zur gleichmäßigen Temperaturkompensation von Aneroiden im ganzen Druckmeßbereich. Z. Instrumentenkunde 51, 307, Braunschweig 1931.

[280] *W. Wuest:* Wellrohr-Manometer. Arch. Techn. Messen V 1343-10, München 1949.

[281] *G. A. Samara:* High pressure manganin gauge with multiple integral calibrants. Rev. Sci. Instr. 35, 989-992, Ne York 1964.

[282] *J. Gieleßen:* Über den Druckkoeffizienten des elektrischen Widerstandes einiger Legierungen. Z. Instr. 72, 182-186, Braunschweig 1964.

[283] *N. Hast:* The measurement of rock pressure in mines Sveriges Geol. Undersoknings Arsbok 52, 1-183, 1958.

[284] *J. H. Gerrard:* Piezoelektric pressure gauges for use in a shock tunnel. Acustica 9, 17-23, Zürich 1959.

[285] *C. J. Harris, E. M. Kaegi* und *W. R. Warren:* Instr. Soc. Amer. J. 7, 62, Pittsburgh 1960.

[286] *M. O. Stern* und *E. N. Dacus:* Piezoelectric probe for plasma research. Rev. Sci. Instr. 32, 140-143, New York 1961.

[287] Anonym: Electrokinetic measurement of dynamic pressures. CEC Readings 10, Nr. 6, S. 6, Pasadena 1956.

[288] *K. Diels* und *R. Jaeckel:* Leybold Vakuum-Taschenbuch. Springer, Berlin 1962.

[289] *G. Koppenwallner:* Druckmeßgeräte für Absolut- und Differenzdrücke im Mikron- und Torrbereich. Ber. 66 A 05, AVA Göttingen 1966.

[290] *W. Wuest:* Vielfach-Registriermanometer. Arch. Techn. Messen V 1342-4, München 1958.

[291] *T. A. Thomson:* A multiple manometer for an intermittent supersonic wind tunnel. Aero. Res. Lab. Note 1, 56, 4pp, Australien 1955.

[292] *F. M. Burrows:* The design and construction of a large multitube manometer for use in flight. In: Equipment used for boundary layer measurement in flight. Coll. Aeronautics Cranfield Rep. 49, 1956.

[293] *L. R. Handley:* U-tube manometer for deferred reading. Rev. Sci. Instr. 25, S. 94, New York 1954.

[294] *M. Klein:* Registrier-Vielfachmanometer. Feinwerktechnik 55, S. 157, Füssen 1951.

[295] *B. A. Coss, D. R. Daykin, L. Jaffe* und *E. M. Sharp:* A digital automatic multiple pressure recorder. Nat. Advis. Comm. Aeronaut. Techn. Note 2880, Washington 1953.

VIII. Temperaturmessung in strömenden Gasen

[296] *A. Franz:* Meßtechnische Fragen bei Laderuntersuchungen. Jb. Dtsche. Luftfahrtforsch. 1938, S. 215, Vieweg, Braunschweig.

[297] *E. Eckert:* Temperaturmessung in schnell strömenden Gasen. Z. VDI Bd. 84, S. 813, Düsseldorf 1940.

[298] *E. Eckert* und *W. Weise:* Die Messung der Lufttemperatur im Schnellflug. Jb. Dtsche. Luftfahrtforsch. I, 1941, S. 723, Vieweg, Braunschweig.

[299] *J. Schoen:* Die Temperaturmessung in strömenden Gasen. Arch. Techn. Messen V 2165-1, München 1951.

[300] *K. Bütefisch:* Die Bestimmung des thermodynamischen Zustandes relaxierender Gasströmungen durch Elektronenstoßanregung. DLR FB 66-63, München 1966.

[301] *A. E. Grün:* Einige gasdynamische und spektroskopische Beobachtungen an angeregten Gasstrahlen. Z. Naturforschung 9a, S. 833, Tübingen 1954.

[302] *G. Herzberg:* Molecular Spectra and Molecular Structure I. D. van Nostrand Comp., Princeton 1965.

[303] *E.P. Muntz* und *D.J. Marsden:* Electron Excitation Applied to the Experimental Investigation of Rarefied Gas Flows. In: J.A. Laurmann ed. Rarefied Gas Dynamics, Vol.2, Academic Press, New York 1963.

[304] *K. Bütefisch:* Die spektroskopische Bestimmung der Schwingungstemperatur durch Elektronenstoßanregung in der Expansionsströmung des hypersonischen Windkanals kleiner Gasdichte der AVA. Ber. 67 A 30, AVA Göttingen 1967.

[305] *I. Langmuir* und *W. Mott-Smith:* Studies of Electric Discharges in Gases at Low Pressure. Gen. Electric Rev. 27, 1924; s.a. The Collected Works of Irving Langmuir (C. Guy Suits, ed.) Bd. 4, S. 23, Pergamon, Oxford.

[306] *W. A. Clayden:* Langmuir Probe Measurements in the R.A.R.D.E. Plasmajet. In: Rarefied Gas Dynamics (J. A. Laurmann ed.) Bd. 2, Acad. Press. New York 1963.

[307] *J. B. French, A. A. Sonin* und *J. H. De Leeuw:* The Use of Langmuir Probes in Low Density Plasma Flows. In: Rarefied Gas Dynamics (J. A. Laurmann ed.) Bd. 2, Acad. Press, New York 1963.

[308] *L. D. Dickson:* Survey of Diagnostic Techniques Used to Determine Temperature and Density in Plasmas. Techn. Rep. AF-95, John Hopkins Univ. Radiation Lab. Baltimore 1962.

[309] *E. O. Johnson* und *L. Malter:* A Floating Double Probe Method for Measurements in Gas Discharges. Phys. Rev. Vol. 80, 1, New York 1950.

[310] *F. F. Chen:* Double-Probe Method for Unstable Plasmas. Rev. Sci. Instr. Vol. 35, 9, New York 1964.

[311] *J. Dorey:* Utilisation des souffleries à arc bref pour l'étude des sillages ionisées. In: Fluid Physics of Hypersonic Wakes, AGARD Conference Proc. 19, Paris 1967.

[312] *R. A. Hayami* und *R. I. Primich:* Wake Electron Density Measurements Behind Hypersonic Spheres and Cones. AGARD Conf. Proc. 19, Paris 1967.

[313] *J. G. Hall* und *A. Hertzberg:* Recent Advances in Transient Surface Thermometry. Jet Propulsion Vol. 28, 11, New York 1958.

[314] *G. T. Skinner:* Calibration of Thin-Film Backing Materials. ARS Journal Vol. 31, 5, New York 1961.

[315] *L. Bogdan:* High Temperature Heat Transfer Gages. Corn. Aero. Lab. Buffalo CP 63-381, auch HM-151--Y-5, 1963.
[316] *G. Rohde:* Galvanoplastisches Herstellungsverfahren dünnwandiger Modelle aus Nickel. Deutsche Luft- und Raumfahrt DLR FB 67-94, München 1967 oder Galvanstechnik (Saulgen/Württ.) 59, 1968, 5, S. 407-420.
[317] *L. Bogdan:* Thermal and Electrical Properties of Thin-Film Resistance Gages Used for Heat Transfer Measurements. AIAA J. 1, 2172-2173, New York 1963.
[318] *L. Bogdan:* High-Temperature, Thin-Film Resistance Thermometers for Heat Transfer Measurements. NASA Contractes Rep. CR-26, Washington 1964.
[319] *V. Kmonicek:* The Determination of Unsteady Heat Flow to Wall from the Measurements of Surface Temperature Made with Thin Film Resistance Thermometers. Int. J. Heat Mass Transfer 9, 199-213, Pergamon, Oxford 1967.
[320] *F. C. Haas:* An Evaporating Film Calorimetric Enthalpy Probe. Aerospace Res. Lab. ARL 63-47, Wright-Patterson AFB, OHIO 1963.
[319a] *J. Grey, P. F. Jacobs* und *M. P. Sherman:* Calorimeter Probe for the Measurement of Extremely High Temperatures. Rev. Sci. Instr. 33, 738-741, New York 1962.
[321] *F. A. Vassallo:* Miniature Enthalpy Probes for High Temperature Gas Streams. Aerospace Research Lab. ARL 66-0115, Wright Patterson AFB, OHIO 1965.

IX. Grenzschicht- und Nachlaufmessungen

[322] *H. Schlichting:* Grenzschichttheorie. G. Braun, Kralsruhe 1965.
[323] *A. Walz:* Strömungs- und Temperaturgrenzschichten. G. Braun, Karlsruhe 1966.
[324] *G. Kempf:* Neue Ergebnisse der Widerstandsforschung. Werft, Reederei, Hafen 10, S. 234 und 247, Berlin 1929.
[325] *L. Prandtl:* Zur turbulenten Strömung in Rohren und längs Platten. Erg. Aero. Vers. Anstalt Göttingen, IV. Lief. 1932, S. 18-29.
[326] *F. Schultz-Grunow:* Neues Reibungswiderstandsgesetz für glatte Platten. Luftfahrtforsch. 17, S. 239, Oldenbourg, München 1940.
[327] *S. Dhawan:* Direct Measurements of Skin Friction. NACA TN 2567, Washingto 1951.
[328] *R. C. MacArthur:* Transducer for Direct Measurement of Skin Friction in the Hypersonic Tunnel. Cornell Aero. Lab. Rep. 129, Buffalo 1963.
[329] *T. E. Stanton,* Miss *D. Marshall* und Mrs. *C. N. Bryant:* On the Conditions at the Boundary of a Fluid in Turbulent Motion. Proc. Roy. Soc. A 97, S. 413, London 1920.
[330] *A. Fage* und *V. M. Falkner:* An Experimental Determination of the Intensity of Friction on the Surface of an Aerofoil. Rep. + Mem. 1315, 1930, Proc. Roy. Soc. A 129, S. 378, London 1930.
[331] *L. A. Wyatt* und *L. F. East:* Low-Speed Measurements of Skin Friction on a Slender Wing. R.A.E. Rep. 66027, (A.R.C. 28089), London 1966.
[332] *A. Fage* und *R. F. Sargent:* Shock-Wave and Boundary-Layer Phenomena near a Flat Surface. Proc. Roy. Soc. A 190, S. 1, London 1947.
[333] *A. V. Stephens* und *J. A. G. Haslam:* Flight Experiments on Boundary Layer Transition in Relation to Profile Drag. Rep. + Mem. 1800, S. 1, London 1938.
[334] *J. H. Preston:* The Determination of Turbulent Skin Friction by Means of Surface Pitot Tubes. J. Roy. Aero. Soc. 58, S. 109, London 1954.
[335] *E. Y. Hsu:* The Measurement of Local Turbulent Skin Friction by Means of Surface Pitot Tubes. Rep. 957, David Taylor Model Basin, Washington 1955.

[336] *F. W. Fenter* und *C. J. Stalmach:* The Measurement of Turbulent Boundary-Layer Shear Stress by Means of Surface Inpact-Pressure Probes. J. Aero. Space Sci. 25, H. 12, S. 793, New York 1958.

[337] *B. M. Leadon* und *F. R. Barthe:* On the Measurement of Local Skin Friction by Means of a Surface Probe in the Case of Low Speed Turbulent Flow over a Porous Flat Plate with Mass Injection. Proc. Sixth Midwest Conf. Fluid Mech. Austin, S. 350, Texas 1959.

[338] *I. Rechenberg:* Messung der turbulenten Wandschubspannung. WGL-Bericht 5, Sitzung Aerodynamische Meßtechnik am 26.4.1962, Aachen; Köln 1962.

[339] *N. I. Konstantinov* und *G. L. Dragnysh:* The Measurement of Friction Stress on a Surface. Engl. Übersetz. D.S.I.R. RTS 1499 (1960) (Russ. Original 1955).

[340] *P. Bradshaw* und *N. Gregory:* The Determination of Local Turbulent Skin Friction from Observations in the Viscous Sublayer. A.R.C. R. + M. 3202, London 1959.

[341] *A. Fage* und *V. M. Falkner:* Relation Between Heat Transfer and Surface Friction for Laminar Flow. Aero. Res. Counc. London, Rep. + Mem., Nr. 1408, London 1931.

[342] *H. Ludwieg:* Ein Gerät zur Messung der Wandschubspannung turbulenter Reibungsschichten. Ing. Archiv 17, S. 207, Berlin 1949. Englische Übersetzung: Instrument for Measuring the Wall Shearing Stress in Turbulent Boundary Layers. NACA TM 1285, Washington 1950.

[343] *H. W. Liepmann* und *G. T. Skinner:* Shearing Stress Measurements by Use of a Heated Element. Nat. Advis. Counc. Aero. Tech. Note 3268, Washington 1954.

[344] *U. Meier:* Messungen von turbulenten Grenzschichten an einer wärmeisolierten Wand im kleinen Überschallwindkanal der AVA. Ber. 68 A 03, AVA Göttingen 1968.

[345] *A. Betz:* Ein Verfahren zur direkten Ermittlung des Profilwiderstandes. Z. Flugtechnik u. Motorluftschiffahrt 16, S. 42, Oldenbourg, München 1925.

[346] *M. Jones:* The Measurement of Profile Drag by the Pitot-Traverse Method. Rep. + Mem. 1688, London 1936.

[347] *M. Kramer* und *H. Doetsch:* Beitrag zur Profilwiderstandsbestimmung nach dem Impulsverfahren. Forsch. Ber. 685, Zentr. Wiss. Ber. Wesen Luftf., Berlin 1936.

[348] *S. Silverstein* und *S. Katzoff:* A Simplified Method for Determining Wing Profile Drag in Flight. J. Aero. Sc. 7, S. 295, New York 1940.

[349] *B. Reistad:* Bestämning av profilmotstånd hos vingmodeller genom impulsmätning med integrerande mätsond. FFA Stockholm Rep. Nr. 8, 1946.

[350] *W. Pfenniger:* Vergleich der Impulsmethode mit der Wägung bei Profilwiderstandsmessungen. Mitt. Inst. Aerodyn. ETH Zürich Nr. 8, 1943.

[351] *H. Doetsch:* Profilwiderstandsmessungen im großen Windkanal der D.V.L. Luftfahrtforschung 14, S. 173, Oldenbourg, München 1937.

[352] *A. D. Young:* Note on a Method of Measuring Profile Drag by Means of an Integrating Comb. Brit. A.R.C. Rep. + Mem. 2257, London 1938.

[353] *B. Göthert:* Widerstandsbestimmung bei hohen Unterschallgeschwindigkeiten aus Impulsverlustmessungen. Lilienth. Ges. Luftfahrtforsch. Tagungsbericht 127, Berlin 1940.

[354] *E. Dobbinga:* Integrating Pressure-Balance for Hinge Moment Measurements. Advis. Group. Aero. Res. Dev. Rep. 163, S. 141, Paris 1958.

[355] Anonym: Direction Aérodyn. ONERA, Multimanomètre moyenneur. Advis. Group Aero. Res. Dev. Rep. 163, 85-87, Paris 1958.

[356] *E. Dobbinga:* Integrating Multiple-Liquid Manometer for Low-Speed Drag Measurements. Advos. Group. Aero. Res. Dev. Rep. 163, S. 155, Paris 1958.

[357] Anonym: Fluid Physics of Hypersonic Wakes. AGARD CONF. PROC. 19, Paris 1967.

[358] *W. Wuest:* Die Strömung an einem Flügelprofil mit Ausblasen von Fremdgasen aus einem Nasenspalt. Int. J. Heat Mass Transfer 10, 113-126, Pergamon, Oxford 1967.

X. Turbulenzmessung

[359] *L.S. Kovasznay:* Physical Measurements in Gas Dynamics and Combustion. In: High Speed Aerodynamics and Jet Propulsion, Vol. IX, 213-276, Princeton Univ. Press 1954.

[360] *G. I. Taylor:* Effect of Turbulence on Boundary Layer Theoretical Discussion of Relation ship between Scale of Turbulence and Critical Resistance of Spheres. Proc. Roy. Soc. A 156, 307-317, London 1936.

[361] *H. L. Dryden* und *A. M. Kuethe:* Effects of Turbulence in Wind Tunnel Measurements, NACA Rep. 342, Washington 1929.

[362] *H. L. Dryden, G. B. Schubauer, W. C. Mock* und *H. K. Skramstad:* Measurements of Intensity and Scale of Wind Tunnel Turbulence and their Relation to the Critical Reynolds Number of Spheres. NACA Rep. 581, Washington 1937.

[363] *L.S. Kovasznay:* The hot-wire Anemometer, Acta Techn. Hung. 50, 131-151, Budapest 1965.

[364] *G. Dätwyler:* Beiträge zur Hitzdrahtmethode. ZAMP 1, 298-316, Birkhänger, Basel 1950.

[365] *H. Eckelmann:* Ein elektrisches Turbulenzmeßgerät. Ber. 65 G 01, AVA Göttingen 1965.

[366] *W. Fucks:* Messung der Turbulenz und von Turbulenz-Komponenten mit Hilfe der Koronaentladung. Z. Phys. 137, S. 48, Berlin 1954.

[367] *E. Mühlenfeld:* Ermittlung der optimalen Betriebsbedingungen von Korona-Anemometern und Eliminierung störender Nebeneinflüsse. Diplomarbeit, Göttingen 1962.

[368] *B. Franzen, W. Fucks* und *G. Schmitz:* Vergleich von Korona- und Hitzdrahtanemometer durch Messung von Turbulenzspektren. Forsch. Ber. Nordrhein-Westfalen Nr. 760, Köln, Opladen 1959.

XI. Sichbarmachung von Strömungen

[369] *B. M. Jones* und *J. A. G. Haslam:* Airflow about Stalled and Spinning Aeroplanes Shown by Cinematograph Records of the Movements of Wool Tufts. R. + M. 1494, Brit. ARC, London 1932.

[370] *T. I. Kui:* Flow in Axial Blades. Bull. J. SME 3, H. 9, S. 29, 1960.

[371] *J. D. Bird:* Visualization of Flow Fields by Use of a Tuft Grid Technique. J. Aero. Sci. 19, S. 481, New York 1952.

[372] *J. D. Bird* und *D. R. Riley:* Some Experiments on Visualization of Flow Fields Behind Low-Aspect-Ratio Wings by Means of a Tuft Grid. NACA TN 2674, Washington 1952.

[373] *K. Gersten:* Untersuchungen über den Abwind hinter Deltaflügeln bei inkompressibler Strömung. Jb. 1955 der WGL, S. 151, Braunschweig.

[374] *W. S. Farren:* Air Flow with Demonstrations on the Screen by Means of Smoke. J. Roy. Aero. Soc. 36, S. 454, London 1932.

[375] *K. W. Clark:* Methods of Visualizing Air Flow with Observations on Several Aerofoils in the Wind-Tunnel. R. + M. 1552, Brt. ARC, London 1933.

[376] *L. F. G. Simmons* und *N. S. Dewey:* Photographic Records of Flow in the Boundary Layer. R. + M. 1335, Brit. ARC, London 1931.

[377] *T. Tanner:* Movement of Smoke in the Boundary Layer of an Aerofoil without and with Slot. R. + M. 1352, Brit. ARC, London 1931.

[378] *C. Wieselsberger:* Beschreibung von Meßeinrichtungen der Aerodynamischen Versuchsanstalt Göttingen. II. Lief. 4-8, 1923.

[379] *F. N. M. Brown:* An American Method of Photographing Flow Patterns. Aircraft Eng. 24, S. 280, 164, Bunhill Publ., London 1952.

[380] *M. Marey:* Des mouvements de l'air lorsqu'il rencontre des surfaces de différente formes. Comptes Rendus 131, S. 160, 1900. Changement de direction et de vitesse d'un courant d'air. Comptes Rendus 132, S. 1291, Paris 1901.
[381] *A. Lippisch:* Results from the Deutsche Forschungsanstalt für Segelflug Smoke Tunnel. J. Roy. Aero. Soc. 43, S. 93, London 1939. Flow Visualization, Aero. Eng. Rev. 17, H.2, S. 24, New York 1958.
[382] *J. H. Preston* und *N. E. Sweeting:* Wood Smoke as a Means of Visualizing Boundary-Layer Flow at high Reynolds Numbers. J. Roy. Aero. Soc. 147, S. 93, London 1943.
[383] *F. N. M. Brown:* A Photographic Technique for the Mensuration and Evaluation of Aerodynamic Patterns. Photographic Eng. 4, H. 3, S. 164, 1953.
[384] *V. P. Goddard, J. A. McLanghlin* und *F. N. M. Brown:* Visual Supersonic Flow Patterns by Means of Smoke Lines. J. Aero. Sci. 26, S. 761, New York 1959.
[385] *E. Mollo-Christensen:* Apparature for Lecture Demonstration. Mass. Inst. Technol. Fluid Dynamics Res. Group Rep. 60-2, Cambridge, Mass. 1960.
[386] *E. Richter:* Schornstein-Modellversuche im Rauchwindkanal. Hansa 90 (1953), H. 9, S. 1924. Neuzeitliche Schornsteinformen. Schiffstechnik 2, H. 6, S. 36, Hamburg 1954/55.
[387] *R. Wille:* Strömungsvorgänge an Schiffsschornsteinen. Jb. Schiffsbautechn. Gesellschaft Hamburg 54, S. 153, Berlin 1960.
[388] *N. A. Dimmock:* Production of Uniform Droplets. Nature 166, S. 687, London 1950.
[389] *C. G. Eden:* Investigation by Visual and Photographic Methods of the Flow Past Plates and Modells. Tech. Rep. Advis. Comm. Aeronautics 1911/12, S. 97, London 1912.
[390] *E. E. Relf:* Photographic Investigations of the Flow Round a Model Airfoil. Tech. Rep. Advis. Comm. Aeronautics 1912/13, S. 133, London 1913.
[391] *J. H. Preston* und *N. E. Sweeting:* An Improved Smoke Generator for Use in the Visualization of Airflow Particularly Boundary-Layer Flow at High Reynolds numbers. R. + M. 2023, London 1943.
[392] *C. Salter:* A Multiple-Jet White Smoke Generator. R. + M. 2657, London 1947.
[393] *Sambraus* und *Brinker:* Nebelerzeuger für Windkanäle zur Sichtbarmachung der Strömungsformen. Zentr. wiss. Ber. Luftfahrt U.M. 615, Berlin 1938.
[394] *H. Bergh:* A Method for Visualizing Boundary Layer Flow. Sympos. Grenzschichtforschung Freiburg i. Br., S. 173, Springer, Berlin - Göttingen - Heidelberg 1958.
[395] *H. C. H. Townsend:* Abstract of a Film Illustrating the Theory of Flight. R. + M. 1767, London 1937. – Hot Wire and Spark Shadowgraphs of the Airflow Through an Airscrew. R. + M. 1434, London 1932. – Visual and Photographic Methods of Studying Boundary Layer Flow. R. + M. 1803, London 1937.
[396] *Y. Saheki:* On the Measurement of Wind Velocity Distribution by the Electric Spark Method. Hokaido Faculty of Eng. Me. 8, S. 185, 1947. Engl. Übers. Scient. Intell. Div. Defense Res. Board, Canada 1950.
[397] *H. J. Bömelburg, J. Herzog* und *J. R. Weske:* The Electric Spark Method for Quantitative Measurements in Flowing Gases. Z. Flugwiss. 7, H. 11, S. 322, Braunschweig 1959.
[398] *J. R. Weske* und *Y. Kageyanea:* Investigation of the Flow Through Axial Flow Compressor Rotor Blades by Means of the Electric Spark Technique. AFOSR 212, Univ. Maryland Inst. Fluid Dynam. Appl. Math. TN BN 228, 1961,
[399] *F. Früngel:* Bewegungsaufnahmen rascher Luftströmungen und Stoßwellen durch hochfrequente Hochspannungsfunken. Jb. WGL 1096, S. 175, Vieweg, Braunschweig.
[400] *J. Vogel:* Präzisionsaufnahmen schneller Luftströmungen durch quarzgesteuerte Funkenblitzfolgen. In: Kurzzeitphotographie. Bericht über den IV Internationalen Kongreß für Kurzzeitphotographie und Hochfrequenzkinematographie, Köln, Sept. 1958. Herausgegeben von H. Schardin und O. Helwich, S. 267, Verlag Dr. O. Helwich, Darmstadt 1959.

[401] *J. H. Preston:* Visualization of Boundary Layer Flow. Rep. + Mem. 2267, Gr. Brit. ARC, London 1946.
[402] *A. M. O. Smith* und *J. S. Murphy:* A Dust Method for Locating the Separation Point. J. Aero. Sci. 22, S. 273, New York 1955.
[403] *E. J. Richards* und *F. H. Burstall:* The "China-Clay" Method for Indicating Transition. R. + M. Aero. Res. Counc. 2126, London 1945.
[404] *C. Gazely:* The Use of the China-Clay Lacquer Technique for Detecting Boundary Layer Transition. General Electric Rep. No. R 49A0536, 1950.
[405] *J. S. Murphy* und *R. E. Phinney:* Visualization of Boundary Layer Flow. J. Aero. Sci. 18, S. 771, New York 1951.
[406] *R. J. Stalker:* A Note on the China-Film Technique for Boundary Layer Indication. J. Roy. Aero. Soc. 60, S. 543, London 1956.
[407] *M. V. Morkovin, E. Migotsky, H. E. Bailey* und *R. E. Phinney:* Experiments on Interaction of Shock Waves and Cylindrical Bodies at Supersonic Speeds. J. Aero. Sci. 19, S. 237, New York 1952.
[408] *G. Muesmann:* Messungen und Grenzschichtbeobachtungen an affin verdickten Gebläseprofilen in Abhängigkeit von der Reynoldszahl. Z. Flugwiss. 7, H. 9, S. 253, Braunschweig 1959.
[409] *N. C. Lambourne* und *P. S. Pusey:* Some Visual Observations of the Effects of Sweep on the Low-Speed Flow Over a Sharp-Edged Plate at Incidence. G. Brit. ARC R. + M. 3106, London 1959.
[410] *K. Kraemer:* Windkanaluntersuchungen an einem Deltaflügel bei mäßigen Geschwindigkeiten. Ber. 61 A 11, AVA Göttingen 1961.
[411] *T. Örnberg:* A Note on the Flow Around Delta Wings. KTH Aero. TN 38, Stockholm 1954
[412] *Ph. Poisson-Quinton, L. Cabot* und *R. Morelle:* Visualisation de l' écoulement sur une maquette en transsonique par application d'un enduit plastique. La Rech. Aero. Nr. 51, S. 26, Chatillon 1956.
[413] *E. Bazzochi:* Boundary Layer Flow-Visualization Tests in a Low Velocity Wind Tunnel (Ital.). Aerotecnica 36, S. 315, Rom 1956.
[414] *A. G. Hansen, H. Z. Herzig* und *G. R. Costello:* A Visualization Study of Secondary Flow in Cascades. NACA TN 2947, Washington 1953.
[415] *E. J. Hopkins, S. J. Keating,* jr. und *A. Bandettini:* Photographic Evidence of Streamwise Arrays of Vortices in Boundary Layer Flow. NASA TN D-328, Washington 1960.
[415a] *L. Prandtl:* Über Flüssigkeitsbewegung bei sehr kleiner Reibung. Gesammelte Abhandlungen, 2. Teil, S. 575, Berlin - Göttingen -Heidelberg, Springer.
[415b] *H. Rubach:* Über die Entstehung und Fortbewegung des Wirbelpaares bei zylindrischen Körpern. VDI-Forsch.-Heft 185, Düsseldorf 1916.
[416] *H. A. Einstein* und *E. G. Baird:* Progress Report of the Analogy Between Surface Shock Waves on Liquids and Shocks in Compressible Gases. Hydrodyn. Labr. Rep. N-54, CALTEC, Pasadena 1946.
[417] *R. G. Barakat* und *R. A. Barakat:* Optical Studies of the Diffraction of Water Waves by Circular and Thin Elliptic Cylinders. J. Appl. Phys. 31, H. 3, S. 474, Lancaster 1960.
[418] *H. Bömelburg:* Ein Verfahren zur photogrammetrischen Ausmessung von gestörten Wasseroberflächen. Diplomarbeit Göttingen 1950, Max-Placnk-Institut f. Strömungsforschung, Göttingen.
[419] *H. Werlé:* Visualisation en tunnel hydrodynamique. La Rech. Aéronaut. 33, S. 3, Chatillon 1953.
[420] *A. Girard* und *E. Robert:* Chromophotographie stéréoscopique de particules en suspension dans un écoulement aérodynamique. Rech. Aéron. 49, S. 31, Chatillon 1956.

[421] *V. M. Ghatage:* Modellversuche über die gegenseitige Bewegung von Luftmassen verschiedener Temperaturen. Dissertation Göttingen 1936.
[422] *D. Mehmel:* Die Spaltströmung an geraden Schaufelgittern. Ing.-Archiv 31, H. 4, S. 294, Berlin 1962.
[423] *F. X. Wortmann:* Tellurmethode zur Strömungsbeobachtung und Strömungsmessung. Z. VDI 94, S. 1017, Düsseldorf 1952.
[424] *F. X. Wortmann:* Eine Methode zur Beobachtung und Messung von Wasserströmungen mit Tellur. Z. angew. Physik 5, S. 201, Berlin 1953.
[425] *H. Werlé:* Le tunnel hydrodynamique. Visualisation et ses applications à l'aérodynamique. Communication à l'Assoc. Techn. Maritime et Aéronaut.Session de juin 1957.
[426] *H. Werlé:* Aperçu sur les possibilités de tunnel hydrodynamique à visualisation d l'ONERA: Note Tech. ONERA No. 48, Chatillon 1958.
[427] *M. Roy:* Über die Bildung von Wirbelzonen in Strömungen mit geringer Zähigkeit. Z. Flugwiss. 7, H. 7, S. 217, Braunschweig 1959.
[428] *J. Nikuradse:* Untersuchungen über turbulente Strömungen in nicht kreisförmigen Rohren. Ing.-Archiv 1, S. 306, Berlin 1930.
[429] *M. Hansen:* Messungen an Kreistragflächen und Vergleich mit der Theorie der tragenden Fläche. Ing.-Archiv 10, H. 4, S. 251, Berlin 1939.
[430] *N. C. Lambourne* und *P. S. Pusey:* Some Visual Observations of the Flow Over a Swept-back Wing in a Water Tunnel With Particular Reference to High Incidences. Aer. Res. Counc. Curr. Pap. 192, London 1955.
[431] *E. W. Geller:* An Electrochemical Method of Visualizing the Boundary Layer. J. Aero. Sci. 22, S. 869, New York 1955. Ausführl. Fassung: Thesis Mississippi State College, August 1954.
[432] *E. W. Geller:* A Method of Studying Vortex Systems in the Wake of Circular Cylinders. Res. Note 2, Eng. Res. Stat. Mississippi State College, 1954.
[433] *S. J. Lukasiek* und *C. E. Grosch:* Velocity Measurements in Thin Boundary Layers. Techn. Memo. 122, Davidson Laboratory, Stevens Institute of Technology 1959.
[434] *E. C. Roberson:* The Development of a Flow Visualization Technique. Nat. Gas. Turbine Establ. Rep. R 181, 1955.
[435] *D. W. Clutter* und *A. M. O. Smith:* Flow Visualization by Electrolysis of Water. Aerospace Eng. 20, H. 1, S. 24, New York 1961.

XII. Optische Meßverfahren

[436] *V. Dvorak:* Über eine neue einfache Art der Schlierenbeobachtung. Wiedemann's Ann. d. Phys. u. Chemie, Bd. 9, 502, Leipzig 1880.
[437] *H. Schardin:* Das Toeplersche Schlierenverfahren. VDI Forsch. Heft 367, Berlin 1934.
[438] *H. Schardin:* Die Schlierenverfahren und ihre Anwendungen. Ergebn. exakte Nat. Wiss. 10, Berlin 1941.
[439] *N. F. Barnes* und *S. L. Bellinger:* Schlieren and Shadowgraph Equipment for Air Flow Analysis. J. Opt. Soc. Am. Vol. 35, S. 497, Lancaster 1945.
[440] *B. S. Melton, R. Prescott* und *E. L. A. Gayhart:* A Working Manual for Spark Shadowgraph Photography. Bumblebec Series Rep. 90, 1948.
[441] *E. Balint:* Techniques of Flow Visualization. Aircr. Engng. 25, 292, 161-167, Bunhill Publ. London 1953.
[442] *J. W. Beams:* Shadow and Schlieren Methods in: High Speed Aerodynamics and Jet Propulsion, Bd. 9, Princeton Univ. Press 1954.

[443] *M. Merle:* Etude expérimentale des écoulements gazeux. Publ. Sci. tech. Min. Air France 308, Paris 1956.
[444] *D. W. Holder* und *J. R. North:* Schlierenmethods. AGARD ograph 23, 1956 und Notes on Applied Schiences, Nat. Phys. Lab. London 1963.
[445] *C. J. Stalmach*, jr. und *J. M. Cooksey:* New Test Techniques for a Hypervelocity Wind Tunnel. Aerospace Engng. 21, 3, 62-63, 80, 82-84, New York 1962.
[446] *E. F. Lype:* The Use of Shock-Wave Observations for the Determination of the Equation of State 9th Congr. Intern. Mecan. appl. Univ. Bruxelles, 2, 146-155, 1957.
[447] *H. Lewy:* On the Relation Between the Velocity of a Shock Wave and the Width of the Lightgap it Leaves on the Photographic Plate. APG, BRL. Rep. 373, 1943.
[448] *P. C. Keenan:* Shadowgraph Determination of Shock-Wave Strength. Bull. Ord. Explosives Res. Rep. No. 11, 1943.
[449] *W. F. Hilton:* The Photography of Airscrew Sound Waves. Proc. Roy. Soc. A 169, S. 174, London 1938.
[450] *H. H. Pearcey:* The Indication of Boundary-Layer Transition on Aerofoils in the N.P.L. 20 in. by 8 in. High-Speed Tunnel. A.R.C. Curr. Pap. 10, London 1950.
[451] *D. Pierce:* Photographic Evidence of the Formation and Growth of Vorticity Behind Plates Accelerated From Rest in Still Air. J. Fluid Mech. 11, 460-464, London 1961.
[452] *M. S. Uberoi* und *L. S. G. Kovasznay:* Analysis of Turbulent Density Fluctuations by the Shadow Method. J. Appl. Phys. 26, 19-24, Lancaster 1955.
[453] *A. B. C. Anderson:* Structure and Velocity of the Periodic Vortex-Ring Flow Pattern of a Primary Pfeifenton (Pipe ton) jet. J. Acoust. Soc. Amer. 27, 1048 to 1053, Lancaster 1955.
[454] *S. Love* und *C. E. Grigsby:* A New Shadowgraph Technique for the Observation of Conical Flow Phenomena in Supersonic Flow and Preliminary Results Obtained for a Triangular Wing. NACA Techn. Note 2950, Washington 1953.
[455] *A. O. Ormerod:* Note of the Use of the Three-Dimensional Shock-Wave Recorder for Studying Interference in a Supersonic Wind-Tunnel. Aero. Res. Counc. Lond. Rep. Mem. 2798, 1950, veröff. 1953.
[456] *W. J. Orlin, N. J. Lindner* und *J. G. Bitterly:* Application of the Analogy Between Water Flow With a Free Surface and Two-Dimensional Compressible Flow. NACA Rep. 875, Washington 1947.
[457] *E. Schmidt:* Schlierenaufnahmen des Temperaturfeldes in der Nähe wärmeabgebender Körper. Forsch. Ing. Wes. Bd. 3, S. 181, Berlin 1932.
[458] *A. Toepler:* Beobachtungen nach einer neuen optischen Methode. Pogg. Ann. Phys. Chem. Bd. 127, S. 556 (1866), Bd. 128, S. 126 (1866), Bd. 131, S. 33 u. 180 (1867) u. Bd. 134, S. 194 (1868), Leipzig;
[459] *D. W. Holder* und *R. J. North:* The Toepler Schlieren Apparatus. Aero. Res. Counc. Lond. Rep. Mem. Nr. 2780, London 1953.
[460] *H. G. Taylor* und *J. M. Waldrum:* Improvements in the Schlieren Method. J. Sc. Instr. Vol. 10, S. 378, London 1933.
[461] *W. S. Bradfield* und *W. I. Fish:* A High-Speed Schlieren Technique for Investigation of Aerodynamic Transients. J. Aero. Sc. Vol. 19, S. 418, New York 1952.
[462] *A. Kantrowitz* und *T. R. L. Trimpi:* A Sharp-Focusing Schlieren System. J. Aero. Sci. Bd. 17, S. 311/314, New York 1950.
[463] *R. W. Fish* und *K. Parnhann:* Focusing Schlieren Systems. R.A.E. Techn. Note I, A, S. 399, London 1950.
[464] *W. S. Bradfield* und *J. J. Sheppard:* Microschlieren – A Technique for the Study of Details in Compressible Flow. Aero/SpaceEngng. 18, 5, S. 37/40, New York 1959.

[465] *R. J. North:* A Colour Schlieren System Using Multi-Colour Filters of Simple Construction. Nat. Phys. Lab., Aero Note 266, Teddington 1954.
[466] *R. J. North* und *R. F. Cash:* Colour Schlieren Photography in High-Speed Wind Tunnels. Nat. Phys. Lab., Aero Note 383, Teddington 1959.
[467] *R. J. North:* Note on Schlieren Systems. Nat. Phys. Lab., Aero Note 397, Teddington 1959.
[468] *D. W. Holder* und *R. J. North:* A Schlieren Apparatur Giving an Image in Colour. Nature Bd. 169, S. 466, London 1952.
[469] *G. E. Hays:* A Color Schlieren Systems for High-Speed Photography. J. Soc. Mot. Pict. Telev. Engrs. 66, , 6 S. 355/356, 1957.
[470] *J. Surget:* Strioscopie quantitative à grille colorée et fente d'entrée multiple. Rech. Aerospat. 97, 37/42, Chatillon 1963.
[471] *F. Zernike:* Phase Contrast, A New Method for the Microscopic Observation of Transparent Objects. Physica, Nr. 9, S. 686/698, 974-986, Amsterdam 1942.
[472] *A. H. Bennett, A. Osterberg, H. Jupnik* und *O. Richards:* Phase Microscopy. J. Wiley S., New York - London 1951.
[473] *E. Ingelstam:* Application des dispositifs à contraste variable à l'étude des champs aérodynamiques. Contraste de phase et contraste par interférences. Edit. Revue d'optique théor. et instrum. 223, Paris 1952.
[474] *S. F. Erdmann:* Ein neues, sehr einfaches Interferometer zum Erhalt quantitativ auswertbarer Strömungsbilder. App. Sc. Res. B. 2, 1, Den Haag 1951. (Engl. Übers. NACA TM 1363, Washington 1953.
[475] *A. Van de Vooren:* Theory of the Erdmann Interferometer for Investigation of Compressible Flows. Appl. Sc. Res. B. 3, 18, Den Haag 1952.
[476] *G. S. Speak* und *D. J. Walters:* Optical Considerations and Limitations of the Schlieren Method. Aero. Res. Counc. Lond. Rep. + Mem. 2859, 1954.
[477] *H. Walter:* Die hauptsächlichen Meßfehler beim Schlieren- und Interferenzverfahren. Ann. Phys. Leipzig 19, 1/2, 1956.
[478] *M; Neumann:* Zur quantitativen Auswertung von Schlierenbildern rotationssymmetrischer Strömungen. Dtsch. Versuchsanst. Luftfahrt, Ber. 91, Porz-Wahn 1961.
[479] *C. Picard:* Analyse strioscopique d'écoulements supersoniques à trois dimensions. Rech. aéro. no. 32, 15-19, Chatillon 1953.
[480] *H. Schardin:* Measurement of Spherical Shock Waves. Comm. pure appl. Math. 7, 223-243, New York 1954.
[481] *I. I. Glass* und *L. E. Henckroth:* An Experimental Investigation of the Head-On Collision of Spherical Shock Waves. Univ. Toronto, Inst. Aerophys. Rep. 59, 1960.
[482] *H. E. Edgerton:* Shock Wave Photography of Large Subjects in Daylight. Rev. Sci. Instrum. 29, S. 171/172, New York 1958.
[483] *A. H. Lange, L. P. Gieseler* und *R. E. Lee:* Variation of Transition Reynolds Number with Mach Number. J. aero. Sci. 20, S. 718/719, New York 1953.
[484] *M. W. Jackson* und *K. R. Czarnecki:* Investigation by Schlieren Technique of Methods of Fixing Fully Turbulent Flow on Models at Supersonic Speeds. NASA TN D-242, Washington 1960.
[485] *D. H. Grubman:* Method of Determining Boundary Layer Thickness from Schlieren Photographs. ARSJ, 32, 8, S. 1296/1297, New York 1962.
[486] *J. W. Daiber:* An Optical Boundary Layer Probe. J. Aerospace Sci 27, 11, 836-840, New York 1960.
[487] *J. A. Dunsby:* Schlieren Tests on Some Conventional Turbine Cascades. Aero. Res. Counc. Lond. Mem 2728, 1953.

[488] *M. Philbert* und *G. Dubois:* La visualisation des écoulements aérodynamiques à faible masse spécifique. La Rech. Aéron. no. 81, S. 31/35, Chatillon 1961.
[489] *M. Philbert:* Visualisation des écoulements à basse pression. Rech. Aerosp. Nr. 99, 39, Chatillon 1964.
[490] *R. E. Slattery* und *W. G. Clay:* Width of the Turbulent Trail behind a Hypervelocity Sphere. Phys. Fluids 10, S. 1199/1201, Am. Inst. Phys., New York 1961.
[491] *R. E. Slattery* und *W. G. Clay:* Measurement of Turbulent Transition, Motion, Statistics and Gross Radial Growth behind Hypervelocity Objects. Phys. Fluids 5, 7, S. 849/855, Amer. Inst. Phys., New York 1962.
[492] *A. C. Egerton, O. A. Saunders, A. H. Lefebre* und *N. P. W. Moore:* Some Observations by Schlieren Technique of the Propagation of Flames in a Closed Vessel. 4th Symp. on Combustion. S. 396/402, Williams and Wilkins, Baltimore 1953.
[493] *E. H. W. Schmidt, H. Steinicke* und *U. Neubert:* Flame and Schlieren Photographs of Combustion Waves in Tubes. 4th Symp. on Combustion, S. 658/666, Baltimore 1953.
[494] *G. Dixon-Lewis* und *G. L. Isles:* Sharp-Focusing Schlieren Systems for Studies of Flat Flames. J. Sci. Instrum. 39, 4, S. 148/151, London 1962.
[495] *O. Nomoto:* Theory of the Visualization of Ultrasonic Waves, J. Phys. Soc. Japan 9, S. 267/286, Tokio 1954.
[496] *R. E. Bland* und *T. J. Pelick:* The Schlieren Method Applied to Flow Visualization in a Water Tunnel. Trans. ASME 84 D (J. Basic Engng.) 4, S. 587/592, New York 1962.
[497] *J. E. Creeden* und *J. S. King:* Multiple Simultaneous Imaging Schlieren System. J. Roy. Aeronaut. Soc. 68, 639, S. 199, London 1964.
[498] *R. P. Frazer:* High Speed Photography in Fluid Kinetics. J. photographic Soc. Lond. 3, S. 21/32, 1955.
[499] *G. Dubois:* Méthode de visualization d' écoulement supersonique. ONERA no. 53, S. 33/42, Chatillon 1956.
[500] *Th. Zobel:* Entwicklung und Bau eines Interferenzgerätes zur optischen Messung von Dichtefeldern. Deutsche Luftfahrtf. Forsch. Ber. Nr. 1008. (Engl. Übers. NACA TM 1184, Washington 1947).
[501] *R. Ladenburg, J. Winckler* und *C. C. Can Voorlies:* Interferometric Studies of Faster than Sound Phenomena. Phys. Rev. 73, 11, 1359-1377, 1948 und 76, 5, 662-677, New York 1949.
[502] *J. R. Winckler:* The Mach Interferometer Applied to Studying on Axially-Symmetric Supersonic Air Jet. Rev. Sci. Instr. 19, 5, 307-322, New York 1948.
[503] *W. Kinder:* Theorie des Mach-Zehnder-Interferometers und Beschreibung eines Gerätes mit Einspiegeleinstellung. Optik, Bd. 1, 413-448, Stuttgart 1946.
[504] *G. Zebel:* Optische Untersuchungen über die Wechselwirkung zwischen einer einfallenden Stoßwelle und der Grenzschicht sowie dem Nachlauf einer Platte in schnell strömenden Gasen. Ber. Max-Planck-Institut f. Strömungsforschung, Göttingen 53/T/04, 1953.
[505] *U. Grigull* und *H. Rottenkolber:* Two-Beam Interferometer Using a Laser. J. Opt. Soc. Amer. 57, 149-155, Lancaster 1967.
[506] *W. Richter:* Interferometer mit großen Spiegeln für optische Strömungsuntersuchungen. Jb. Wiss. Ges. Luftf. 1958, 105-117, Braunschweig.
[507] *J. G. Hall:* The Design and Performance of a 9-Inch Plate Mach-Zehnder Interferometer. Univ. Toronto Inst. Aerophys. Rep. No. 27, 1954.
[508] *D. W. Holder, R. J. North* und *G. P. Wood:* Optical Methods for Examining the Flow in High-Speed Wind Tunnel. Pt. II Interferometer Methods. AGARDDograph 23, Paris 1956.
[509] *L. H. Tanner:* The Optics of the Mach-Zehnder Interferometer. Aer. Res. Counc. London, Rep. + Mem. 3069, 1959.

[510] *G. Gontier:* Contribution à l'étude de l'interféromètre différentiel à biprisme de Wollaston. Publ. Sci. Techn. Min. Air France No. 338, Paris 1957.

[511] *G. Gontier:* Remarques sur le fonctionnement et l'étallonage de dispositifs birefringents pour l'interférometrie appliquée à l'aérodynamique. 9. Internat. Kongr. Ang. Mech. 4, 447-457, Brüssel 1957.

[512] *M. Philbert:* Emploi de la strioscopie interférentielle en aérodynamique. La Rech. Aéron.65 19-27, Chatillon 1958.

[513] *E. B. Temple:* The Physical Optical Analysis and Application of the Schlieren Interferometer. Mass. Inst. Techn. Nav. Superson. Lab. Tech. Rep. 133, Clunbridge, Mass. 1959.

[514] *J. F. Waterhouse* und *H. B. Spencer:* The Application of the Schlieren-Interferometer to the Study of Supersonic Flow around the yawed Axi-Symmetric Bodies. J. Roy. Aero. Soc. 65, 610, 691-694, London 1961.

[515] *W. F. Merzkirch:* A Simple Schlieren Interferometer. AIAA J., 3, 10, 1974-1976, New York 1965.

[516] *R. Kraushaar:* A Diffraction Grating Interferometer. J. Opt. Soc. Amer. 40, 480-481, Lancaster 1950.

[517] *J. R. Sterret* und *J. R. Erwin:* Investigation of a Diffraction-Grating Interferometer for Use in Aerodynamic Research. NACA TN 2827, Washington Nov. 1952.

[518] *J. R. Sterret, J. C. Emery* und *J. B. Barber:* A Laser Grating Interferometer. AIAA J. 3, 5, 963-964, New York 1965.

[519] *O. Gabor:* A New Microscope Principle. Nature 161, 777-778, London 1948.

[520] *L. H. Tanner:* Some Applications of Holography in Fluids Mechanics. J. Sci. Instr. 43, 2, 81-83, London 1966.

[521] *H. K. Zienkiewicz:* Wave Theory of the Mach-Zehnder Interferometer. Aer. Res. Counc. Rep. + Mem. 3173, London 1961.

[522] *W. L. Howes* und *D. R. Buchele:* Generalization of Gas-Flow Interferometry Theory and Interferogram Evaluation Equations für One-Dimensional Density Fields. NACA TN 3340, Washington 1955.

[523] *J. H. Spurk* und *D. D. Shear:* Simultaneous Streak and Frame Interferometry for Use in Short-Duration Hypervelocity Facilities. Physics of Fluids 8, 10, 1913-1915, 1965.

[524] *J.-L. Solignac:* Méthode de éponillement des intérferogrammes en écoulement de révolution. Rech. Aerospat. no. 104, 12-13, Chatillon 1965.

[525] *E. H. Winkler:* Principle and Design of a New Type Stieltje's Integrator. Nav. Ordn. Lab. Mem. 10798, Washington 1950.

[526] *J. H. Giese, F. D. Bennett* und *V. E. Bergdolt:* A Simple Interferometric Test for Conical Flow. J. Appl. Phys. 21, 1226-1231, Lancaster 1950.

[527] *M. Constans:* Causes d'erreurs en interférométrie et en strioscopie interférentielle. La Rech. Aeron. 86, 53-63, Chatillon 1962.

[528] *G. P. Wachtell:* Refraction Effect in Interferometry of Boundary Layer of Supersonic Flow Along Flat Plate. Phys. Rev. 78, 333, New York 1950.

[529] *R. E. Blue:* Interferometer Corrections and Measurement of Laminar Boundary Layers in Supersonic Stream. NACA TN 2110, Washington 1950.

[529a] *F. D. Werner* und *B. M. Leadon:* Very Accurate Measurement of Fringe Shift in an Optical Interferometer Study of Gas Flow. Rev. Sci. Instr. 24, 121-124, New York 1953.

[530] *P. Guienne* und *F. Banniol:* Application de l'interférométrie à l'étude de l'écoulement d'un fluide visqueux à une onde de choc détachée. 9. Int. Kongr. Angew. Mech., 2 87-100, Brüssel 1957.

[531] *V. A. Emel'yanow:* Interferometric Investigation of Gas Non Uniformities behind a Shock Wave (russ.) Inzhen.-Fiz.Zh. 6, 1, 79-86, 1963.

[532] *C. R. Faulders:* An Interferometric Study of the Boundary Layer on a Turbine Nozzle Blade. Trans. ASME 76, 194, 61-66, New York.

[533] *R. Ladenburg, C. C. Van Voorlies* und *J. Winckler:* A Supersonic Air Jet at 60 lb/in^2 Tank Pressure. NOL, Rep. 69-46, Washington 1946.

[534] *F. D. Bennett, W. C. Carter* und *V. E. Bergdolt:* Interferometric Analysis of Air Flow About Projectiles in Free Flight. J. Appl. Phys. 23, 453-468, Lancaster 1952.

[535] *F. D. Bennett:* Effect of Random Errors in Fringe Shift on Interferogram Reductions of Axi-Symmetric Flows. Phys. Rev. 83, 200, New York 1951.

[536] *J. H. Giese* und *V. F. Bergdolt:* Interferometric Studies of Supersonic Flows About Truncated Cones. J. Appl. Phys. 24, 1389-1396, Lancaster 1953.

[537] *D. H. Steininger* und *F. D. Bennett:* Interferometric Test for N-Wave Flow. J. Fluid Mech. 2, 3, 209-236, Cambridge Univ. Press 1957.

[538] *G. A. Etemad:* Free Convection Heat Transfer From a Horizontal Cylinder to Ambient Air, With Interferometric Study of Flow. ASME Ann. Meet., Paper 54-A-74, New York 1954.

[539] *J. W. Beams:* Some Interferometer Techniques for Observation of Sedimentation. REv. Sci. Instr. 34, 2, 139-142, New York 1963.

[540] *E. W. Price:* Initial Adjustment of the Mach-Zehnder Interferometer. Rev. Sci. Instr. 23, 162, New York 1952.

[541] *R. Eichhorn, J. A. Schetz* und *R. E. Luna:* Instant Interferometer Windows. Internat. J. Heat Mass Transfer 5, 791, Pergamon Press, Oxford 1962.

[542] *J. M. Benson:* The Physical Properties of Active Nitrogen in Low-Density Flow. NACA Techn. Note 2293, Washington 1951.

[543] *W. B. Kunkel* und *F. C. Hurlbut:* Luminiscent Gas Flow Visualization for Low Density Wind Tunnels. J. Appl. Phys. 28, 8, 827-835, Lancaster 1957.

[544] *H. J. Bömelburg:* A New Glow-Discharge Method for Flow Visualization in Supersonic Wind-Tunnels. J. Aero/Space Sci. 25, 11, 727/28, New York 1958.

[545] *F. S. Sherman:* Univ. Calif. Eng. Projects Rept. HE 150-70, 1950.

[546] *A. I. Carswell:* Gas Flow Visualization Using Low-Density Plasma Streams. Phys. Fluids 5, 9, 1128-1130, 1962.

[547] *R. Ladenburg* und *C. C. Van Voorlies:* The Continuous Absorption of Oxygen Between 1750 and 1300 Å and its Beasing Upon the Dispersion. Phys. Rev. 43, 315-321, New York 1933.

[548] *D. C. Stockbarger:* Artificial Fluorite. J. Opt. Soc. Amer. 39, 731-740, Lancaster 1949.

[549] *P. M. Sherman:* Visualization of Low-Density Flows by Means of Oxygen-Absorption of Ultraviolett Radiation. J. Aero. Sci. 24, 2, 93-98, 106, New York 1957.

[550] *R. A. Evans:* Univ. Calif. Eng. Projects Rept. HE-150-25, 1947.

[551] *E. Schopper* und *B. Schumacher:* Messung von Gasdichten mit Korpuskularstrahlen. Z. Naturforsch. 69, 700-705, Tübingen 1951.

[552] *E. O. Gadamer:* Measurement of the Density Distribution in a Rarefied Gas Flow Using the Fluorescence Induced by a Thin Electron Beam. UTIA Rep. 83, University of Toronto 1962.

XIII. Analogieverfahren

[553] *H. S. Hele-Shaw:* Investigation of the Nature of Surface Resistance of Water and of Stream Motion Under Certain Experimental Conditions. Trans. Inst. Nav. Arch. XI, 25, 1898 (vgl. auch Nature 58, 34, London 1898).

[554] *F. Riegels:* Zur Kritik des Hele-Shaw-Versuches. Z. Ang. Math. Mech. 18, 95, Oldenbourg, München 1938.
[555] *E. F. Relf:* An Electrical Method of Tracing Stream Lines for the Two-Dimensional Motion of a Perfect Fluid. Brit. ARC; R. + M. 905, London 1924.
[556] *G. I. Taylor* und *C. F. Sharman:* A Mechanical Method for Solving Problems of Flow in Compressible Fluids. Proc. Roy. Soc. A 121, 1928, 194-217 oder Scient. Papers Vol. III, 107-127, London.
[557] *J. Pérès* und *L. Malavard:* La méthode d'analogies rhéographiques et rhéometriques. Bull. Sté. Franç. Electr. 92, 5e série, VIII, 19, 1938.
[558] *L. Malavard:* The Use of Rheoelectrical Analogies in Certain Aerodynamical Problems. J. Roy. Aero. Soc. 441, 51, London 1947.
[559] *L. Malavard:* Sur une nouvelle technique dans le calcul expérimental par analogies rhéoélectriques. Rech. Aero. 20, 61-68, Chatillon 1951.
[560] *L. Malavard:* The Use of Rheoelectrical Analogies in Aerodynamics. AGARDograph 18, Paris 1956.
[561] *L. Malavard:* Recent Developments in the Method of the Rheoelectric Analogy Applied to Aerodynamics. J. Aero. Sci. 24, New York 1957.
[562] *L. Malavard* und *L. Lepage:* Principes et résultats de calculs d'ailes à jet par analogies rhéologiques. Rech. Aero. 77, 3-18, Chatillon 1960.
[563] *M. T. Landahl* und *V. J. E. Stark:* An Electrical Analogy for Solving the Oscillating Surface Problem for Incompressible Nonviscid Flow. K.T.H. Aero TN 34, Sweden, Stockholm 1953.
[564] *A. Föppl:* Vorlesungen über technische Mechanik Bd. III, § 70, Oldenbourg, München.
[565] *L. Prandtl:* Zur Torsion von prismatischen Stäben. Phys. Z. 4, S. 758, Leipzig 1903, Ges. Werke I, 79/80, 1961.
[566] *L. Prandtl:* Eine neue Darstellung der Torsionsspannungen bei prismatischen Stäben von beliebigem Querschnitt. Jahresber. Dtsche. Math. Vereinig. 13, 1904, 31-36, Ges. Werke I, 81-86, Springer, Berlin 1961.
[567] *E. Preiswerk:* Anwendungen gasdynamischer Methoden auf Wasserströmungen mit freier Oberfläche. Diss. ETZ Zürich 1938, ETH Mitteil. Nr. 7.
[568] *H. Bömelburg:* Die praktische Anwendung der Wasseranalogie in quantitativer Form auf spezielle Probleme der Gasdynamik. Mitt. Max-Planck-Institut für Strömungsforschung Nr. 10, Göttingen 1954.
[569] *E. Becker:* Analogie zwischen Wasserschwall und Verdichtungsstoß. Ing. Archiv 21, 42-45, Springer, Berlin 1953.
[570] *G. Niehus:* Untersuchungen von Strömungen um Modelle aerodynamischer Flugkörper in einer Wasseranalogieanlage. Deutsche Luft- u. Raumfahrt FB 66-89, München 1966.

Namenverzeichnis

(Die Zahlen in den eckigen Klammern beziehen sich auf das Schrifttumsverzeichnis)

Sachwortverzeichnis

GPSR Compliance

The European Union's (EU) General Product Safety Regulation (GPSR) is a set of rules that requires consumer products to be safe and our obligations to ensure this.

If you have any concerns about our products, you can contact us on ProductSafety@springernature.com

In case Publisher is established outside the EU, the EU authorized representative is:

Springer Nature Customer Service Center GmbH
Europaplatz 3
69115 Heidelberg, Germany

Batch number: 10584556

Printed by Printforce, the Netherlands